费托合成装置

技术问答

郭中山　李　虎　杨占奇◎编著

中国石化出版社

内容摘要

本书从生产实际出发，以问答的方式详细介绍了费托合成装置操作人员应知应会的基本知识、操作技术、设备结构、设备原理和事故处理的基本方法。本书共分为 8 章，分别介绍了费托合成反应基本知识、催化剂、设备、工艺操作、开停车、事故处理、安全环保、仪表与自动化。

本书适用于从事费托合成装置的管理人员、技术人员、操作人员阅读，也可供相关院校的师生参考。

图书在版编目（CIP）数据

费托合成装置技术问答 / 郭中山，李虎，杨占奇编著.
— 北京：中国石化出版社，2020.4
ISBN 978-7-5114-5749-3

Ⅰ. ①费… Ⅱ. ①郭… ②李… ③杨… Ⅲ. ①煤液化—费—托合成—问题解答 Ⅳ. ① TQ529.2-44

中国版本图书馆 CIP 数据核字（2020）第 048533 号

中国石化出版社出版发行
地址：北京市东城区安定门外大街 58 号
邮编：100011 电话：（010）57512500
发行部电话：（010）57512575
http://www.sinopec-press.com
E-mail：press@sinopec.com
北京科信印刷有限公司印刷
*
787×1092 毫米 16 开本 18.5 印张 326 千字
2020 年 5 月第 1 版 2020 年 5 月第 1 次印刷
定价：88.00 元

前言

PREFACE

我国是一个富煤、贫油、少气的国家。随着全球经济的发展，我国对能源的需求不断增加，2018 年我国原油总消费量 6.51 亿吨，原油对外依存度达 70.9%。能源安全已被提高到关乎国家经济安全的战略高度。但是我国煤炭资源占化石能源可采储量的 92.3%，这种特殊的禀赋条件，决定了我国在相当一段时间内以煤为主的能源消费结构不会改变。同时，煤炭虽然是宁夏最大的资源优势，但因富煤省区聚集，而宁夏又地处内陆，不利的区位、不发达的区情，制约了煤炭产业和经济社会发展。大力发展煤制油化工产业，走煤炭清洁高效转化发展道路，对于解决油气资源短缺、平衡能源结构、降低对外依存度、促进民族地区社会经济发展、保障国家能源安全具有重大意义。

费托合成技术是先把煤炭在高温下与氧气、水蒸气反应气化，转化为合成气（一氧化碳和氢气的混合物），然后在催化剂的作用下合成液体燃料的工艺技术。煤炭间接液化技术，起源于德国，中兴于南非，辉煌于中国。经过 20 多年的技术研发和产业化推进，我国在煤间接液化技术研发和产业化实施领域取得了巨大的成就，以国家能源集团宁夏煤业公司 400 万吨 / 年煤炭间接液化和伊泰 16 万吨 / 年及 100 万吨 / 年煤制油为标志性的工业示范项目，达到一定规模的产业化能力，形成了一批国际领先的核心技术，解决了产业化过程中工程装备的“卡脖子”难题，拥有了从工艺集成、工程设计、关键装备制造、工厂建设、关键催化剂生产等全系统、一体化工程实施能力，具备大规模推广应用、形成油战略替代能力的前提条件。

本书主要是面向我国煤间接液化企业生产管理人员、技术人员、操作人员学习培训的需求，提高驾驭装置“安稳长满优”运行的能力。本书注重实际操作，辅以基础理论，以问答的形式介绍了费托合成技术的相关知识，可作为煤制油企业费托合成装置的培训参考书。

在本书的编写过程中得到了许多同志的帮助，作者在此表示感谢。首先，感谢北京低碳清洁能源研究院的门卓武研究团队，依托“先进煤炭间接液化及产品成套技术开发”国家重点研发项目，通过高性能铁基费托合成催化剂开发、规模化制备及工业应用的研究，在费托反应机理、催化剂活性研究及费托反应控制等方面，给予帮助和指导；其次，感谢中科合成油技术有限公司提供了无私帮助；接着，要感谢宁夏煤业煤制油分公司各位同志给予的正确建议；最后，要感谢煤制油分公司合成油厂和仪表管理中心，他们为本书的编写提供了数据分析和技术支持。希望本书的出版，能够为煤制油行业培养优质人才起到推动作用，能够为煤制油技术的研究与开发，为装置安全、稳定、清洁运行做出贡献。

由于我们的水平有限，书中难免有不足之处，敬请读者谅解并提出宝贵意见。

序一

PREFACE A

煤炭是太阳能转化和储存有型、重要的黑色能源之一，为人类有效综合利用奠定了物质基础。

中国人经过深入、全面、系统的研究，形成了比较完整的理论体系，成功地开发出煤间接液化（费托合成）、煤直接液化、煤制甲醇—低碳烯烃（MTO）和煤制甲醇—芳烃（MTA）完整、成套、可工业化的家族工艺技术，是公认的“世界一极”。

煤间接液化（费托合成）制油，经历了工业示范、首次工业应用等，积累了丰富的工程设计、设备开发与制造、工程建设、开停工和长周期安全稳定运行等经验，形成了行业和国家标准规范。

目前，我国煤间接液化制油工艺技术进入了成熟期，迎来了快速发展阶段。企业和科研单位迫切需要《费托合成装置技术问答》这类书籍问世。《费托合成装置技术问答》的出版，可满足工程技术、企业管理、生产运行等专业人员的需要，对教学、科研和决策具有参考和指导意义，是提高行业整体素质和水平的好教材。

门存贵

2019 年 11 月 5 日

序二

PREFACE B

能源一直是关乎人类命运前途的关键问题。21 世纪初以来，随着我国经济的快速发展，能源消费扩张异常迅猛，能源消费总量从 2000 年的不足 14 亿吨标准煤，快速增长到 2019 年的 48.6 亿吨标准煤。能源资源制约日益加剧，能源安全形势严峻，能源安全保障压力巨大。为应对能源安全挑战，习近平总书记指出："中国的基础能源还是煤炭，要用好煤炭，积极推动能源供给革命，要立足国内多元供应保安全，大力推进煤炭清洁高效利用。"利用我国丰富的煤炭资源，发展独立自主的煤制油工业技术，推进能源产业结构调整，实现低碳、低污染、循环经济发展，对于解决油气资源短缺、平衡能源结构、降低对外依存度、保障国家能源安全及国民经济发展具有重大战略和现实意义。

1999 年，宁夏煤业公司就开始煤制油项目的前期工作。2004 年，国家基于能源安全的考虑，以项目招标的方式确定由宁夏煤业公司建设国家级煤制油示范项目。当时，中国煤炭间接液化技术尚不成熟，宁夏煤业公司计划引进南非 Sasol 浆态床煤制油技术，经过近 8 年的谈判，最终未能达成合作。2011 年，基于中科合成油 16 万吨 / 年工业装置成功示范，国家要求宁夏煤业公司采用国内技术及装备做好 400 万吨 / 年煤炭间接液化工业化示范。2013 年 9 月 18 日项目正式核准，开工建设。在党中央、国务院以及自治区党委政府、国家能源集团党组和宁夏煤业公司党委的坚强领导下，广大煤制油的建设者，筚路蓝缕，奋力拼搏，大力推进项目建设，分别经历了2013设计采购年、2014土建施工年、2015工程安装年和2016生产试车年。2016年7月19日，习近平总书记视察煤制油项目，发出了“社会主义是干出来的”伟大号召。仅过了5个月，在项目产出合格油品之际，又做出重要批示，极大鼓舞了广大干部员工干事创业的热情。三年多来，煤制油项目广大干部职工秉承“干”字精神，全心全意打造“社会主义是干出来的”标志性工程。严把技术关、质量关、安全关、环保关，抓重点、补短板、强弱项，大力开展消缺改造、系统优化和技术攻关，创造了同类装置从建设到试车的世界最好水平；同时，自我加压、自主创新，围绕提高项目的经济性，瞄准产业中高端，重点发挥煤制油工艺和产品特性，开发出白油、液体蜡等系列新产品，有力助推“三个面向”新宁煤建设，在更高质量更有效率更可持续发展的道路上迈出了坚实步伐。

虽然我国已经掌握了煤制油工艺技术开发和大型工程化实践核心能力，整体达到世界先进水平，但不容忽视的是我们在精益化运营和生产管理水平上任然存在短板，一些核心的工艺操作、生产运行难题破解、核心运行机理等仍然停留在个别“大拿”的脑袋里，没有凝练总结成理论成果，整个产业高质量可持续发展亟待一整套贴近生产、符合实际、理论和技术水平较高的技术参考读物。

实干才能成就伟业，奋斗才能梦想成真。唯有不驰于空想、不骛于虚声，保持永不懈怠的精神状态和一往无前的奋斗姿态，才能书写壮美的时代画卷。煤制油项目全体干部职工特别是合成油厂广大生产技术人员凭着“百折不挠——不达目的不罢休”的创新精神，首次工业化应用的装备一个一个被驯服，世界级技术难题一个一个被攻克，在此过程中凝练总结出一大批管理技术成果，科技引领能力持续加强。此次，宁夏煤业煤制油合成油厂编制的《费托合成装置技术问答》是煤制油分公司在技术专著方面的又一力作。编著本书的同志，都是长期从事费托合成装置技术研究、生产管理的老中青专家，具有较高的学术水平和丰富的实践经验。全书分为8个篇章，收录了800余项技术问答，通过一问一答方式，详尽阐述了煤制油项目核心装置费托合成与加工在生产过程中所能碰到的方方面面的问题，从注重实用性和可操作性出发，分享了众多实战经验，可谓干货满满。此书可以作为岗位员工培训、生产人员应急查阅解决实际问题、管理人员学习使用，请广大读者仔细品读。

任何伟大的事业，都始于梦想而成于实干。这几年我们贯彻落实总书记重要指示批示精神做了大量工作，成果非常明显，但是距离总书记的要求还有差距，安全稳定清洁运行还有薄弱环节，向高端精细化发展还面临很多困难和矛盾。这些问题有的需要通过技术的手段和强化管理抓紧解决，有的需要统筹部署，一步紧跟一步加快解决。希望大家把“社会主义是干出来的”伟大号召作为优秀政治基因在一代代传承下去，在宁夏煤业公司的坚强领导下，加满油、把稳舵、鼓足劲，万众一心加油干，越是艰险越往前，向着全球价值链中高端大步迈进，奋力谱写“三个面向”新宁煤建设新篇章。

姚　敏

2019年11月于银川

扫码获取增值服务

目录
CONTENTS

第一章　费托合成反应基础知识……………………………………………… 1

1. 什么是费托合成反应？ ……………………………………………………2
2. 费托合成主、副反应有哪些？ ……………………………………………2
3. 费托合成反应机理有哪些？ ………………………………………………2
4. 什么是表面碳化物机理？ …………………………………………………3
5. 什么是费托合成反应综合机理？ …………………………………………3
6. 什么是水煤气变换反应？机理及作用是什么？ …………………………5
7. 什么是积碳反应？有什么危害？如何解决？ ……………………………6
8. 费托合成反应有哪些热力学特征？ ………………………………………6
9. 费托合成产物的生成规律是什么？ ………………………………………7
10. 什么是费托合成反应产物的 ASF 分布模型？ …………………………7
11. 费托合成产物选择性的特点和影响因素有哪些？………………………8
12. 催化剂和还原条件对费托合成反应产品选择性的影响是什么？………8
13. 温度对费托合成反应有何影响？…………………………………………9
14. 压力对费托合成反应有何影响？………………………………………… 10
15. 氢碳比对费托合成反应有何影响？……………………………………… 10
16. 空塔气速对费托合成反应有何影响？…………………………………… 11
17. 循环比对费托合成有何影响？…………………………………………… 11
18. 费托催化剂对费托合成反应有何影响？………………………………… 12
19. 工艺参数对费托合成反应产物特征指标有何影响？…………………… 12
20. 费托合成反应的转化率、选择性、目的产物收率如何表示？………… 13
21. 费托合成反应的理论产率如何计算？…………………………………… 14
22. 什么是雷波利特数？……………………………………………………… 14

23. 典型的费托合成技术有哪些？ …… 15
24. 南非 Sasol 公司固定床流化床合成技术有哪些特点？ …… 16
25. 南非 Sasol 公司 SSPD 浆态床合成技术有哪些特点？ …… 17
26. 荷兰 Shell 公司的 SMDS 合成技术有哪些特点？ …… 18
27. 中科合成油公司 HTSFTP 合成技术有哪些特点？ …… 18
28. 兖矿低温费托合成技术有哪些特点？ …… 20

参考文献 …… 21

第二章 催化剂 …… 23

1. 什么是催化剂？催化作用的特点有哪些？如何分类？ …… 24
2. 固体催化剂的组成和作用有哪些？ …… 24
3. 工业上对催化剂有什么要求？ …… 24
4. 费托合成催化剂的主要组成是什么？ …… 25
5. 工业上对费托合成催化剂的性质有什么要求？ …… 25
6. 不同活性金属费托合成催化剂有何特点？ …… 26
7. 铁基费托合成催化剂按目标产物可分为哪几类？有什么特点？ …… 26
8. 低温铁基费托合成催化剂组成的性质及要求是什么？ …… 27
9. 费托合成催化剂使用前为什么要进行还原？ …… 27
10. 低温铁基费托合成催化剂还原的主要影响因素有哪些？ …… 28
11. 低温铁基费托合成催化剂反应性能的主要影响因素有哪些？ …… 28
12. 低温铁基费托合成催化剂助剂类型有哪些？有什么作用？ …… 29
13. 低温铁基费托合成催化剂失活的主要原因有哪些？ …… 29
14. 高温铁基费托合成催化剂分为哪两种？分别采用什么还原介质？ …… 30
15. 高温熔铁费托合成催化剂还原的影响因素和失活原因有哪些？ …… 30
16. 高温沉淀铁费托合成催化剂的产物分布特点与反应性能影响因素有哪些？ …… 31
17. 钴基催化剂的还原过程及失活原因是什么？ …… 31
18. 加氢精制催化剂组成及特点是什么？ …… 31
19. 加氢精制催化剂的分类有哪些？ …… 32
20. 加氢裂化催化剂的组成及特点是什么？ …… 32
21. 加氢裂化催化剂的分类有哪些？ …… 32

22．加氢催化剂的主要生产厂商有哪些？ …………………………………… 33
23．加氢催化剂的外形有哪些？为什么选择异形催化剂？ ……………………… 33
24．转化催化剂的组成有哪些？ ……………………………………………… 33
25．变压吸附制氢吸附剂有哪几种？ ………………………………………… 33

参考文献 ………………………………………………………………………… 33

第三章 费托合成装置的设备……………………………………………… 35

第一节 反应器……………………………………………………………… 36

1．工业上费托反应器主要有哪几类？ ……………………………………… 36
2．固定床反应器分为哪几种？ ……………………………………………… 36
3．气流床反应器的特点是什么？ …………………………………………… 37
4．固定流化床反应器的特点是什么？ ……………………………………… 38
5．浆态床反应器的特点是什么？ …………………………………………… 39
6．浆态床反应器主体设备典型材质是什么？内件有哪几部分组成？ ……… 40
7．浆态床反应器气体分布器作用及设计要求有哪些？ ……………………… 40
8．浆态床反应器气体分布器有哪些形式？ ………………………………… 40
9．浆态床反应器移热内件作用及结构形式是什么？ ……………………… 42
10．浆态床反应器气液、液固分离器主要有哪些形式？……………………… 43
11．浆态床反应器内部的流体情况是怎样的？………………………………… 45
12．浆态床反应器内部的流体情况研究方法有哪些？有什么典型的研究结论？…… 45
13．加氢反应器内壁堆焊层出现裂纹原因及修复处理措施有哪些？………… 47

第二节 塔…………………………………………………………………… 48

1．工业吸收塔应具备哪些基本要求？ ……………………………………… 48
2．汽提塔有什么作用？ ……………………………………………………… 48
3．蒸汽汽提的作用原理是什么？ …………………………………………… 48
4．塔的分类有哪些？ ………………………………………………………… 48
5．塔顶部设置除沫器的作用是什么？ ……………………………………… 49
6．塔顶回流的作用是什么？ ………………………………………………… 49

7. 板式塔和填料塔如何选择？ …… 49
8. 填料塔的优缺点有哪些？ …… 49
9. 填料塔的塔内件主要有哪些？ …… 49
10. 填料塔常用填料有哪些？ …… 49
11. 什么是规整填料？ …… 49
12. 什么是雾沫夹带？ …… 50
13. 什么是液泛？ …… 50
14. 液泛的原因是什么？ …… 50
15. 液泛现象分几种？ …… 50
16. 液泛处理方法？ …… 50
17. 塔板漏液的现象及原因有哪些？ …… 51
18. 什么是淹塔？ …… 51
19. 导致淹塔发生的原因有哪些？ …… 51
20. 再生塔的温度如何控制？ …… 51

第三节　泵 …… 51

1. 什么是泵？泵的分类有哪些？ …… 51
2. 离心泵的工作原理是什么？ …… 51
3. 什么是自吸式泵？其工作原理是什么？ …… 52
4. 往复泵的工作原理是什么？ …… 52
5. 往复泵有什么特点？ …… 52
6. 液力透平的原理是什么？ …… 52
7. 高速泵的原理是什么？ …… 52
8. 一般机泵加油的操作步骤有哪些？ …… 53
9. 离心泵在运行中要检查些什么？ …… 53
10. 容积泵的启泵操作流程是什么？ …… 53
11. 液力透平壳体检修时检查的内容有哪些？ …… 53
12. 立式高速泵的拆卸程序是什么？ …… 54
13. 停离心泵时为什么先缓慢关闭出口阀再停泵？ …… 54
14. 计量泵进出口阀为何一般采用双道球阀？ …… 54
15. 离心泵的流量调节手段一般有哪些？ …… 54
16. 离心泵为什么不能反转、空转？ …… 55

17. 备用泵为什么要定期盘车？ …… 55
18. 离心泵在启动前为什么要排气？ …… 55
19. 如何防止离心泵发生气蚀现象？ …… 55
20. 离心泵电机超载的原因有哪些？ …… 55
21. 离心泵常见故障及处理办法有哪些？ …… 56
22. 离心泵的机械故障主要有哪些？主要原因是什么？ …… 56
23. 贫液泵轴瓦的改进形式及其对振值的影响有哪些？ …… 56
24. 精制原料蜡泵结构性能特点及维护要点有哪些？ …… 56
25. 中压锅炉给水泵更换叶轮原因及处理措施有哪些？ …… 56

第四节 压缩机 …… 57

1. 压缩机的分类有哪些？ …… 57
2. 往复式压缩机的特性及优缺点有哪些？ …… 57
3. 螺杆式压缩机的结构特点及优缺点有哪些？ …… 57
4. 离心式压缩机的特性及优缺点有哪些？ …… 58
5. 轴流式压缩机的特性及优缺点有哪些？ …… 58
6. 往复式压缩机的主要性能指标有哪些？ …… 58
7. 往复式压缩机运转中排气量不足的原因及处理方法有哪些？ …… 58
8. 往复式压缩机运转中气缸发热的原因及处理方法有哪些？ …… 59
9. 往复式压缩机在运转过程中气缸内发生异常声音的原因和处理方法有哪些？ …… 59
10. 往复式压缩机运转中吸排气时气阀有异响的原因及处理方法有哪些？ …… 59
11. 压缩机运转中循环油油压降低的原因及处理方法有哪些？ …… 59
12. 往复式压缩机最常见的故障及主要现象是什么？ …… 60
13. 压缩机润滑油油压变化与哪些因素有关？ …… 60
14. 压缩机氮气被压缩后的温度为什么比合成气温度高？ …… 60
15. 往复式压缩机油系统由哪几部分组成？ …… 60
16. 活塞杆过热的原因有哪些？ …… 60
17. 往复式压缩机带液时会产生什么现象？ …… 60
18. 往复式压缩机卸荷器工作原理是什么？ …… 61
19. 往复式压缩机气缸过热的原因是什么？ …… 61
20. 为何还原压缩机填料隔离室要通入氮气？ …… 61
21. 往复式压缩机排气温度超过正常温度的原因是什么？ …… 61

22. 填料函的作用是什么？常用哪几种形式填料函？…… 61
23. 离心式压缩机的工作原理是什么？…… 61
24. 蒸汽透平的工作原理是什么？…… 62
25. 离心压缩机的总体结构有哪些？…… 62
26. 离心压缩机的三种工况是什么？…… 62
27. 离心式压缩机的调节方法有哪些？…… 62
28. 什么是压缩机的临界转速？…… 63
29. 什么叫多变压缩？什么叫等温压缩？什么叫绝热压缩？…… 63
30. 为什么压缩后的气体需冷却与分离？…… 63
31. 离心压缩机中的损失有哪些？…… 63
32. 何为离心式压缩机的喘振？…… 63
33. 费托循环气压缩机有何特点？…… 64
34. 汽轮机入口蒸汽带水有何危害？…… 64
35. 主蒸汽管道投用前为何要进行暖管？…… 64
36. 压缩机汽缸润滑油选择要考虑哪些因素？…… 65
37. 润滑油过滤器的切换步骤有哪些？…… 65
38. 离心压缩机在升速过程中为什么要快速通过临界转速？…… 65
39. 离心式压缩机正常操作中为什么要先升速后升压？…… 65
40. 蒸汽透平汽封的作用是什么？何时开停？…… 65
41. 离心式压缩机在运行过程中有哪些自动保护系统？…… 65
42. 循环气压缩机干气密封过滤器切换步骤有哪些？…… 66
43. 循环气压缩机抽气器的作用是什么？…… 66
44. 润滑油温度过高或过低有什么危害？…… 66
45. 循环气压缩机凝结水泵过滤网清理步骤有哪些？…… 66
46. 循环气压缩机抽真空时的注意事项有哪些？…… 67
47. 循环气压缩机透平轴承温度升高是哪些因素引起？…… 67
48. 循环气压缩机蒸汽压力过高或过低对透平有何危害？…… 67
49. 循环气压缩机停车后操作有哪些注意事项？…… 67
50. 离心式压缩机轴向推力是怎样产生的？如何平衡？…… 68
51. 离心式压缩机高位油箱和辅助油泵有什么作用？…… 68
52. 离心式压缩机启机前为什么要盘车？…… 68
53. 润滑油压力下降的原因有哪些？…… 68

54. 循环气压缩机透平真空度下降的原因是什么？ …… 68
55. 循环气压缩机透平转速低于设定值的原因是什么？ …… 68
56. 往复式压缩机气体管道振动分析及消振方法（释放气及还原及振动分析）是什么？ …… 69
57. 原料气压缩机油封积碳跳车原因及其处理措施有哪些？ …… 69
58. 循环气压缩机入口过滤器滤网抽瘪的原因有哪些？ …… 69
59. 富气往复式压缩机排气温度高原因及处理方法有哪些？ …… 70
60. 富气往复式压缩机活塞杆与十字头如何拆卸？ …… 70

第五节 冷换设备 …… 70

1. 热量传递的方式有哪些？ …… 70
2. 换热器按换热原理分为几类？ …… 71
3. 换热器按工艺功能分为几类？ …… 71
4. 换热器按传热方式的结构分为几类？ …… 71
5. 为什么换热器多采用逆流的形式？ …… 71
6. 换热器的投用步骤是什么？ …… 72
7. 湿式空冷的原理是什么？ …… 72
8. 换热器冷热流体通道选择原则是什么？ …… 72
9. 水冷却器是控制入口水量好还是出口好？ …… 72
10. 空冷器出口温度如何调节？ …… 72
11. 换热器在冬季如何防冻？ …… 73
12. 何谓强化传热？强化传热的主要途径有哪些？ …… 73
13. 空气冷却器的百叶窗有何作用？ …… 73
14. 有些换热器开始时换热效果好后来逐渐变差是何原因？ …… 73
15. 使用换热设备应该注意哪些事项？ …… 73
16. 汽提重质油空冷器启动步骤是什么？ …… 73
17. 费托循环换热分离器工艺流程是什么？ …… 74
18. 循环换热分离器设备结构及特点是什么？ …… 74
19. 汽提重质油加热器选型原则是什么？ …… 74
20. 汽提塔稳定重质油加热器投用步骤是什么？ …… 74
21. 汽提稳定蜡冷却器投用注意事项是什么？ …… 74
22. 汽提轻质油加热投用步骤是什么？ …… 75

23．汽提塔顶空冷器启动注意事项是什么？……75
24．螺纹锁紧环换热器结构及部件的相互关系是什么？……75
25．螺纹锁紧环换热器主要部件的作用是什么？……75
26．螺纹锁紧环换热器使用中应该注意哪几点要求？……76
27．螺纹锁紧环式高压换热器的优缺点是什么？……76
28．螺纹环换热器开停车压力温度载荷加卸载程序是什么？……76

第六节　蜡过滤设备……76

1．板框过滤机结构及优缺点是什么？……76
2．如何简述水平托盘过滤机？……77
3．如何简述转筒过滤机介绍？……78
4．过滤机按获得过滤推动力的方法分哪几种？……78
5．蜡过滤装置水平托盘式过滤机如何安装？……79
6．水平托盘式过滤机滤盘结构型式及滤盘安装最优角度是多少？……79
7．水平托盘蜡过滤机过滤方式有哪些？……80
8．过滤机易损件有哪些？……80
9．过滤机主轴下密封结构及其对应部件的作用是什么？……80
10．水平托盘过滤机壳体滤盘的安装步骤是什么？……81
11．水平托盘过滤机的组装步骤是什么？……81
12．水平托盘过滤机甩渣电机无法启动的原因是什么？……82
13．过滤机甩渣机液力偶合器润滑油选用的注意事项是什么？……82
14．过滤机排渣阀垫片损坏的原因是什么？……82
15．过滤机快开式排渣阀容易出现的故障有哪些？……82
16．排渣阀门密封不严的原因是什么？……82
17．过滤机机体设置吹扫线的作用是什么？……82
18．过滤机排渣底盖不能关闭的原因是什么？……83
19．过滤机甩渣时机体振动较大的原因有哪些？……83
20．从过滤机出料管线吹扫滤盘的危害有哪些？……83
21．滤袋式过滤器优点有哪些？……83
22．布袋除尘器的分离原理是什么？……83
23．渣蜡罐搅拌器的作用是什么？选型考虑的因素以及使用中容易出现的故障是什么？……84

24. 渣蜡罐选用需要注意事项有哪些？ …… 84
25. 蜡过滤装置选用蜡作为蜡泵机封冲洗液的优缺点有哪些？ …… 84
26. 费托合成蜡对储罐压力选择应哪些注意事项？ …… 84
27. 蜡罐使用雷达液位计的优缺点有哪些？ …… 84
28. 蜡过滤一般使用的压力表形式有哪些？维护注意事项有哪些？ …… 85
29. 蜡过滤装置球阀在使用中常出现哪些问题？ …… 85
30. 费托合成蜡过滤装置气相管线适用的材质有哪些？ …… 85
31. 如何判断蜡泵汽蚀？汽蚀原因及处理方法是什么？ …… 85

参考文献 …… 85

第四章 费托合成装置的操作 …… 87

第一节 费托反应装置 …… 88

1. 合成气精脱硫装置的作用及加入水解蒸汽的目的是什么？ …… 88
2. 催化剂还原的主要运行控制指标有哪些？如何调节？ …… 88
3. 浆态床费托反应系统的主要运行控制指标有哪些？如何调节？ …… 89
4. 浆态床费托反应操作温度的调整原则及影响因素有哪些？ …… 90
5. 浆态床费托反应器液位的主要影响因素有哪些？ …… 91
6. 浆态床费托反应器如何进行在线卸或补加催化剂操作？ …… 91
7. 浆态床费托反应系统提高负荷及循环比的操作要点是什么？ …… 91
8. 浆态床费托反应器催化剂分布不均如何调整？ …… 92
9. 浆态床费托合成反应出蜡系统顺控如何设置？
排蜡不畅的原因是什么？如何处置？ …… 92
10. 浆态床费托反应总转化率下降的原因有哪些？如何调整？ …… 93
11. 浆态床费托反应 CH_4 含量升高的原因有哪些？如何调整？ …… 93
12. 浆态床费托反应 CO_2 含量升高的原因有哪些？如何调整？ …… 94
13. 浆态床费托反应产品的主要指标有哪些？重质蜡铁含量超标如何调整？ …… 94
14. 汽包设置排污的目的是什么？如何操作？ …… 95
15. 油气空冷器运行中发生堵塞有什么后果？如何处理？ …… 95
16. 固体输送方式有哪些？ …… 95

17．工业上催化剂输送系统一般由哪几部分组成？…… 96
18．工业上催化剂密相输送顺控程序的投用条件、设置参数及操作注意事项有哪些？…… 96
19．工业上催化剂密相输送系统中运输槽车如何卸出催化剂？…… 96
20．如何确保催化剂储仓中的催化剂处于良好状态？…… 97

第二节　蜡过滤装置…… 97

1．蜡过滤装置的作用是什么？…… 97
2．煤基费托合成蜡的主要性质是什么？…… 98
3．常用的过滤介质有哪些？…… 98
4．常见的蜡过滤方法有哪些？…… 98
5．助剂过滤的技术原理是什么？…… 100
6．滤液通过饼层的流动特点有哪些？…… 100
7．在线添加助剂的过滤原理是什么？…… 101
8．工业上的过滤操作分为哪几类？…… 101
9．活性白土和硅藻土的性质是什么？…… 101
10．助剂配比对蜡过滤有哪些影响？…… 102
11．原料蜡温度对过滤机运行有哪些影响？…… 102
12．循环时间对蜡过滤有哪些影响？…… 103
13．蜡过滤泵流量对过滤有哪些影响？…… 103
14．蜡过滤装置对设备材质有哪些要求？…… 103
15．预涂过滤的步骤是什么？…… 103
16．预涂过滤时常出现的问题及处理方法有哪些？…… 105
17．过滤机排渣操作要点有哪些？…… 105
18．过滤机排出的废渣如何处理？…… 106
19．蜡管道堵塞如何处理？…… 106
20．助剂含水过高对蜡过滤有何影响？…… 107
21．蜡过滤装置精细过滤器如何选型？…… 107
22．蜡过滤单元助剂加料系统阀门如何选型？…… 107
23．蜡过滤单元如何升、降负荷？…… 107

第三节 尾气脱碳装置…… 108
1．脱碳的目的是什么？ …… 108
2．脱碳工艺类型及原理是什么？为何选择热钾碱脱碳法？ …… 108
3．热钾碱脱碳的工艺流程是什么？ …… 110
4．脱碳装置蒸汽煮沸器的作用和原理是什么？ …… 110
5．可调亚音速喷射器的工作原理是什么？ …… 111
6．液力透平耦合器工作原理是什么？ …… 111
7．脱碳装置设置液力透平的作用是什么？ …… 111
8．通常在选择吸收剂时应主要考虑哪几方面？ …… 111
9．碳酸钾溶液中加入消泡剂的作用是什么？ …… 112
10．碳酸钾溶液中加入五氧化二钒的作用是什么？…… 112
11．碳酸钾溶液加入活化剂的作用是什么？…… 112
12．尾气脱碳单元进料主要有哪些？…… 112
13．CO_2 吸收部分合成尾气流程是什么？ …… 112
14．CO_2 吸收塔填料选型要点有哪些？ …… 112
15．吸收塔贫液、半贫液流量控制原则是什么？…… 113
16．热钾碱脱碳化学清洗的目的是什么？…… 113
17．脱碳装置化洗时的安全注意事项有哪些？…… 113
18．动态碱洗操作注意事项有哪些？…… 113
19．脱碳装置钒化合格的标准是什么？…… 114
20．脱碳装置为什么要设置溶液过滤系统？…… 114
21．热钾碱脱碳溶液温度过低的危害有哪些？…… 114
22．如何防止碳酸钾溶液结晶？…… 114
23．贫液温度对脱碳系统运行有何影响？…… 115
24．影响 CO_2 吸收的主要因素有哪些？ …… 115
25．CO_2 吸收塔温度升高主要原因有哪些？…… 115
26．如何控制好吸收塔出口 CO_2 含量？ …… 115
27．水洗塔洗涤水量如何控制？…… 115
28．水洗塔入口气量变化时应如何调整？…… 116
29．脱碳净化气分离器顶部压力如何控制？…… 116
30．如何降低脱碳溶液的泡高？…… 116

31．再生塔如何调节？ …… 116
32．常压再生塔塔顶压力如何调节？ …… 117
33．加压再生塔塔顶压力如何调节？ …… 117
34．系统什么情况下应补充碱液？ …… 117
35．脱碳溶液中铁含量超标的原因有哪些？ …… 117
36．碱液中五价钒降低时可采取的处理措施有哪些？ …… 118
37．系统在哪些情况下需要再次进行钒化？ …… 118
38．脱碳装置提负荷如何操作？ …… 118
39．脱碳装置降负荷如何操作？ …… 118
40．脱碳装置退气后需要进行哪些处理？ …… 119
41．如何降低脱碳溶液中油含量？ …… 119
42．如何控制脱碳溶液中钒的浓度？ …… 119
43．脱碳溶液过滤循环量如何确定？ …… 119
44．活性炭过滤器何时更换活性炭？如何更换？ …… 119
45．合成尾气中的酸类物质对脱碳装置有何影响？ …… 120
46．再生气中非甲烷总烃治理技术主要有哪些方法？有何优缺点？ …… 120
47．脱碳净化气中 CO_2 含量高的原因有哪些？应如何处理？ …… 121
48．吸收塔液位波动大的原因有哪些？应如何处理？ …… 121
49．CO_2 吸收塔压降升高的原因及处理措施是什么？ …… 121
50．吸收塔液泛的原因是什么？如何处理？ …… 122
51．热钾碱脱碳工艺在费托合成反应的应用中，碱度不断下降的原因是什么？可以采取的措施是什么？ …… 122
52．在国内煤炭间接液化项目中，与费托合成反应配套的脱碳装置中部分采用了两级脱碳吸收塔，采用一级脱碳吸收塔和采用两级脱碳吸收塔有什么不同？ …… 123
53．脱碳装置水洗塔洗涤水温度对洗涤效果有何影响？ …… 123

第四节　加氢装置 …… 124

1．费托合成产品的加氢精制主要原理及化学反应是什么？ …… 124
2．费托合成油加氢裂化的原理及化学反应是什么？ …… 125
3．费托合成油和原油作为加氢原料有哪些区别？ …… 125
4．什么是溴指数？油品的溴指数代表什么？油品溴指数不合格应如何进行调整？ …… 126

5. 什么是油品的沸点、初馏点、干点和馏程？ …………………………………126
6. 为什么要控制柴油的馏程？其指标是多少？如何控制？ ………………………126
7. 什么是油品的闪点？油品闪点不合格时如何处理？ …………………………127
8. 什么叫油品的浊点、倾点、凝点、冷滤点？ …………………………………127
9. 什么是边壁效应？催化剂径向空隙率分布有什么规律？如何降低边壁效应？ …128
10. 加氢催化剂为什么需要硫化？常有的硫化剂有哪些？硫化方法有哪些？………128
11. 催化剂床层形成热点的原因有哪些？催化剂床层出现热点后的处理措施有哪些？ ……………………………………………………………128
12. 反应器催化剂床层发生沟流的原因及危害是什么？…………………………129
13. 加氢催化剂失活的原因及正常生产时保护催化剂的措施有哪些？……………129
14. 加氢催化剂为什么要再生？如何再生？………………………………………130
15. 合格蜡中铁含量超标对加氢精制的影响及控制措施有哪些？…………………131
16. 导致加氢精制反应器催化剂床层压降上升的原因有哪些？……………………132
17. 反应压力对加氢精制及加氢裂化有何影响？…………………………………132
18. 反应温度对加氢精制及加氢裂化有何影响？…………………………………132
19. 空速对加氢精制和加氢裂化有何影响？………………………………………134
20. 氢油比对加氢精制和加氢裂化有何影响？……………………………………134
21. 引起反应器床层超温的原因是什么？…………………………………………135
22. 如何控制反应温度？……………………………………………………………135
23. 加氢裂化反应加减负荷遵循的原则是什么？…………………………………136
24. 加氢装置对循环氢纯度有何要求？……………………………………………136
25. 对于全循环流程循环油量是如何确定的？……………………………………136
26. 原料变化时精制反应器床层温度有何变化？…………………………………136
27. 原料油带水对加氢精制有什么影响？…………………………………………136
28. 裂化反应深度不够的原因及提高加氢裂化反应深度的措施有哪些？…………137
29. 影响加氢反应循环氢量的因素有哪些？………………………………………137
30. 影响热低分、热高分液位的因素有哪些？如何调整？…………………………137
31. 引起催化剂径向温差及反应的影响有哪些？…………………………………138
32. 如何判断反应转化率高低？……………………………………………………138
33. 加氢装置对新氢有何要求？……………………………………………………139
34. 汽提塔有什么作用？有哪几种汽提方式？……………………………………139
35. 从分馏操作中如何判断反应深度大小？………………………………………139

36. 分馏塔进料性质变化时对分馏塔有何影响？分馏塔压力变化对产品质量有何影响？ …… 139
37. 常压分馏塔塔顶温度过低如何操作？产品干点不合格如何调节？ …… 140
38. 减压塔真空度下降的主要原因有哪些？ …… 140
39. 加热炉负压过小有何危害？如何调节？ …… 141
40. 加氢裂化装置的紧急泄压系统有哪些？请分别解释？ …… 141
41. 加氢裂化催化剂到末期时有何现象？对产品有何影响？如何处理？ …… 141
42. 加氢裂化催化剂末期如何平稳操作？ …… 142
43. 费托合成油加氢精制常一线柴油的特点及用途有哪些？ …… 143
44. 费托合成油品生产 C_{12} 正构烷烃技术有哪些？ …… 144
45. 费托精制蜡的特点及用途是什么？和石油基蜡有何区别？ …… 145
46. 费托合成油品加氢精制重柴的特点及深加工工艺选择有哪些？ …… 145
47. 费托合成工艺加氢装置生产的稳定石脑油特点及用途是什么？ …… 145
48. 费托合成油品生产轻质白油产品工艺是什么？ …… 146
49. 煤基轻质白油产品的特点及用途是什么？ …… 147

第五节　尾气处理装置 …… 147

1. 合成尾气产生的原因是什么？ …… 147
2. 合成尾气的处理方法是什么？ …… 148
3. 费托合成尾气制氢的方法有哪些？ …… 148
4. 膜分离气体分离的原理是什么？ …… 150
5. 采用膜分离进行气体分离有何局限性？ …… 150
6. 什么叫膜组的反向承压？如何避免反向承压？ …… 150
7. 膜分离单元预处理包括哪些部分？ …… 150
8. 影响膜分离单元氢气回收率的因素有哪些？ …… 151
9. 尾气制氢装置包括哪些单元？ …… 151
10. 常见的转化制氢技术有哪些？ …… 152
11. 尾气自热催化转化有何技术特点？ …… 152
12. 尾气自热催化转化过程主要包括哪些步骤？ …… 152
13. 尾气自热催化转化单元的加热炉有何技术特点？ …… 152
14. 尾气加热炉点火操作要点是什么？ …… 153
15. 过剩空气系数对加热炉操作有何影响？ …… 153

16. 什么是尘化腐蚀? …… 153
17. 转化炉催化剂还原为什么配入水蒸气? …… 154
18. 转化炉投氧操作有哪些注意事项? …… 154
19. 转化炉氧气与工艺尾气摩尔比过大对转化有何影响? …… 154
20. 蒸汽在转化反应中有何作用? 蒸汽与工艺尾气比值对转化有何影响? …… 154
21. 如何防止转化炉催化剂积碳? …… 155
22. 尾气处理装置变换单元使用哪种催化剂? 与气化装置的变换单元有哪些区别? …… 155
23. 如何控制变换炉的床层温度? …… 155
24. 变换气 CO 超标如何调整? …… 155
25. MDEA 脱碳工艺有何技术特点? …… 155
26. MDEA 脱碳单元脱碳净化气中 CO_2 浓度不合格如何调整? …… 156
27. 变压吸附气体分离技术原理是什么? …… 156
28. 变压吸附的吸附剂有哪几种? …… 156
29. 变压吸附装置分离系数是什么? …… 156
30. 变压吸附装置中冲洗和抽真空两种再生方法有哪些特点? …… 156
31. 什么叫变压吸附的吸附平衡? …… 157
32. 影响变压吸附单元氢气回收率的因素有哪些? …… 157
33. PSA 进料为什么不能带水? 怎样防止进料带水? …… 157
34. 为什么要限制 PSA 原料气中的大分子烃含量? …… 158
35. 原料气中杂质组分对 PSA 有何影响? …… 158
36. 解吸气压力对 PSA 有何影响? …… 158
37. 什么是 PSA 吸附剂杂质超载? …… 158
38. 产品氢气纯度与回收率的关系是什么? …… 158
39. PSA 运行时间调整原则是什么? …… 158
40. PSA 吸附塔切塔步骤是什么? …… 159

第六节 低温油洗和合成水处理装置 …… 159

1. 回收费托合成尾气中低碳烃有何方法? …… 159
2. 低温油洗单元的原理是什么? …… 159
3. 低温油洗装置有何作用? …… 160
4. 低温油洗装置常用的制冷剂有哪些? 低温吸收较常温吸收有何优点? …… 160
5. 低温油洗工艺有何技术特点? …… 160

6. 低温油洗装置的产品有哪些？ …… 161
7. 低温油洗装置吸收塔和脱吸塔为什么要单独设置？ …… 161
8. 影响低温油洗稳定塔操作的参数有哪些？ …… 161
9. 低温油洗单元防冻剂系统为什么要设置防冻剂过滤器？ …… 161
10. 低温油洗稳定塔塔顶压力控制方式有哪些？ …… 162
11. 低温油洗吸收塔的操作注意事项有哪些？ …… 162
12. 配置防冻剂溶液的操作注意事项有哪些？ …… 162
13. 合成水处理单元有何作用？ …… 162
14. 合成水处理的工艺有何技术特点？ …… 162
15. 费托合成水产生的机理和典型特点是什么？ …… 163
16. 费托合成水的处理工艺是什么？ …… 163
17. 合成水处理的主要工艺流程是什么？ …… 164
18. 脱油装置对合成水处理有何影响？ …… 164
19. 合成水处理醇提浓工艺原理是什么？ …… 164
20. 合成水处理醇分离塔操作要点有哪些？ …… 164
21. 罐区设置油气回收的目的是什么？ …… 165
22. 油气回收的方法有哪些？ …… 165

参考文献 …… 166

第五章 费托合成装置的开停车 …… 167

第一节 费托合成装置 …… 168

1. 催化剂还原系统原始开工前的准备工作和开车步骤有哪些？ …… 168
2. 汽包原始开工前为什么要进行蒸煮？有哪些注意事项？ …… 168
3. 还原反应器如何加入催化剂和重质柴油？注意事项有哪些？ …… 168
4. 催化剂还原过程中如何控制升温？恒温过程中的操作要点是什么？ …… 169
5. 催化剂还原系统停车工艺交出的主要步骤及注意事项有哪些？ …… 169
6. 系统气密的原则是什么？ …… 169
7. 系统置换的目的是什么？ …… 169
8. 浆态床费托反应系统开车的主要步骤有哪些？开工前为什么要进行热紧？ …… 170

9．浆态床费托反应系统如何建立气体循环和汽包水汽循环？ …………………… 170
10．浆态床费托反应器如何建立液位？接收催化剂的条件有哪些？ ……………… 171
11．浆态床费托反应器排蜡系统如何投用？ ……………………………………… 171
12．浆态床费托反应系统停车的主要步骤有哪些？降负荷退气的
操作要点是什么？ ………………………………………………………………… 171
13．浆态床费托反应器停车后如何卸料？为什么要及时对含油管线进行扫线？…… 172
14．浆态床费托反应系统停车交出为什么要用蒸汽进行蒸煮？有哪些注意事项？… 172
15．浆态床费托反应器停车交出过程如何进行快速强制降温和
通入空气自然降温？ ……………………………………………………………… 173

第二节 蜡过滤装置………………………………………………………… 173

1．蜡过滤装置原始试车主流程及开车具备的条件是什么？ ……………………… 173
2．蜡过滤装置投料试车注意事项有哪些？ ……………………………………… 174
3．冲洗液的作用及投用方法是什么？ …………………………………………… 174
4．助剂输送系统如何投用？ ……………………………………………………… 175
5．蜡过滤装置如何开车？ ………………………………………………………… 176
6．过滤机更换排渣阀垫片注意事项有哪些？ …………………………………… 176
7．过滤泵如何交出？ ……………………………………………………………… 176
8．蜡过滤装置停车前的准备工作有哪些？ ……………………………………… 177
9．蜡过滤装置停车如何清洗？ …………………………………………………… 177

第三节 尾气脱碳装置……………………………………………………… 177

1．热钾碱脱碳装置原始开车的主要步骤有哪些？ ……………………………… 177
2．尾气脱碳装置投料试车前需要进行哪些处理？如何操作？ ………………… 177
3．系统钒化过程中钒化液如何配制？ …………………………………………… 181
4．CO_2吸收塔、富液闪蒸槽静态钒化的步骤有哪些？ ……………………… 181
5．系统动态钒化应注意什么？ …………………………………………………… 182
6．化洗废液如何退料？ …………………………………………………………… 182
7．脱碳单元开车步骤是什么？ …………………………………………………… 182
8．贫液过滤系统如何投用？ ……………………………………………………… 183
9．再生气系统如何投用？ ………………………………………………………… 184
10．液力透平如何投用？………………………………………………………… 184

11. 尾气脱碳停车前的准备工作有哪些？……185
12. 尾气脱碳单元退气如何操作？……185
13. 尾气脱碳单元如何停循环退液？……185

第四节 加氢装置……186

1. 加氢装置开车使用的开工原料油种类及指标要求有哪些？……186
2. 加氢装置开车主要包含哪些步骤？……186
3. 加氢反应系统如何建立氢气循环？……187
4. 加氢催化剂湿法硫化步骤是什么？……187
5. 加氢催化剂干法硫化步骤是什么？……188
6. 硫化终止的标志是什么？……189
7. 催化剂开工硫化时为何不用原料油？硫化油选择的依据是什么？……190
8. 分馏系统如何建立短循环？……190
9. 分馏系统如何进行热油运？……190
10. 如何建立反应—分馏长循环？……190
11. 加氢精制开车切原料油步骤是什么？……191
12. 加氢裂化开车切原料油操作步骤是什么？……191
13. 催化剂装填的质量对加氢装置运行的影响有哪些？……191
14. 加氢催化剂装填的步骤是什么？……191
15. 加氢装置开工前催化剂干燥的目的及干燥结束的标准是什么？……192
16. 加热炉为什么要烘炉？……192
17. 急冷氢试验目的是什么？……192
18. 加氢装置进行急冷氢试验前的条件是什么？……193
19. 加氢装置分馏系统开工程序是什么？……193
20. 分馏热油运的目的是什么？……193
21. 加氢分馏装置接反应生成油需要达到什么条件？……193
22. 加热炉主火嘴点火原则是什么？……193
23. 紧急泄压实验步骤是什么？……194
24. 开工时为什么要热紧？……194
25. 冷换设备在开工过程中为何要热紧？……194
26. 开工过程中各塔底泵为什么要切换？……195
27. 加氢装置停车的步骤是什么？……195

28．加氢系统停工时如何柴油置换？…………………………………………195
29．加氢系统停工时如何热氢带油？…………………………………………195
30．加氢系统停工时如何脱氢？………………………………………………195
31．加氢催化剂为什么要进行无氧筛分？……………………………………196
32．加氢催化剂无氧筛分注意事项有哪些？…………………………………196
33．反应器开大盖时的安全措施有哪些？……………………………………196
34．停工过程中加热炉熄火注意事项有哪些？………………………………196
35．加氢在停工时，为什么氢气要全量循环？………………………………196

第五节　尾气处理装置…………………………………………………… 197

1．膜分离单元预处理部分开车正常的指标有哪些？ ………………………197
2．膜分离单元开车步骤是什么？ ……………………………………………197
3．膜分离单元停车步骤是什么？ ……………………………………………197
4．膜分离单元开车注意事项有哪些？ ………………………………………197
5．燃料气管线的投用步骤是什么？ …………………………………………198
6．转化单元开车步骤是什么？ ………………………………………………198
7．转化炉投氧操作注意事项有哪些？ ………………………………………199
8．转化变换单元长期停车主要步骤是什么？ ………………………………199
9．变换催化剂升温注意事项有哪些？ ………………………………………199
10．变换催化剂还原注意事项有哪些？………………………………………200
11．尾气处理变换单元开车步骤是什么？……………………………………200
12．尾气处理变换单元短期停车步骤是什么？………………………………200
13．MDEA 脱碳单元开车步骤是什么？………………………………………200
14．MDEA 脱碳单元短期停车步骤是什么？…………………………………201
15．PSA 单元氮气联运的目的是什么？………………………………………201
16．PSA 单元氮气联运停车步骤是什么？……………………………………201
17．PSA 吸附剂使用注意事项有哪些？………………………………………201
18．PSA 主要开车步骤是什么？………………………………………………202
19．PSA 单元紧急停车步骤是什么？…………………………………………202

第六节　低温油洗和合成水处理装置………………………………… 202

1．低温油洗单元原始开车主要操作步骤是什么？ …………………………202

2. 低温油洗单元冷油运的目的和步骤是什么? ……202
3. 低温油洗热油运步骤是什么? ……203
4. 低温油洗单元引脱碳尾气步骤是什么? ……203
5. 低温油洗原料制冷系统投用步骤是什么? ……203
6. 如何建立防冻剂循环? ……203
7. 低温油洗单元停车退气的步骤是什么? ……204
8. 低温油洗不合格 LPG 回炼线的作用是什么? ……204
9. 合成水处理单元水联运建立水循环的步骤是什么? ……204
10. 合成水处理单元开车步骤是什么? ……204
11. 合成水脱油装置投用步骤是什么? ……205
12. 合成水处理单元醇分离塔压力控制的注意事项有哪些? ……205
13. 油气回收装置开车主要包含哪些步骤? ……205

第六章　费托合成装置的事故处理……207

第一节　费托合成装置……208

1. 费托循环气压缩机跳车如何处理? ……208
2. 释放气压缩机跳车的处理步骤是什么? ……208
3. 还原循环压缩机跳车处理程序是什么? ……208
4. 循环气压缩机透平空冷风机跳停后如何处理? ……208
5. 还原反应器氢气中断如何处理? ……209
6. 净化气中断时费托反应单元如何处理? ……209
7. 催化剂还原结束后费托反应器不具备接料条件如何处理? ……209
8. 油气空冷器后温度超温如何处理? ……209
9. 费托反应器超温应急处置措施有哪些? ……210
10. 还原反应器压力异常原因及处理措施有哪些? ……210
11. 油水分离器水中带油原因及处理措施有哪些? ……210
12. 还原恒温阶段尾气中 CO 过低时如何处理? ……210
13. 费托反应器液位过高时如何处理? ……211
14. 汽提塔塔底温度过低如何处理? ……211

第二节 蜡过滤装置…………………………………………………… 211

1. 蜡过滤装置稳定蜡中断如何处理？ ……………………………………211
2. 蜡过滤装置伴热蒸汽中断如何处理？ …………………………………212
3. 蜡过滤装置停电如何处理？ ……………………………………………212
4. 蜡过滤装置停循环水如何处理？ ………………………………………212
5. 蜡泄漏如何处理？ ………………………………………………………213

第三节 尾气脱碳装置…………………………………………………… 213

1. 脱碳系统溶液泄漏如何处理？ …………………………………………213
2. 脱碳单元突然停电如何处理？ …………………………………………213
3. 合成尾气中断如何处理？ ………………………………………………213
4. 吸收塔压差高如何处理？ ………………………………………………214
5. 脱碳装置停蒸汽处理步骤是什么？ ……………………………………214
6. 半贫液泵跳车如何处理？ ………………………………………………214
7. 脱碳吸收塔气相带液有何危害？ ………………………………………214
8. 脱碳单元发生高压串低压事故的原因及处理措施有哪些？ ……………214
9. 脱碳装置循环水中断的处理步骤是什么？ ……………………………215
10. 脱碳装置 DCS 黑屏如何处理？ ………………………………………215
11. 贫液泵跳车如何处理？…………………………………………………215
12. 冷凝液泵跳车如何处理？………………………………………………215
13. 蒸汽凝液泵跳车如何处理？……………………………………………215
14. 加压再生塔超压如何处理？……………………………………………215
15. 富液闪蒸槽超压如何处理？……………………………………………215
16. 再生气中一氧化碳超标如何处理？……………………………………216
17. 脱碳装置吸收塔压力高如何处理？……………………………………216
18. 喷射气分离器液击如何处理？…………………………………………216
19. 脱碳系统溶液固体杂质含量高如何处理？……………………………216
20. 脱碳溶液总钒含量下降过快如何处理？………………………………217
21. 吸收塔液泛如何处理？…………………………………………………217
22. 再生气非甲烷总烃超标如何处理？……………………………………218

第四节　加氢装置………………………………………………………… 218

1．发生哪些异常工况，加氢装置必须进行紧急停车处理？ ………………………218
2．加氢事故处理遵循的原则及注意事项有哪些？ ……………………………218
3．加氢精制原料合格蜡中断如何处理？ ……………………………………219
4．加氢裂化进料泵故障导致新鲜进料中断如何处理？ ………………………219
5．加氢裂化循环油中断如何处理？ …………………………………………220
6．新氢中断如何处理？ ………………………………………………………220
7．原料油大量带水系统有何现象？如何调整？ ………………………………220
8．引起加氢裂化循环氢压缩机停机原因及处理措施有哪些？ …………………221
9．循环氢带液的原因及处理措施有哪些？ ……………………………………221
10．导致加氢反应器飞温原因及处理措施有哪些？……………………………222
11．加氢催化剂在湿法硫化过程中超温处理措施有哪些？………………………222
12．高压空冷管束穿孔如何处理？……………………………………………222
13．高压分离器与低压分离器发生串压如何处理？……………………………223
14．燃料气压力低及中断处理措施有哪些？……………………………………223
15．反应系统加热炉熄火处理措施有哪些？……………………………………223
16．加热炉炉管破裂如何处理？………………………………………………223
17．加热炉炉膛出现正压的原因及处理措施有哪些？……………………………224
18．分馏塔底泵密封泄漏及着火应急处理措施有哪些？…………………………224
19．发现液化气大量泄漏如何处理？……………………………………………225
20．氢气大量泄漏或发生火灾事故如何处理？……………………………………225
21．高压反应系统泄漏处理措施有哪些？………………………………………225

第五节　尾气处理装置…………………………………………………… 226

1．尾气加热炉压力增高时如何处理？ ………………………………………226
2．尾气加热炉烟囱冒黑烟如何处理？ ………………………………………226
3．MDEA 脱碳单元原料气中断如何处理？ ……………………………………226
4．副产蒸汽带水如何处理？ …………………………………………………226
5．PSA 装置发生泄漏后如何进行工艺应急处理？ ……………………………227
6．PSA 单元产品氢气质量不合格应如何调整？ ………………………………227
7．PSA 装置程控阀内漏如何判断？ …………………………………………227

8. PSA 单元程控阀内漏的处理方法有哪些? …… 227
9. 尾气加热炉出口的过热蒸汽和工艺尾气温度波动如何处理? …… 227
10. 尾气处理变换炉床层温度上涨过快如何处理? …… 228
11. MDEA 脱碳单元贫液再生效果差的原因有哪些? …… 228
12. 蒸汽发生器发生汽水共沸如何处理? …… 228
13. 转化炉出口转化气指标不合格如何处理? …… 228
14. 转化炉设置烧嘴冷却水进出口流量差值高高联锁的目的是什么? …… 228
15. MDEA 溶液泄漏如何处理? …… 229
16. 蒸汽发生器干锅如何处理? …… 229
17. PSA 系统产氢压力持续降低如何处理? …… 229
18. 尾气处理装置蒸汽中断的主要应急处理措施有哪些? …… 229

第六节 低温油洗和合成水装置 …… 230

1. 低温油洗单元原料气压缩机跳车的处理措施有哪些? …… 230
2. 液化石油气中C_5含量超标如何调整? …… 230
3. 液化石油气中C_2含量超标如何调整? …… 230
4. LPG 泄漏如何处理? …… 230
5. 低温油洗丙烯短期中断如何处理? …… 231
6. 合成水进料中断如何处理? …… 231
7. 合成废水外送温度高如何处理? …… 231
8. 费托合成水中油含量超标如何处理? …… 231
9. 蜡罐突沸的工艺应急处理措施有哪些? …… 232
10. 如何防止蜡罐突沸? …… 232

第七章 安全环保 …… 233

1. 氢气具有哪些危险性质?如何预防? …… 234
2. 一氧化碳具有哪些危险性质?如何预防? …… 234
3. 丙烯具有哪些危险性质?如何预防? …… 234
4. 液化石油气具有哪些危险性质?如何预防? …… 234
5. 油品火灾有什么特点? …… 235
6. 被蜡油污染的保温棉具有哪些燃烧特性? …… 235

7. 废催化剂有哪些燃烧特性？ …………………………………………………… 235
8. 油品储运过程中静电的产生与积聚有哪些特点？ ………………………………… 235
9. 轻质油泄漏存在哪些安全隐患？ ………………………………………………… 235
10. 管线内油品冻凝如何处理？ ……………………………………………………… 235
11. 用汽油或轻质油品擦洗设备、工器具、衣物有哪些危害？ ……………………… 236
12. 被蜡油污染的保温棉在更换时有哪些安全注意事项？ ………………………… 236
13. 常压蜡罐发生冒罐时有哪些安全注意事项？ …………………………………… 236
14. 蜡过滤装置排渣过程中有哪些安全注意事项？ ………………………………… 236
15. 脱碳地下槽配置五氧化二钒过程中有哪些安全注意事项？ ……………………… 237
16. 蜡油类常压储罐呼吸阀及放空口有哪些安全注意事项？ ……………………… 237
17. 蜡过滤装置精细机械过滤器废布袋存放时有哪些安全注意事项？ ……………… 237
18. 费托反应器内部检修有哪些安全管控措施？ …………………………………… 237
19. 重质蜡带水可能造成哪些危害？ ………………………………………………… 237
20. 蜡罐带水发生突沸时有哪些现象？ ……………………………………………… 238
21. 油罐切水时有哪些安全注意事项？ ……………………………………………… 238
22. 加氢装置硫化取样监护注意事项有哪些？ ……………………………………… 238
23. 工艺管线及设备泄漏着火的主要原因有哪些？ ………………………………… 238
24. 工艺管线及设备泄漏着火处理原则是什么？ …………………………………… 238
25. 油管道火灾的扑救方法有哪些？ ………………………………………………… 239
26. 蜡油窜入地井系统或轻、重污油地管发生腐蚀泄漏有哪些危害？ ……………… 239
27. 脱碳碱液窜入地井系统有哪些危害？ …………………………………………… 239
28. 费托装置停车检修时地井系统有哪些安全防范措施？ ………………………… 239
29. 区域大气环境质量超标的主要原因有哪些？ …………………………………… 239
30. 目前 VOCs 较为彻底的处理技术主要有哪些？ ………………………………… 240
31. 尾气脱碳装置 CO_2 尾气治理为何选用蓄热催化氧化法（RCO）？ …………… 240
32. 中间罐区油气回收装置的主要工艺有哪些？ …………………………………… 240
33. 油品合成装置的主要固体污染物有哪些？如何处理？ ………………………… 241

参考文献……………………………………………………………… 241

第八章 仪表与自动化…………………………………… 243

第一节 自控专业设计、选型…………………………… 244

1. 自控专业设计、选型原则是什么？ ……………………244
2. 油品装置控制系统设计特点有哪些？ …………………244
3. 成套设备仪控配置及应用要求有哪些？ ………………245
4. 关键阀门选型注意事项有哪些？ ………………………246

第二节 仪表基础知识…………………………………… 247

1. 自动化装置可分为几类？ ………………………………247
2. 什么是定值控制系统？ …………………………………247
3. 什么是随动控制系统？ …………………………………247
4. 什么是顺序控制？ ………………………………………248
5. 什么是分程控制？ ………………………………………248
6. 自动调节系统的分类有哪些？ …………………………248
7. 化工测量仪表的分类有哪些？ …………………………248
8. 简单调节系统组成有哪些？ ……………………………248
9. 什么是串级调节？ ………………………………………249
10. 流量计分为几种形式？各具有什么特点？ ……………249
11. 复杂控制系统概念和分类是什么？ ……………………249
12. 串级调节中的主副参数是什么？ ………………………249
13. 什么是多冲量控制系统？ ………………………………249
14. 汽包的单冲量液位控制系统是什么？ …………………250
15. 汽包的双冲量液位控制系统是什么？ …………………250
16. 费托合成汽包液位三冲量控制原理是什么？ …………250
17. 费托合成反应器汽包引入三冲量控制有哪些优点？ …250
18. 靶式流量计投用的注意事项有哪些？ …………………250
19. 离心机的防喘振控制采用什么方法？ …………………251
20. 测量特殊介质的压力时应如何选用就地压力表？ ……251
21. 煤制油加氢裂化反应超温联锁设置有哪些？ …………251
22. 费托合成反应器超温联锁设置的目的和逻辑是什么？ …251

23. 费托合成单元都采用哪些顺序控制? …………………………………………… 252
24. 什么是 ESD 系统? ……………………………………………………………… 252
25. SIS 系统的定义和特点是什么? ………………………………………………… 252
26. SIS 系统和 DCS 系统的联系是什么? …………………………………………… 253
27. 什么是 GDS 系统? ……………………………………………………………… 253
28. 什么是透平压缩机集成控制系统? ……………………………………………… 253
29. 什么是机械监测系统? …………………………………………………………… 253
30. 费托合成循环气压缩机 ITCC 控制目标有哪些? ……………………………… 253
31. 什么是 OTS 操作系统? ………………………………………………………… 254

第三节 仪表生产问题分析处理……………………………………………… 254

1. 油品装置部分阀门 CV 值存在什么问题? 如何优化改造? ………………… 254
2. 油品合成蜡过滤阀门卡涩是什么原因? 如何分析处理? …………………… 255
3. 油品催化剂输送圆顶阀阀门密封气存在什么问题? ………………………… 255
4. 蜡过滤装置排渣阀气路存在什么问题? 怎么处理? ………………………… 256
5. 三偏心蝶阀冲蚀及卡涩问题是如何分析处理的? …………………………… 256
6. PSA 装置阀门维护中存在哪些问题? 如何优化处理? ……………………… 257
7. 二氧化碳吸收塔液位调节阀阀杆转动存在的问题是什么? 如何处理? ……… 258
8. 油品合成防喘振阀定位器频繁故障如何改造? ………………………………… 258
9. 费托合成反应器液位测量问题如何处理? ……………………………………… 258
10. 冬季保温对费托液位变送器测量有什么影响? 如何处理? ………………… 259

参考文献……………………………………………………………………… 260

第一章

费托合成反应基础知识

1 什么是费托合成反应?

答 1922 年 7 月 22 日，德国科学家弗朗茨 · 费舍尔（Franz Fischer）和汉斯 · 托普斯科（Hans Tropsch）因将氢气和一氧化碳在铁基催化剂作用下催化转化成较重的烃和含氧化合物而获得专利[1]，后被称为费托合成法。费托合成反应总体来讲，是 CO 加氢和碳链增长反应，费托合成的主反应是烷烃化反应和烯烃化反应，主要副反应是水煤气变换反应，其他副反应有甲烷化反应、CO 歧化反应（又称积碳反应）和生成醇、醛、酸、酯类等反应。

2 费托合成主、副反应有哪些?

答 费托合成主反应如下：

（1）烷烃生成反应：$n\mathrm{CO} + (2n+1)\mathrm{H_2} \longrightarrow \mathrm{C}_n\mathrm{H}_{2n+2} + n\mathrm{H_2O}$

（2）烯烃生成反应：$n\mathrm{CO} + 2n\mathrm{H_2} \longrightarrow \mathrm{C}_n\mathrm{H}_{2n} + n\mathrm{H_2O}$

费托合成副反应如下：

（1）甲烷化反应：$\mathrm{CO} + 3\mathrm{H_2} \longrightarrow \mathrm{CH_4} + \mathrm{H_2O}$

（2）CO 歧化反应：$2\mathrm{CO} \longrightarrow \mathrm{C} + \mathrm{CO_2}$

（3）醇类生成反应：$n\mathrm{CO} + 2n\mathrm{H_2} \longrightarrow \mathrm{C}_n\mathrm{H}_{2n+1}\mathrm{OH} + (n-1)\mathrm{H_2O}$

（4）酸类生成反应：$n\mathrm{CO} + (2n-2)\mathrm{H_2} \longrightarrow \mathrm{C}_n\mathrm{H}_{2n}\mathrm{O_2} + (n-2)\mathrm{H_2O}$

（5）醛类生成反应：$(n+1)\mathrm{CO} + (2n+1)\mathrm{H_2} \longrightarrow \mathrm{C}_n\mathrm{H}_{2n+1}\mathrm{CHO} + n\mathrm{H_2O}$

（6）酮类生成反应：$(n+1)\mathrm{CO} + (2n+1)\mathrm{H_2} \longrightarrow \mathrm{C}_n\mathrm{H}_{2n+1}\mathrm{CHO} + n\mathrm{H_2O}$

（7）酯类生成反应：$n\mathrm{CO} + (2n-2)\mathrm{H_2} \longrightarrow \mathrm{C}_n\mathrm{H}_{2n}\mathrm{O_2} + (n-2)\mathrm{H_2O}$

（8）水煤气变换反应（WGS）：$\mathrm{CO} + \mathrm{H_2O} \longrightarrow \mathrm{H_2} + \mathrm{CO_2}$

（9）积碳反应：$\mathrm{CO} + \mathrm{H_2} \longrightarrow \mathrm{H_2O} + \mathrm{C}$

在实际应用中，由于氧化物生成、歧化等反应的程度较低，反应生成烃类产物的平均碳原子数较大，因此，可将费托合成反应简化为：

$$\mathrm{CO} + \mathrm{H_2} \longrightarrow (-\mathrm{CH_2}-) + \mathrm{H_2O} \quad \Delta H_{\mathrm{FT}} = -165\mathrm{kJ/mol}$$

$$\mathrm{CO} + \mathrm{H_2O} \rightleftharpoons \mathrm{CO_2} + \mathrm{H_2} \quad \Delta H_{\mathrm{WGS}} = -41.2\mathrm{kJ/mol}$$

3 费托合成反应机理有哪些?

答 目前大多数费托合成反应机理均假设烃生成可以视为聚合反应，氢气和一氧化碳在催化剂表面上的活性吸附是决定费托合成反应活性和具体反应路径的重要基元步骤。氢分子在金属表面上发生化学吸附时解离成氢原子，CO 分子与表面金属原子发生碰撞解离为相应的碳与氧的表面吸附基团（CM、OM、M 为催化剂的活性位），可能的基元反应如下式所示。

氢气解离吸附基元反应为：

$$H_2 + 2M \rightleftharpoons 2HM$$

CO 解离吸附基元反应为：

$$CO + M \rightleftharpoons COM$$

$$COM \rightleftharpoons CM + OM$$

$$CO + M \rightleftharpoons CM + OM$$

费托合成反应可以概括为链引发、链增长、链终止 / 脱附三个阶段，机理描述上的不同主要与在催化剂表面上形成的单体特性及发生链增长的途径有关。典型的费托合成反应机理有表面碳化物机理、烷基化机理、烯醇机理、CO 插入机理、综合机理、碳烯插入机理，目前表面碳化物机理和综合机理是被广泛接受的机理。

4 什么是表面碳化物机理？

答 由 Fischer 和 Tropsch[2][3] 首先提出，他们认为 CO 和 H_2 接近催化剂，是比较容易被催化剂表面或表面金属所吸附，而 CO 比 H_2 更容易吸附，因此首先在催化剂表面上吸附解离为活性金属碳化物，该物质与氢气反应生成亚甲基（—CH_2—）中间体后再进一步聚合生成烷烃和烯烃，链长短取决于氢活化情况。

对于不同的催化剂，形成金属碳化物的形式不同，在 Fe 催化剂上的反应历程主要为：

$$3Fe + 4CO \longrightarrow Fe_3C_2 + 2CO_2$$

$$Fe_3C_2 + H_2 \longrightarrow Fe_3C + (-CH_2-)$$

$$n(-CH_2-) \longrightarrow C_nH_{2n} \xrightarrow{+H_2} C_nH_{2n+2}$$

在 Co 催化剂上的反应历程主要为：

$$2Co + CO \longrightarrow CoC + CoO$$

$$CoO + H_2 \longrightarrow Co + H_2O$$

$$CoC + H_2 \longrightarrow Co + (-CH_2-)$$

$$n(-CH_2-) \longrightarrow C_nH_{2n} \xrightarrow{+H_2} C_nH_{2n+2}$$

5 什么是费托合成反应综合机理？

答 Anderson[4] 在总结各种机理模型后，将费托合成反应机理分为链引发（CO 吸附与加氢）和碳链增长两个主要部分。该机理既考虑到表面碳化物、表面烯醇络合物，又考虑了 CO 的插入等，得到了广泛公认。

（1）链引发：

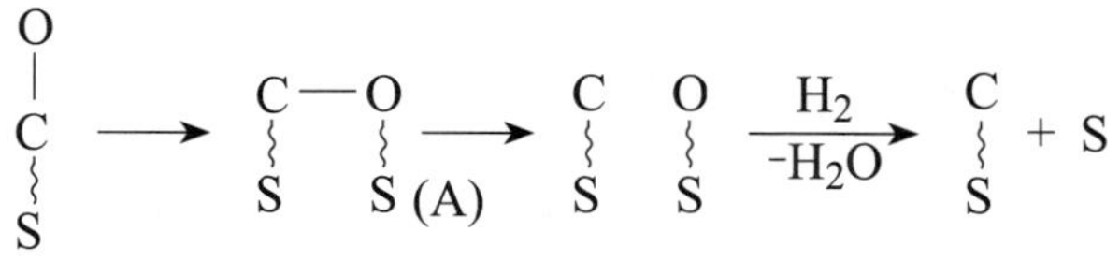

（Ⅰ）

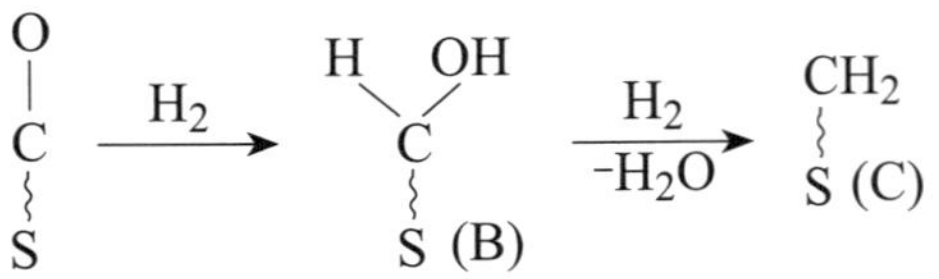

（Ⅱ）

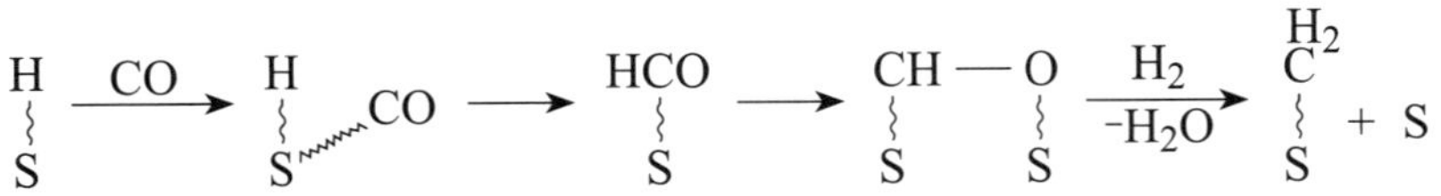

（Ⅲ）

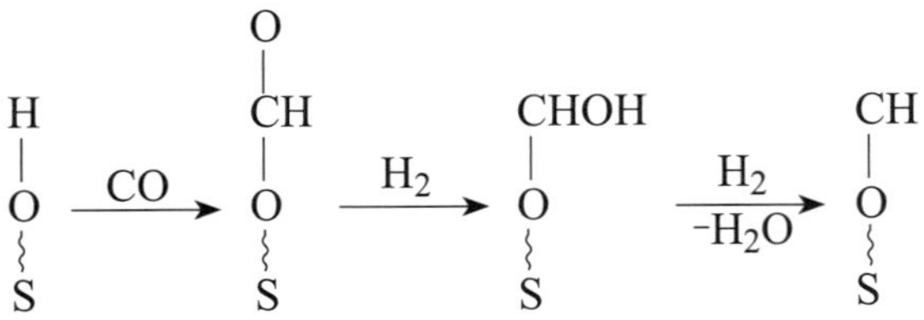

（Ⅳ）

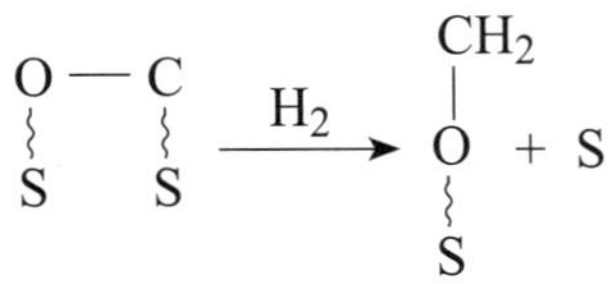

（Ⅴ）

（2）链增长：

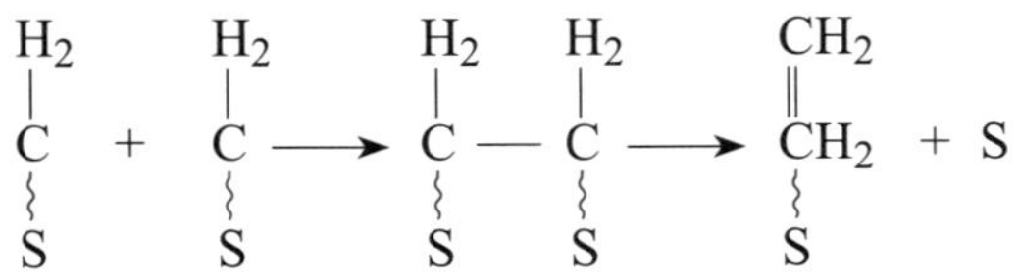

（Ⅵ）

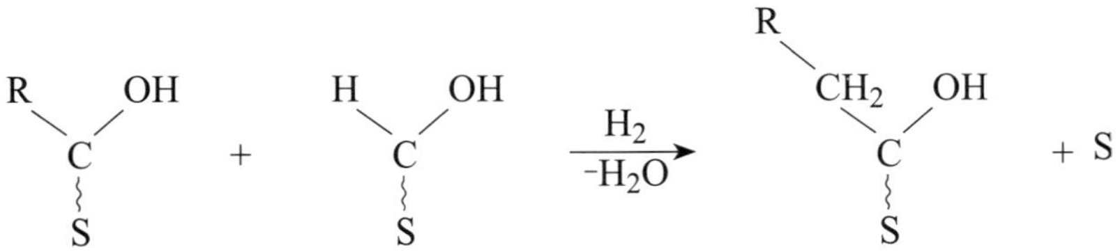

（Ⅶ）

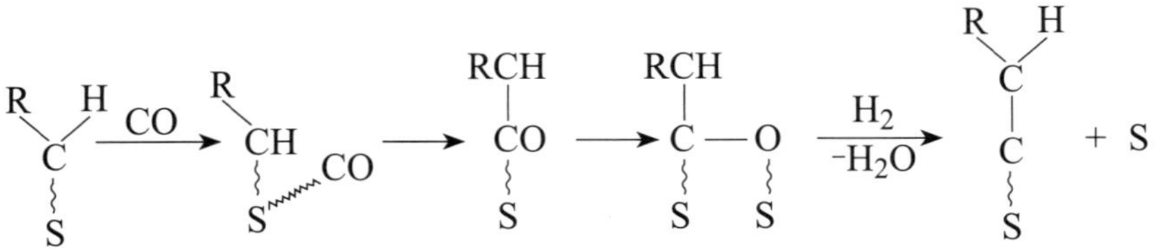

（Ⅷ）

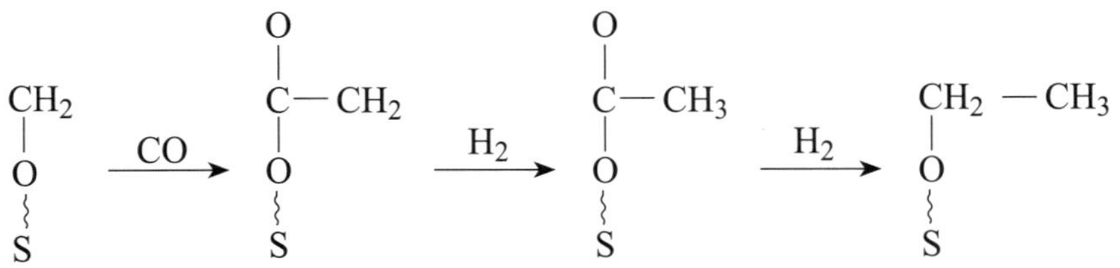

（Ⅸ）

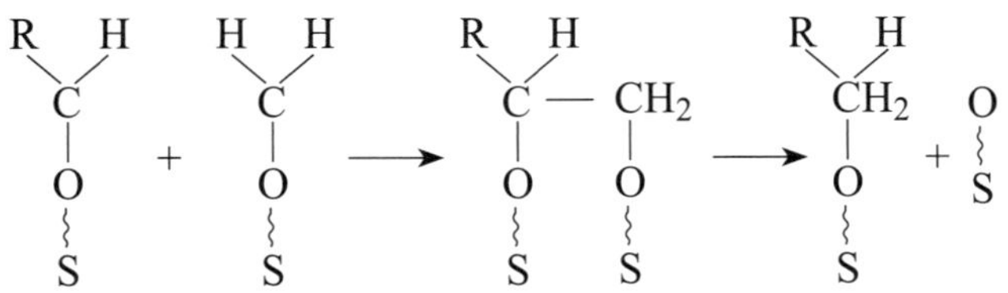

（Ⅹ）

（3）链终止：

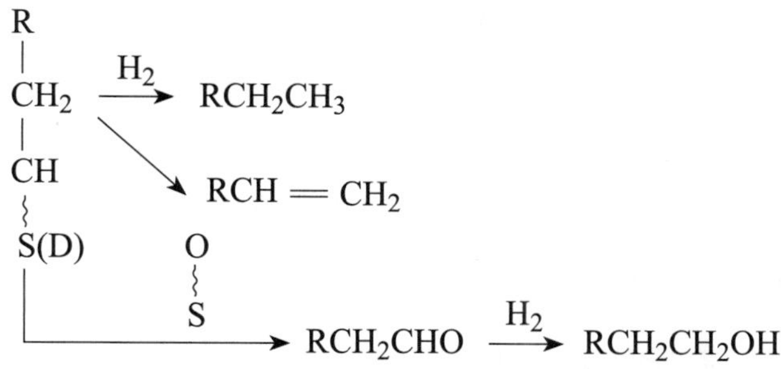

（XI）

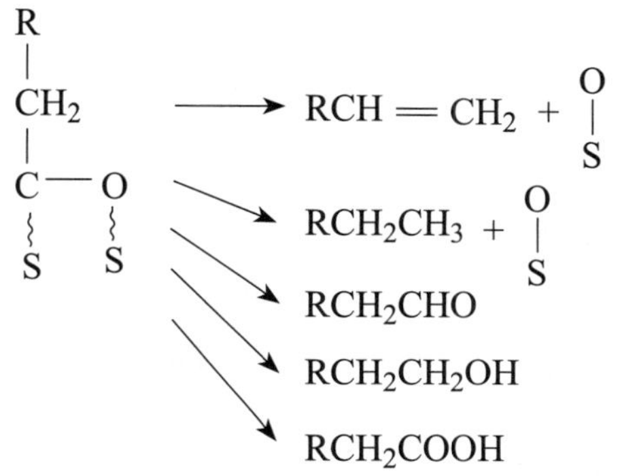

（XII）

6 什么是水煤气变换反应？机理及作用是什么？

答 意大利物理学家 Felice Fontana 发现在哈伯法合成氨工业上制氢过程中，水煤气变换反应（WGS）起到了非常重要的作用。在可逆的 WGS 中，一氧化碳与水在催化剂的作用下生成氢气和二氧化碳。

$$CO + H_2O \longleftrightarrow CO_2 + H_2 \quad \Delta H_{WGS} = -41.2\text{kJ/mol}$$

水煤气变换反应机理主要有甲酸盐机理和直接氧化机理两种。

甲酸盐机理：水在催化剂活性位上经吸附解离生成吸附态的羟基和氢原子，分子态或吸附态的 CO 与 HO—M 反应生成甲酸盐中间体，甲酸盐中间体分解生成 CO_2。

$$H_2O + 2M \longrightarrow HM + HOM$$

$$CO + HOM \longrightarrow H{-}\overset{\displaystyle O \atop \|}{C}{-}O{-}M$$

$$COM + HOM \longrightarrow M{+}HO{-}\overset{\displaystyle O \atop \|}{C}{-}M \longrightarrow H{-}\overset{\displaystyle O \atop \|}{C}{-}O{-}M$$

直接氧化机理：水在催化剂表面上吸附解离得到氧中间体，或者一氧化碳解离得到氧中间体，进而吸附态或者分子态的 CO 直接氧化得到 CO_2。

$$H_2O + 2M \longrightarrow HM + HOM$$

$$HOM + M \longrightarrow OM + HM$$

$$CO + 2M \longrightarrow OM + CM$$

$$COM + OM \longrightarrow CO_2 + 2M$$
$$CO + OM \longrightarrow CO_2 + M$$

一氧化碳在反应器中的转化程度将对反应器的设计和完整的气体回路设计有很多方面的影响，其核心是水－气变换化合物使用的比例和在分压上的变化[5]。当费托催化剂有一定水－气变换活性时，合成气的 H_2/CO 必须与合成反应器的 H_2/CO 使用比接近，否则 H_2/CO 将随转化率增大而增大，最终影响选择性和催化剂的稳定性。

7 什么是积碳反应？有什么危害？如何解决？

答 积碳是一种典型的 CO 分解产物，如下式所示[6]。

$$CO + H_2 \longrightarrow H_2O + C$$

积碳危害：积碳可以包裹金属粒子从而导致粒子完全失活，也可以堵塞催化剂内的微孔和介孔，致使反应物无法接触到孔内的活性位。在极端情况下，沉积在孔内的碳长大使载体破裂，导致催化剂粉碎和反应器堵塞。积碳是永久失活的主要原因之一。

积碳处理方式：一般碳沉积很难发生在 250℃以下的低温费托合成过程中，但极易发生在操作温度大于 320℃的高温费托合成过程中。研究表明，碳沉积速率与反应器入口 H_2 分压呈反比，适当提高反应器入口循环比和氢碳比可有效地减缓催化剂表面的积碳，提高催化剂寿命，减少催化剂消耗。

8 费托合成反应有哪些热力学特征？

答 费托合成反应均为放热反应，1Nm³ 合成气反应大约放出 7400kJ 的热量，适当降低反应温度对各目标反应比较有利。标准状态下费托合成反应生成烃类、含氧化合物及变换、积碳、歧化等反应的反应热为：

烷烃生成反应：$\Delta_r H_m^\theta(298.15K) = -152.04n - 43.1$

烯烃生成反应：$\Delta_r H_m^\theta(298.15K) = -152.04n + 81.89$

醇类生成反应：$\Delta_r H_m^\theta(298.15K) = -152.04n + 48.62$

酸类生成反应：$\Delta_r H_m'(298.15K) = -152.04n + 91.84$

醛类生成反应：$\Delta_r H_m^\theta(298.15K) = -152.04n - 13.25$

酮类生成反应：$\Delta_r H_m^\theta(298.15K) = -152.04n - 44.43$

酯类生成反应：$\Delta_r H_m^\theta(298.15K) = -152.04n + 133.08$

变换反应：$\Delta_r H_m^\theta(298.15K) = -41.2$

歧化反应：$\Delta_r H_m^\theta(298.15K) = -172.6$

9 费托合成产物的生成规律是什么？

答 对铁基催化剂而言，由 CO 和 H_2 生成烃类和水以及烃类和 CO_2 等若干反应的平衡常数可以得到以下规律：

（1）生成烃类和 CO_2 的概率高于生成烃类和水的反应。

（2）从烃类化合物类型讲，首先烷烃最易生成，其次是烯烃、双烯烃、环烷烃和芳烃，炔烃不能生成。

（3）对同一种烃类，随碳数增加，生成概率增加。

（4）温度升高对主要产物的生成均有利，尤其是对于多碳烃类和醇类。相对比较，温度高有利于烷烃特别是低碳烷烃的生成，温度低有利于不饱和烃和含氧化合物生成。

10 什么是费托合成反应产物的 ASF 分布模型？

答 费托合成反应可以看作是一种简单的聚合反应，其单体可认为是 CO 加入而形成的表面活性碳物种，无论碳链长短，性质如何，很容易定量预测其分布。这种分布规律称为 Anderson–Schulz–Flory 分布（ASF 分布），一般用链增长概率（α 值）描述。α 值是由催化剂的类型和操作参数决定的，α 值和碳链长度无关。通过选择催化剂的活性金属种类和优化操作参数，能在一定程度上控制 α 值。

应用聚合机理简单的单参数方程，就能表述整个费托合成的产物分布情况：

$$W_n = (1-\alpha)^2 n\alpha^{n-1}$$

式中，n 代表碳数；W_n 代表碳数为 n 产物的质量分数（以碳计）；α 代表链增长概率。

Anderson、Schulz 和 Flory 等人发现以碳数 n 为横坐标，ln（W_n/n）为纵坐标，以 ln（W_n/n）对 n 作图，可以得到碳链增长概率 α，模型式如下：

$$\ln\frac{W_n}{n} = n\ln\partial + \ln\frac{(1-\partial)^2}{\partial}$$

单一 α 条件下的产物分布如图 1–1 所示。

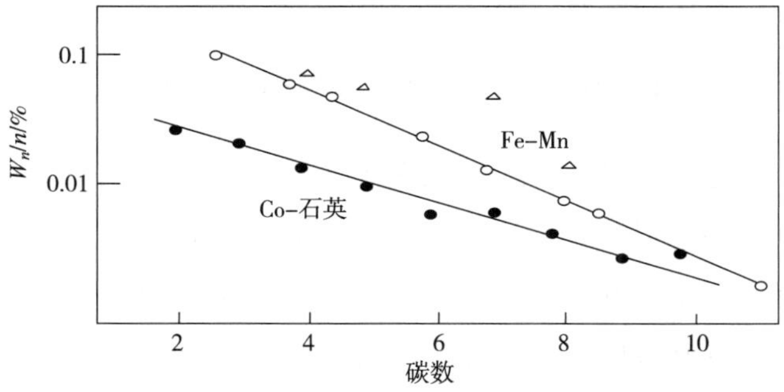

图 1–1 不同催化剂的碳数和产品分布的关系

但是对于沉淀铁基催化剂而言，ASF 图不是直线，而是有两个截然不同的 α 值，第一个可以从甲烷到 C_{11}，第二个 α 值从 C_{13} 开始，一般情况下第一个 α 值比第二个要小。造成此现象的原因是：在反应条件下，C_{13} 以上的碳氢化合物是液相，在反应器内的停留时间比气相碳氢化合物长很多（数量级的关系），因此它们更有可能再次吸附在催化剂的表面实现碳链增长，故链增长系数高。

11 费托合成产物选择性的特点和影响因素有哪些?

答 费托合成的产物分布呈现明显特点，包括：

（1）在不同碳数的费托合成产物分布中，C_1 生成的概率最高，C_2 概率低于 C_3 概率，随着碳数的增加，烃生成的概率逐渐增加。

（2）在不同催化剂上费托合成反应产物的分布不同，对于铁基催化剂，低碳烃中 50% 以上是烯烃，且大部分是 α–烯烃，乙烯的选择性通常比丙烯小。Co、Fe 和 Ru 等催化剂的合成产物中烯烃含量随碳数增加而逐渐减少，与铁基催化剂相比，钴基催化剂上费托合成产物中的烯烃和 α–烯烃含量都较低。

（3）高、低温费托合成产物主要有烷烃、烯烃、芳香烃和含氧有机物。对于高温费托合成，芳香烃选择性随着碳数的增加有所增加，而烯烃和含氧有机物的选择性随碳数的增加而减少。低温费托合成产物中几乎没有芳香烃，高温费托合成产物中的烯烃和含氧有机物的含量均高于低温费托合成。对于醇、醛和酸等产物，C_2 产品即乙醇、乙醛和乙酸的选择性最高，而酮产物中选择性最高的是丙酮。在高温费托合成操作条件下，高温沉淀铁催化剂的活性和产物分布与熔铁催化剂基本相同，甲烷选择性约为 10%，含氧化合物选择性约为 10%，烯烃烯烃选择性约为 25%，C_{5+}选择性约为 50% 左右。

（4）费托合成产物以直链烷烃和烯烃为主，同时含有支链烯烃、二烯烃、烷烃、芳香烃、环烃化合物以及乙醇、乙醛、酮、酸等含氧化合物。

（5）除催化剂本身配方和制备方法外，操作温度、操作压力、原料气组成、空速、催化剂活化度等的改变不同碳数产品分布的主要操作条件。

12 催化剂和还原条件对费托合成反应产品选择性的影响是什么?

答 世界上已经工业化的费托合成过程基本采用铁基或钴基催化剂。铁基催化剂具有较高的水煤气变换反应，降低了 CO 的使用效率，比较适用于低氢碳比的煤基合成气的费托合成过程。钴基催化剂低温活性好且不容易积碳，水煤气变换反应弱，适用于高氢碳比的天然气基合成气费托合成过程。

钴基催化剂的加氢反应活性一般比铁基催化剂强，因此钴基催化剂费托合成产物中饱和烃含量高，升高温度时甲烷选择性的增加也比铁基催化剂快，因此一般操作温度不超过235℃。铁基催化剂可用于310～350℃的高温费托合成反应，在此温度范围内，钴基催化剂上的甲烷选择性接近100%。一般情况下，钴基催化剂的含氧化合物选择性也比铁基催化剂低。铁基催化剂具有较强的水煤气变换活性，而钴基催化剂基本没有变换反应活性。因此，在采用钴基催化剂时，反应器进口 H_2/CO 应接近其消耗比，而采用铁基催化剂时，由于变换反应的存在可以对反应物组成予以调节，反应器进口的 H_2/CO 不必一定接近其消耗比。

理论上说，用 H_2、CO、合成气还原，铁基催化剂都可以获得较高的活性，但是不同气氛还原的催化剂稳定性和产物选择性相差较大。用CO或CO与 H_2 共同还原催化剂时，甲烷和 C_2～C_4 的选择性低，而柴油和蜡的选择性高；当用 H_2 还原时，还原温度在250℃时比在280℃时所获得的产物碳原子数更高，且烯烃的选择性比用CO或合成气还原时要低。使用合成气还原一直是人们关注和研究的重点，其主要原因是可以省掉 H_2 或CO的制备装置，比较经济。

13 温度对费托合成反应有何影响?

答 从化学平衡角度来讲，提高反应温度不利于反应向正反应进行，但是反应温度太低则降低了反应速度，使费托合成反应进行不彻底，合成气转化率降低，反应温度太高容易使催化剂发生积碳而失活，降低了催化剂的使用寿命。总的来说，随反应温度增加，CO的转化率增加，气态烃产率增加，液态烃和石蜡的产率降低，烯烷比增加。表1–1是Sasol公司铁基催化剂的重质蜡选择性随操作温度的变化数值表。由表可以看出，在213～247℃的操作范围内，重质蜡产物的选择性随操作温度的升高而降低。

表1–1 操作温度对铁基催化剂重质蜡选择性的影响

操作温度/℃	重质蜡选择性（按碳数计算）/%
213	47
227	34
237	24
247	17

其主要原因[7]是费托合成反应是强放热反应，产物的形成是通过中间体参与链增长而进行的，温度升高能增加中间产物脱附的可能性，形成产物时的链终止速率加快，导致碳链增长概率减少，即α值减少。低碳烃的选择性随温度升高而增大，长链烃特别是硬蜡产品随温度的升高而减少，同时，随着温度的升高，主反应速率加快，烯烃的二次反应等副反应速率也会加快。

14 压力对费托合成反应有何影响？

答 由化学平衡分析可知，费托合成反应是体积减小的反应，增加压力会促使费托反应向正方向进行，增强反应深度，反应压力提高，相应提高 CO 和 H_2 的分压，促进 CO 和 H_2 在催化剂表面的吸附以及 C—C 键合反应的发生，有利于链增长反应。因此催化剂活性提高，CO 转化率增大，甲烷等低碳烃的选择性降低，高碳烃类选择性增加。Sasol 公司在研究固定床沉淀 Fe 基催化剂的活性发现，不管是反应体系总压增加还是 H_2、CO 的分压增加，催化剂的活性都增加（见表 1–2）。

表 1–2 原料气压力对固定床 Fe 基催化剂费托合成活性的影响

项目	分压 /100kPa		活性①
	H_2	CO	
P_{H_2}	12.2	5.7	97
	15.2	5.6	109
P_{CO}	15.2	5.6	109
	15.7	8	134
总压	11.4		44
	27.6		114

注：① 单位时间内生成（H_2O+CO_2）物质的量

增大压力有利于烯烃再吸附发生二次反应，促进碳链增长概率增加，产物中烯烃的含量也减少，并可抑制结焦反应的发生，有利于保护催化剂的活性和延长催化剂的使用寿命。但操作压力过高会抑制费托合成反应产物从催化剂脱附，导致高碳烃在催化剂内部和表面聚集，从而间接影响催化剂活性。因此，一般控制铁基催化剂费托合成的反应压力在 2.0 ~ 3.2MPa。

15 氢碳比对费托合成反应有何影响？

答 对于同一催化剂讲，原料气 H_2/CO 比值增加，即 CO 分压降低，催化剂表面氢分压相对增大，表面单体覆盖率降低，抑制了碳链之间的结合，碳链脱附概率也随之降低；甲烷等低碳烃的选择性增大，重质烃的选择性降低。降低原料气 H_2/CO 比值有利于液相烃类和石蜡的生成，但 H_2/CO 比值太低会使催化剂表面大量结碳而迅速失活，影响催化剂的使用寿命。

对于费托合成反应的主反应，理论的 H_2/CO 的消耗比值为 2，但当费托合成的 H_2O 全部被副反应 WGS 反应所消耗，H_2/CO 的消耗比值为 0.5。因此反应器出口的 $H_2/$

CO 比值由原料气的 H_2/CO 比值和反应过程的 H_2/CO 消耗比值决定。由于不同催化剂对上述两种反应催化活性不同，故对原料气 H_2/CO 的要求也不同。若反应器进口处的 H_2/CO 比大于其消耗比，出口处的 H_2/CO 比增加，当进口处的 H_2/CO 比小于其消耗比，出口处的 H_2/CO 降低（见表 1-3[8]）。

表 1-3　不同转化率下出口 H_2/CO 比随进口 H_2/CO 比的变化关系

H_2/CO（进口）	H_2/CO（出口）	
	CO 转化率 30%	CO 转化率 50%
1.35	1.25	1.15
1.55	1.55	1.55
1.6	1.62	1.68
1.75	1.82	1.93

16 空塔气速对费托合成反应有何影响?

答　空塔气速是操作浆态床反应器的重要参数，对浆态床的传质、传热、催化剂分布等都有影响。如果空塔气速低于 0.1m/s，则难以保证催化剂与蜡形成均匀浆液，将出现催化剂沉降现象，沿反应器轴向出现催化剂浓度梯度。反应器底部催化剂的浓度高，导致反应温度沿轴向分布不均，催化剂浓度高的地方温度高，严重时造成装置飞温，也可能会堵塞气体分布器。当空塔气速高于 0.4m/s 后，由于气体流速太快，可能会造成冲塔。理想的空塔气速范围为 0.15 ~ 0.3m/s，在此范围内，浆态床层能保持良好的气液固三相流动态和费托反应状态。

空塔气速对链增长的影响主要有两个方面：① 反应物和产物在反应器中的停留时间；② 反应器进出口的 H_2/CO 比。空速降低，碳链增长概率增大，烯烷比减少，重质烃的选择性随空速的降低而升高，也可以减少二次反应。其主要原因是费托合成生产的产品和催化剂接触的时间短，再吸附和反应的可能性将减少，这样就减少了烯烃和含氧化合物的加氢，以及含氧化合物的互变。增加空速会降低转化率，CO 在反应器出口的分压升高，有助于减少二次反应。

对于工业装置而言，当保证 CO 总转化率达到 96% 以上的条件下，可以适当提高空速，以提高总的烃类产物收率，增加反应器负荷，提高经济效益。

17 循环比对费托合成有何影响?

答　循环比是指循环气体积流量和净化气体积流量的比值。当净化气流量一定时，循环比增大，浆态床反应器入塔气量相应增大，反应物和产物在反应器中的停留时间延长，反应器进口的 H_2/CO 比相应上升，进而导致 CO 转化率上升，烯烷比降低。

另外，费托合成浆态床反应器要求合理的空塔气速范围为 0.15 ~ 0.4m/s，正常操作一般保持在 0.3m/s，因此对于给定的费托合成浆态床反应器，入塔气量有一定的范围要求，当净化气量一定时，循环气量也就是循环比的范围也就随之确定。

18 费托催化剂对费托合成反应有何影响?

答 目前工业上应用的费托合成催化剂主要有两类（即铁剂和钴剂），在费托合成中的特点见表 1–4。由表可见，铁催化剂不但能催化合成烃类的反应，还能催化水煤气变换反应，所以对 H_2/CO 比的要求不像钴催化剂那样严格。在合成烃类的催化性能方面，由于其加氢活性不如钴催化剂，故产物中烯烃相对丰富，CH_4 和长链烃产率较低。

表 1–4 铁催化剂和钴催化剂在费托合成中的特点

项目	铁催化剂	钴催化剂
H_2/CO 比值	＜1 ~ 2	0 ~ 2
T/℃	220 ~ 330	160 ~ 220
P/MPa	2.0 ~ 3.0	2.0 ~ 3.0
能否发生水煤气变换反应	能	不能
反应速率	与氢分压成正比	与组分分压关系不大
CH_4 产率	较低	较高
CO_2 产率	高	很低
烯烃 / 烷烃	较高	较低
石蜡产率	较低	较高

19 工艺参数对费托合成反应产物特征指标有何影响?

答 反映产物特征的指标有碳链长度（碳原子数）、碳链支化度（异构烃含量）、烯烃含量（烯烃 / 烷烃）和含氧化合物产率等。

工艺参数对产物特征指标的影响[9]（见图 1–2）如下：

（1）影响碳链长度的因素。调整工艺参数可在一定范围内发生迁移，譬如增加反应温度，增加氢碳比，降低铁催化剂的碱性，增加空速和降低压力均有利于降低产品中的碳原子数，即缩短碳链长度，反之则有利于增长碳链长度。在铁催化剂上生成 CH_4 的选择性是最低的，而采用钌催化剂在 100℃左右低温和 100MPa 左右压力下长链烃类的选择性最高。

（2）影响支链或异构化的因素。增加反应温度和提高氢碳比有利于增加支链或异构烃。反之，则有利于减少支链烃或异构烃。另外，对于中压铁基固定床合成，所得固体石蜡支链程度很低，每 1000 个碳原子只有很少几个 CH_3- 支链，而流化床和气流床反应器支链产物相对较多，尤其是采用常压钴催化剂。

（3）影响烯烃含量的因素。提高合成气中的氢碳比，提高空速，降低合成转化率和提高铁系催化剂的碱性均有利于增加烯烃含量。

（4）影响含氧衍生物的因素。降低反应温度，降低氢碳比值，增加反应压力，提高空速，降低转化率和铁系催化剂碱性，用 NH_3 处理铁催化剂有利于生成羟基和羰基化合物，反之，其产率下降。铁基催化剂有利于含氧化合物特别是伯醇的生成，主要是乙醇。

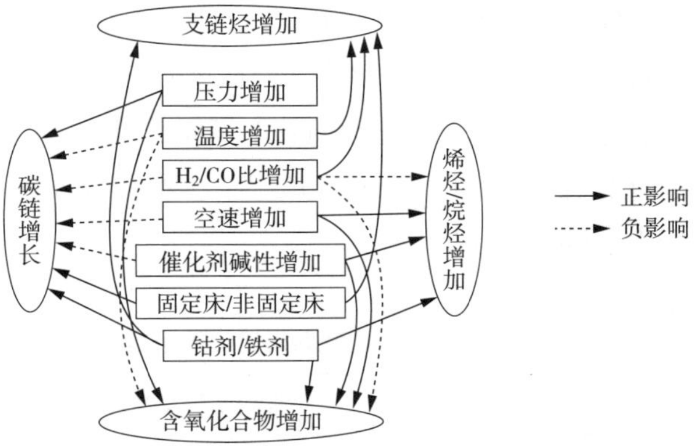

图 1-2　工艺参数对产物选择性的影响

20 费托合成反应的转化率、选择性、目的产物收率如何表示?

答 费托合成反应的转化率可根据单一反应组分如 H_2、CO 加以计算，也可表示为合成气有效组分（H_2+CO）的转化率（见下式）。在费托合成系统中，有效气（H_2+CO）的转化率与变换反应无关，（H_2+CO）的转化率越高，说明费托合成反应进行得越彻底，气体的利用率越高。

$$转化率=\frac{进口组分的物质的量-出口组分的物质的量}{进口组分的物质的量}\times 100\%$$

为了表达已反应的关键组分有多少生成目的产物，常用选择性的概念。在费托合成反应中，若以 CO 为关键组分，除去消耗于 CO_2 的 CO，则 CO 生成其他产物的选择性可表达为：

$$选择性=\frac{C_n 生成量（mol）\times n}{进口\ CO\ 量（mol）-出口\ CO\ 量（mol）-CO_2\ 生成量（mol）}\times 100\%$$

所谓目的产物的收率是指反应物消耗于生产目的产物量与反应物进料总量的百分比。

$$收率=\frac{目的产物生成量}{目的产物的理论生成量}\times 100\%=\frac{生成目的产物的原料量}{原料进料量}\times 100\%$$

21 费托合成反应的理论产率如何计算?

答 根据化学反应计量式可计算出反应产物的最大理论产率，但由于合成气（$CO+H_2$）组成不同和实际反应消耗的 H_2/CO 比变化，其产率也随之改变，每 $1Nm^3$ 合成气的烃类产率通用计量式为：

$$烃产率\ Y=\frac{生成（—CH_2—）_n物质的量\times（—CH_2—）_n相对分子质量}{消耗合成气物质的量}$$

$$=\frac{合成气物质的量}{1Nm^3}\ [g/Nm^3(CO+H_2)]$$

计算表明，只有当合成气中 H_2/CO 比与实际反应消耗的 H_2/CO 比（也称利用比）相等时，才可获得最佳的产物速率，经计算费托合成反应产物的理论产率是 $208.3g/Nm^3$（$CO+H_2$）。在实际反应过程中，由于催化剂的效率不同，操作条件的差异，合成气 H_2/CO 的实际利用比低于理论值，因此，在实际情况下，费托合成的产率低于理论产率，表 1–5 为不同合成气利用比时烃类的产率。

表 1–5 不同合成气利用比时的烃类产率

利用比（H_2/CO）	原料气（H_2/CO）		
	1/2	1/1	2/1
1/2	208.3	156.3	104.3
1/1	138.7	208.3	138.7
2/1	104.3	156.3	208.3

22 什么是雷波利特数?

答 在费托合成反应体系中，当反应气体中含有 CO_2 时，CO_2 经变换反应生成 CO，再进行费托合成反应时，H_2 与 CO_2 的摩尔消耗比为 3，综合考虑下式可得，在反应过程中，H_2 的消耗与 CO 和 CO_2 的消耗存在以下关系，即 $\frac{nH_2}{2n_{CO}+3n_{CO_2}}=1$，$\frac{nH_2}{2n_{CO}+3n_{CO_2}}=1$ 称为雷波利特（Ribblett）数。

$$CO+2H_2 \longrightarrow (-CH_2-)+H_2O$$

$$CO+H_2O \longrightarrow CO_2+H_2$$

$$CO_2+3H_2 \longrightarrow (-CH_2-)+2H_2O$$

因此，在费托合成反应体系中，应尽量使合成气体的组成满足相应的 H_2/CO 消耗比和 $\frac{nH_2}{2n_{CO}-3n_{CO_2}}=1$ 的条件，从而使反应物均能得到充分利用，避免某一反应物的过剩或不足。在低温费托合成过程采用钴基催化剂时，合成气中的 H_2 与 CO 的摩尔比接近 2，采用铁基催化剂时，由于 H_2/CO 的消耗比一般为 1.6 左右，因而合成气中的 H_2/CO 的摩尔比应接近 1.6，同时应保证 $\frac{nH_2}{2n_{CO}+3n_{CO_2}}=1$。在高温费托合成过程中，由于催化剂表面易于结碳，结碳会使催化剂反应活性下降和破碎，为减少结碳的产生，应在反应器中使 H_2 过量。

23 典型的费托合成技术有哪些?

答 工业化生产的费托合成技术主要有三种类型，即铁基高温费托合成技术（Fe-HTFT）、铁基低温费托合成技术（Fe-LTFT）和钴基低温费托合成技术（Co-LTFT），已研究开发的技术如表 1-6 所示。国际上该领域的研究机构以最成熟的南非 SASOL、荷兰 Shell、中国中科合成油、中国兖矿公司为代表，均已实现大规模商业化运行，包括：

（1）铁基高温费托合成技术有南非 Sasol 公司的 S-CFB 循环流化床工艺和 SAS 固定流化床工艺，均采用熔铁催化剂，产物包括 $C_{1\sim15}$ 轻质烷烃、烯烃和其他含氧化合物，适合生产烯烃和汽油。

（2）铁基低温费托合成技术有 Sasol 公司的的 SSPD 浆态床工艺、中国中科合成油公司的铁基中温浆态床工艺和中国兖矿公司的铁基低温浆态床工艺，均采用沉淀铁催化剂，产物主要为燃料油、润滑油基础油和石蜡，适合生产高质量清洁柴油。

（3）钴基低温费托合成技术荷兰 Shell 公司的 SMDS 固定床工艺和 Sasol 公司的的 SSPD 浆态床工艺，其产物与低温铁基费托工艺类似。其他先进的合成技术，如丹麦 Topøs 公司的 TIGAS 技术、美国 Mobil 公司的 STG 技术、Exxon 公司的 AGC-21 技术、Syntroleum 公司的 Syntroleurn 技术等，但均未商业化。

表 1-6 工业应用费托技术（截至 2012 年）[10]

费托技术	费托金属	费托类型	反应器类型	启用时间
德国常压合成工艺	Co	低温	固定床（管冷式）	1936 年
德国中压合成工艺	Co	低温	固定床（套管式）	1937 年
Hydrocol 工艺	Fe	高温	固定流化床	1951 年
Arbeitsgemeinschaft、Ruhrchemie-Lurgiz (Arge)	Fe	低温	固定床（列管式）	1955 年
Kellogg 合成油工艺	Fe	高温	循环流化床	1955 年
Sasol 合成油工艺	Fe	高温	循环流化床	1960 年

续表

费托技术	费托金属	费托类型	反应器类型	启用时间
壳牌中间馏分油合成工艺（SMDS）	Co	低温	固定床（列管式）	1993 年
Sasol 先进合成油工艺（SAS）	Fe	高温	固定流化床	1993 年
Sasol 铁浆态床工艺（Fe-SSBP）	Fe	低温	浆态鼓泡床	1995 年
兖矿低温 Fe 基浆态床工艺	Fe	低温	浆态鼓泡床	2002 年
Statoil 钴浆态鼓泡床工艺	Co	低温	浆态鼓泡床	2005 年
Sasol 钴浆态床工艺（Co-SSBP）	Co	低温	浆态鼓泡床	2007 年
中温浆态床费托工艺（HTSFTP）	Fe	中温	浆态鼓泡床	2008 年

24 南非 Sasol 公司固定床流化床合成技术有哪些特点?

答 南非 Sasol 公司高温费托合成工艺采用的反应器有 Synthol 循环流化床（CFB）和 SAS 固定流化床（FFB），催化剂均采用熔铁催化剂，主要产品是汽油和轻烯烃。Synthol 循环流化床（CFB）初级产物烯烃含量高、装置运转时间长、热效率高、压降低、反应器径向温差低，但装置结构复杂、投资高、操作繁琐、检修费用高、反应器进一步放大困难，对原料气硫含量要求高。1989 年，Sasol 公司在 synthol 工艺基础上开发出了 SAS 固定流化床（FFB）工艺，反应温度 350℃，操作压力 2～4MPa，SASOL-II 厂、SASOL-III 厂共有 4 台 Φ8m 和 4 台 Φ10.7m 反应器运行，主要产品为汽油、柴油和烯烃等化学品；SAS 反应器取消了催化剂循环系统，催化剂得到更加有效的利用，催化剂消耗比试验能太厚了工艺降低 40%，剂 / 气比是 Synthol 的 2 倍，投资为其一半，转化率、生产能力较高，操作简单，操作与维修费较低，工艺流程如图 1-3 所示。

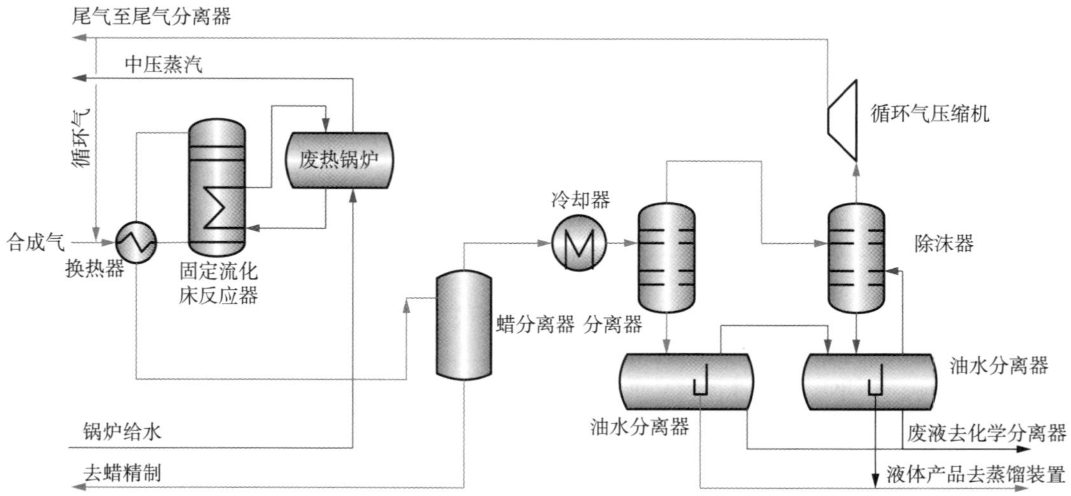

图 1-3 南非 Sasol 固定流化床反应器流程示意图

固定流化床工艺与循环流化床工艺相比具备多种优势，主要体现在以下几方面：反应转化率高，尾气循环量降低；床层温度均匀、温度易控制，控制条件少，运行平稳；结构简单、紧凑，投资少，易维护，占地少；流化条件温和，反应器腐蚀和催化剂磨损低。催化剂积碳对反应器运行影响小，降低了催化剂的移出和添加量，进一步降低了催化剂消耗；可布置大量取热盘管，提高了取热能力，从而允许更高的反应速率，也可以在更高的压力下反应；无需催化剂循环，降低了运行成本。

25 南非 Sasol 公司 SSPD 浆态床合成技术有哪些特点？

答 SSPD 工艺是南非 Sasol 公司开发的低温费托合成工艺，该工艺的催化剂选择铁基或钴基均可。自 20 世纪 80 年代起，南非 Sasol 公司开始从事浆态床反应器开发，1990 年 7 月在 Sasol burg 建成一套 10t/d 的 Φ1m 中试装置，随后又在 1993 年 5 月建成一套 343t/d 的 Φ5m 的商业化装置，该装置反应器高度 22m，操作温度 250℃，操作压力 3.0MPa，气体线速度 10cm/s，处理合成气气量 $1.1\times10^5m^3/h$。2006 年，基于 SSPD 的卡塔尔 Oryx GTL 工业化项目投入运转，该项目以天然气为原料，采用钴基催化剂，实现了单台反应器产能 $70\times10^4t/a$。2013 年，Sasol 公司又在尼日利亚投产了相同规模的基于 SSPD 的工业化项目。

SSPD 浆态床反应器是一个三相鼓泡塔，在 250℃下操作，由原料气（气相）在熔融石蜡（液相）和催化剂颗粒（固相）中鼓泡。经预热的合成气原料从反应器底部进入反应器，扩散入由生成的液体石蜡和催化剂颗粒组成的淤浆中。在气泡上升的过程中，合成气不断地发生费托转化，生成更多的石蜡。反应产生的热由内置式冷却盘管生产蒸汽取出。蜡产品则用由 Sasol 公司开发的专利分离技术在内置式分离器中进行分离。从反应器上部出来的尾气冷却后可回收轻质组分和水。获得的烃产品送往下游的产品精炼装置，水则送往回收装置处理。工艺流程和反应器如图 1–4 所示。

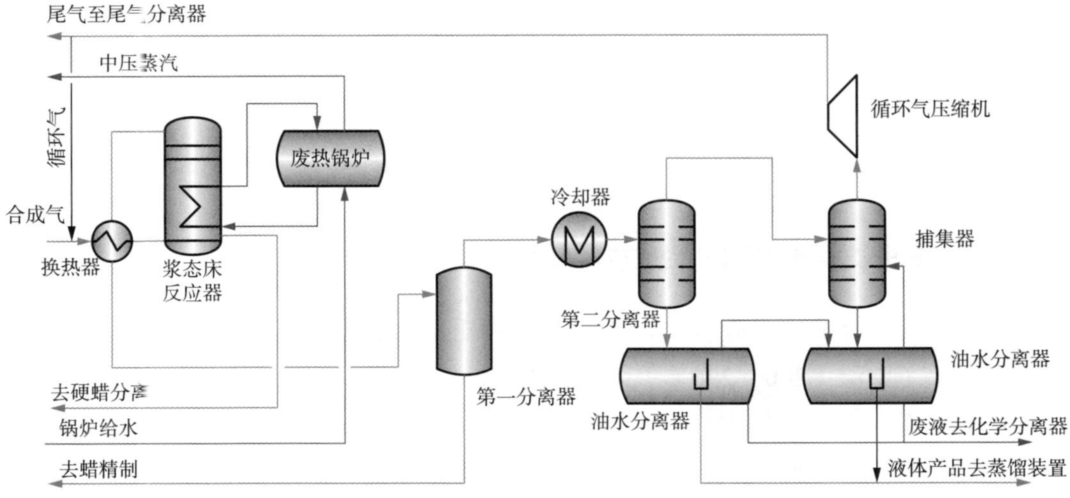

图 1–4 南非 Sasol 浆态床反应器流程示意图

26 荷兰 Shell 公司的 SMDS 合成技术有哪些特点?

答 Shell 公司开发的基于列管式固定床反应器的 SMDS（Shell Middle Distillate Synthesis）工艺的原料利用廉价的天然气转化的合成气（$CO+H_2$），工艺流程如图 1-5 所示。整个工艺可分为 CO 加氢合成高分子石蜡烃和石蜡烃加氢裂化或加氢异构化制取发动机燃料两个阶段。第一阶段采用管式固定床反应器，使用自己开发的热稳定性较好的钴系列催化剂高选择性地合成长链石蜡烃；第二阶段采用滴流床反应器，反应温度为 300～350℃，反应压力为 3～5MPa，将重质烃类转化为重质馏分油，如石脑油、煤油、瓦斯油等。产品构成可根据市场供需变化通过调整上述两种技术的工艺操作条件加以灵活调节。采用 SMDS 合成技术制取汽油、石脑油、煤油和柴油，其热效率可达 60%，而且经济上优于其他煤间接液化技术。马来西亚应用该技术于 1993 年建成 50×10^4t/a 合成油工厂，投产至今，反应器运行良好，经济效益显著。虽然 SMDS 合成技术主要以天然气作为原料，但由于是用合成气来生产液体燃料的，所以利用煤气化生产的合成气来生产液体燃料应当也是可行的。

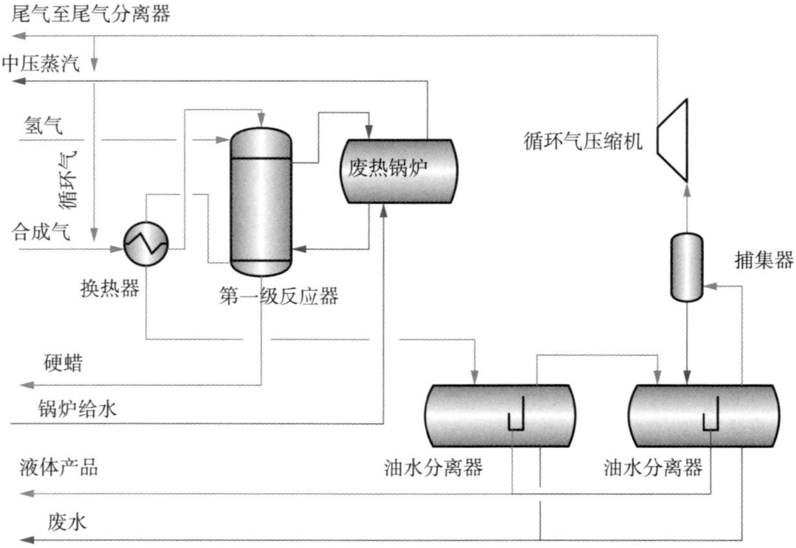

图 1-5 Shell 固定床 SMDS 工艺流程图

27 中科合成油公司 HTSFTP 合成技术有哪些特点?

答 中科合成油技术有限公司以浆态床费托合成催化剂、反应器和工艺技术为核心开发出了中温（260～290℃）浆态床工艺的煤炭间接液化成套技术（HTSFTP）。HTSFTP 具有完全自主知识产权，其工艺流程如图 1-6 所示。工艺过程包括油品合成、油品加工及尾气处理装置，主要由催化剂预处理单元、费托合成单元、脱碳单元、

PSA单元、膜分离单元、MDEA脱碳单元、加氢精制单元、加氢裂化单元、合成水处理单元、蜡过滤单元、低温油洗单元等组成。目前该工艺已成功实现大规模工业化应用，宁煤集团采用该工艺在宁东投产了全球单套产能规模最大的400 × 10^4t/a的煤制油项目。

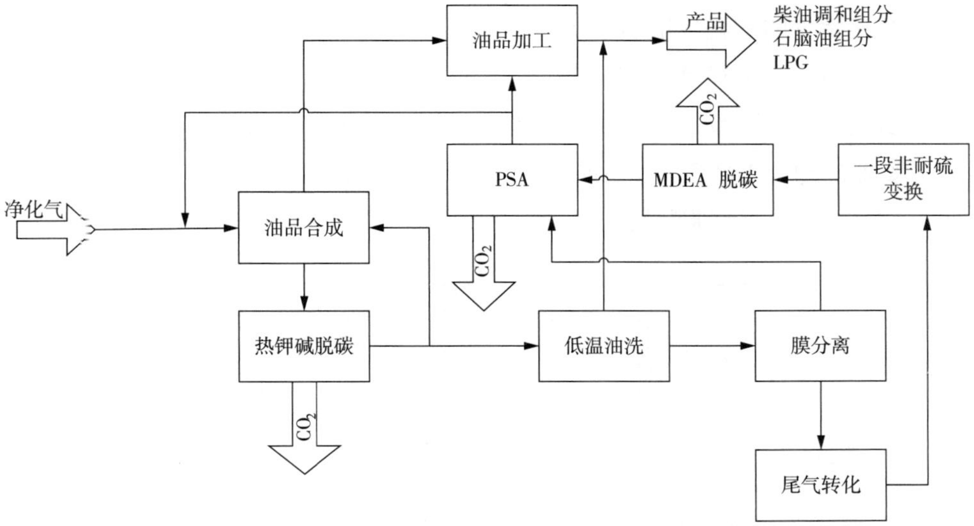

图1–6 中科HTSFTP合成工艺流程图

新鲜合成气（硫含量一般控制在小于0.1 × 10^{-6}）首先进入精脱硫反应器将硫含量降至0.05 × 10^{-6}以下，与循环气混合后进入反应器，在费托催化剂作用下生成高温油气和重质蜡。高温油气经洗涤或换热、冷却分离出合成尾气、轻质油、重质油、合成水，合成尾气的一部分作为循环气经压缩机提压后返回反应器，另一部分送往尾气脱碳装置脱除CO_2（含量一般控制在2%以下）后返回费托反应系统。重质蜡自反应器排蜡过滤组件排出送往蜡过滤装置脱除固体杂质（一般控制Fe^{3+}含量小于5 × 10^{-6}）。

与其他工艺相比，该工艺主要特点为：

（1）采用铁催化剂，有利于实现大规模低成本的催化剂生产。

（2）有利于实现合成气转化过程中降低甲烷生产率、实现较高温度下合成重组分的目标，有利于提高过程馏分油的产率。

（3）催化剂的产油能力比低温浆态床大幅度提高，铁基催化剂消耗低，有利于降低合成成本和下游处理成本，有利于实现清洁生产。

（4）高温合成副产蒸汽压力等级高，彻底解决了低温浆态床费托合成技术的低位能过剩的问题，提高过程的综合集成热效率。

（5）浆态床反应器温度分布均匀，移热方便，容易控制，易于大型化。

（6）浆态床催化剂磨损小，可在线更换，操作周期长。

28 兖矿低温费托合成技术有哪些特点?

答 兖矿自主研发的低温费托合成技术，采用一大一小两台费托反应器前后串联形式，前段为一级反应器，后段为二级反应器。一级反应器为主反应器，产量达到总产量的 75%，二级反应器为次反应器，产量为总产量的 25%。其工艺流程见图 1-7。来自上游净化装置的总硫含量小于 0.05×10^{-6} 的净化气与循环气压缩机的循环气混合，混合后的气体首先进入循环气加热器，然后进入一级费托合成反应器。反应生成的轻质烃类化合物、二氧化碳、水及未反应的合成气以气相形式从反应器的顶部导出进入循环气急冷器冷却至 130℃，液相重质油经重质油泵一部分进入水冷器冷却后送入急冷器，另一部分送至油品精制装置。

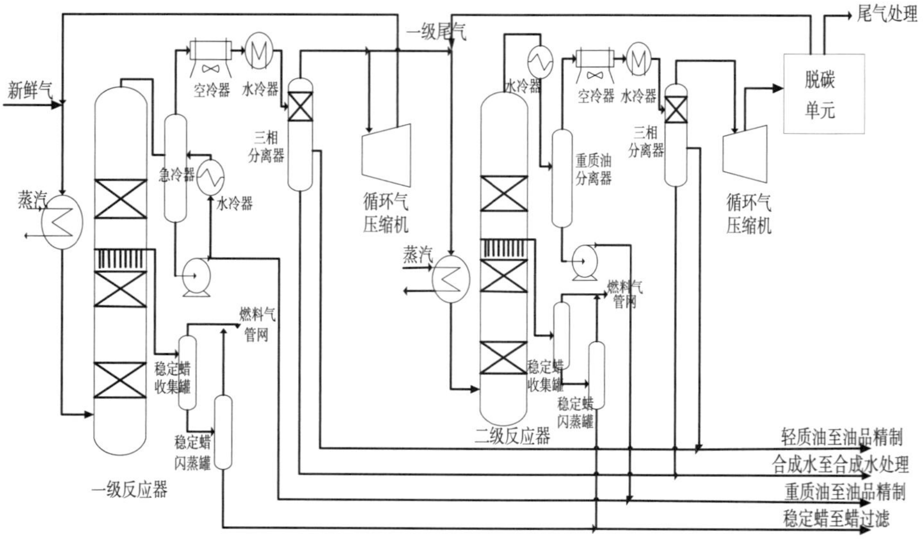

图 1-7 兖矿低温费托合成工艺流程图

气相经油气空气冷却器冷却后进入轻质油水三相分离器进行油、水及尾气三相分离。分离出的气相中的一部分送到循环气压缩机分液罐后进入循环气压缩机，另一部分作为尾气送至二级费托反应器。反应产生的重质烃类经反应器内过滤系统排至重质蜡收集罐。一级反应后的合成尾气与二级循环气压缩机的循环气混合，混合后的气体进入循环气加热器，然后进入二级费托合成反应器。

费托合成反应器为等温反应器，合成反应为强放热反应，反应热由反应器汽水系统移出，反应器的温度由汽包的压力进行控制。反应器内部设置三段换热管束，三段管束的汽水混合物进入同一个汽包。由除氧水及凝液精制站送来的中压除氧水直接送至反应器的汽包，汽包中的除氧水经循环水泵分别送至反应器内的三段换热管束，循环换热后的汽液混合物返回汽包进行汽液分离，分离出蒸汽送至 1.4MPa 管网，经过热后一部分作为一二级循环气压缩机的透平用蒸汽，另一部分送入发电装置进行发电。

参考文献

[1] Steynberg, A.P. (2004) Introduction to Fischer–Tropsch technology. Stud. Surf. Sci. Catal., 152, 1 ~ 63.

[2] 高晋生，张德祥．煤液化技术 [M]．北京：化学工业出版社，2005.

[3] Fischer F, Tropsch H. Synthesis of petroleum at atmospHeric pressure from gasification products of coal. Brennstoff–Chemie, 1926, 7: 97 ~ 104.

[4] Anderson P B. The Fischer–Tropsch synthesis. Orlando, Florida: Academic Press Inc., 1984.

[5] Arno de Klerk．费 – 托法炼油技术 [M]．北京：中国石化出版社，2014：69.

[6] 孙启文．煤炭间接液化技术 [M]．北京：化学工业出版社，2012：113 ~ 144.

[7] Arno de Klerk．费 – 托法炼油技术 [M]．北京：中国石化出版社，2014：69.

[8] 孙启文．煤炭间接液化技术 [M]．北京：化学工业出版社，2012：62.

[9] Arno de Klerk．费 – 托法炼油技术 [M]．北京：中国石化出版社，2014：66.

[10] De Klerk, A. (2011) Fischer–Tropsch Refining, Wiley–VCH Verlag GmbH, Weinheim.

第二章

催化剂

1 什么是催化剂？催化作用的特点有哪些？如何分类？

答 催化剂是一种能够改变一个化学反应的反应速度、却不改变化学反应热力学平衡位置、本身在化学反应中不被明显地消耗的化学物质。

催化作用的特点：① 催化剂作用不改变化学平衡；② 催化作用通过改变反应历程而改变反应速度；③ 催化剂对加速化学反应具有选择性；④ 催化剂只能加速热力学上可能进行的化学反应，而不能加速热力学上不能进行的反应。

按催化反应系统物相的均一性可分为均相催化反应、非均相（又称多相）催化反应、酶催化反应；按反应类型可分为加氢反应、氧化反应、脱氧反应、羰基化反应、聚合反应、卤化反应、裂解反应、水合反应、烷基化或异构化反应；按反应机理可分为酸碱型催化反应和氧化还原型催化反应。

按元素周期律可分为主族元素的化合物催化剂和副族元素的化合物催化剂。主族元素的氧化物、氢氧化物、卤化物、含氧酸及氢化物等由于在反应中容易形成离子键，主要用作酸碱型催化剂，而副族元素无论是金属单质还是化合物，由于在反应中容易得失电子，主要用作氧化还原型催化剂；按固体催化剂的导电性及化学形态，可分为导体、半导体和绝缘体三类催化剂，其中导体型催化剂化学形态为过渡金属，半导体催化剂化学形态为氧化物或硫化物，绝缘体催化剂化学形态为氧化物盐[1]。

2 固体催化剂的组成和作用有哪些？

答 固体催化剂的组成从成分上可分为单组元催化剂和多组元催化剂，单组元催化剂是指催化剂由一种物质组成，但在工业中应用较少；多组元催化剂是指催化剂由多种物质组成，根据这些物质在催化剂中的作用可分为主催化剂、共催化剂、助催化剂和载体。

（1）主催化剂：又称活性组分，它是多元催化剂中的主体，是必须具备的组分，没有它就缺乏所需要的催化作用。

（2）共催化剂：是和主催化剂同时起催化作用的物质，二者缺一不可。

（3）助催化剂：是加到催化剂中的少量物质，这种物质本身没有活性或活性很小，但能显著地改善催化剂的效能，包括催化剂活性、选择性及稳定性等。

（4）载体：是催化剂中主催化剂和助催化剂的分散剂、黏合剂和支撑体，起分散作用、稳定化作用、支撑作用、传热和稀释作用、助催化剂作用[2]。

3 工业上对催化剂有什么要求？

答 工业上要求催化剂具有高活性、高选择性及高稳定性。

（1）高活性。为了提高工业生产的效率，通常希望催化剂的活性高一些，即转化的能力强一些，但对有些热效应较大的反应必须选择合适的转化率，因此要求工业催化剂活性适宜，以保持反应床层的热平衡。

（2）高选择性。催化剂选择性不仅可以降低原料单耗，而且能够简化反应产物的后处理，节约生产费用，还可避免形成有害的副产物污染环境。

（3）高稳定性。催化剂稳定性差，使用时间短，催化剂的寿命就短。

4 费托合成催化剂的主要组成是什么?

答 目前，国内外大规模工业化应用的费托合成催化剂包括铁基催化剂和钴基催化剂，主要组成包括活性金属（Ⅷ组过渡金属，主要包括 Fe、Co、Ni、Ru、Rh、Re），氧化物载体或结构助剂（SiO_2、Al_2O_3），化学助剂（碱金属氧化物）及贵金属助剂（见表 2–1）。

表 2–1　费托合成催化剂的组成与功能

组成名称		主要成分	功能
主催化剂		Ru、Ni、Co 和 Fe 等	费托合成的主要活性组分有加氢作用、吸附 CO 并使碳氧键削弱和聚合作用
助催化剂	结构性	难还原的金属氧化物如 ThO_2、MgO 和 Al_2O_3 等	增加催化剂的结构稳定性
	调变性	K、Cu、Zn、Mn、Cr 等	调节催化剂的选择性和增加活性
载体		硅藻土、ThO_2、SiO_2、TiO_2、Al_2O_3 等	催化剂活性成分的骨架或支撑体，主要从物理方面提高催化剂的性能

5 工业上对费托合成催化剂的性质有什么要求?

答 工业上对费托合成催化剂的性质要求主要有加氢活性、水–气变换活性、对促进剂的敏感性、催化剂的稳定性、支撑载体材料、双官能度。

（1）加氢活性。用于费托反应的不同活性金属有不同的加氢活性，铁对加氢的活性是最低的，排在钴、镍和钌之后，镍和钌都是甲烷化活性非常好的催化剂，并且只有低温下生产重烃；在相似的的条件下，用铁生产的产品含有更多的烯烃，而且比钴生产的产品含有更多的含氧化合物，主要是因为铁是加氢活性最低的金属。

（2）水–气变换活性。铁基催化剂和钴基催化剂之间最重要的差异是铁基催化剂具有能催化水–气变换反应的能力，钴基催化剂实质上没有催化水–气变换的活性，对气体回路设计影响大，由于铁基催化剂上 CO_2 能够被消耗掉，同时富氢的合成气和 CO_2

进行费托反应，而钴基催化剂上 CO_2 是最终产品，因此铁基催化剂费托 H_2/CO 的操作范围比钴基催化剂要宽得多。

（3）对促进剂的敏感性。加入促进剂能够改变费托活性金属的性质，促进剂是用作催化剂的改进剂，如铁基催化剂加入钠、钾的强碱性盐会促进 CO 的吸附和增大由此导致的链增长的可能性。

（4）催化剂的稳定性。费托催化剂活性衰减对合成期间的活性和选择性都有影响，一般认为，由此会导致合成原油组成的变化。

（5）支撑载体材料。费托活性金属可能会减弱成整体活性催化剂，通常使用金属氧化物作为支撑材料，如 SiO_2、Al_2O_3、TiO_2 或 ZrO_2，支撑材料通过它对金属分散、可达性、机械强度、抗磨性和金属支撑交互作用的影响，而影响到催化剂的性能。

（6）双官能度。支撑载体材料还可能通过提供其他的转化途径改进费托反应，通过使用沸石和其他酸性材料的酸性，可改进产品的碳数分布和支链度，费托合成和酸性催化剂作用分别用来克服匹配费托合成酸性催化转化条件的挑战，以及由促进剂迁移造成的活性衰减和不同的活性衰减速率[3]。

6 不同活性金属费托合成催化剂有何特点?

答 目前费托合成催化剂活性金属主要有钌（Ru）、镍（Ni）、钴（Co）、铁（Fe）。

（1）钌（Ru）催化剂费托合成活性最高，优点是较低的反应温度和较高的链增长能力，但数量有限和昂贵的价格限制了作为工业化催化剂的应用，多用于基础性研究。

（2）镍（Ni）催化剂活性虽然也很高，但产物中甲烷选择性明显高于铁、钴催化剂，工业上常作为甲烷化催化剂使用。另外，镍与 CO 易于反应生成不稳定挥发的羰基镍，在费托合成过程中造成镍流失，故一般也不作为费托合成生产重质烃的催化剂。

（3）钴催化剂低温活性高于铁基催化剂，结碳倾向低，具有很低的水煤气变换反应活性和更高的碳利用率，重质烃选择性高，主要产物为柴油、优质石蜡，但钴的价格比较高。

（4）铁催化剂应用在高温时，可生产高附加值的 α-烯烃等化学品。低温铁基催化剂适用低氢碳比煤基合成气的液化过程，以柴油作为主要目标产物。目前只有钴、铁这两类费托合成催化剂应用于工业化生产。

（5）钴催化剂的耐硫性差，要求原料中的硫含量低于 10×10^{-6}，铁催化剂含量一般要求低于 50×10^{-6}。

7 铁基费托合成催化剂按目标产物可分为哪几类？有什么特点?

答 铁基费托合成催化剂按目标产物可分为低温费托合成（LTFT）、高温费托合成

（HTFT）和中温费托合成（MTFT）三类。

（1）低温费托合成（LTFT）的沉淀铁催化剂，产物是以生产柴油为主的重质烃燃料，操作温度为 220～250℃，可通过加入不同助剂改变产物的选择性，多应用在固定床或浆态床中，低温铁基费托合成催化剂的水煤气变换（WGS）反应活性高。

（2）高温费托合成（HTFT）含助剂的熔铁催化剂（如 Sasol 公司）或沉淀铁催化剂（如上海兖矿能源科技研发有限公司），产物是以高附加值的线性 α- 烯烃和以汽油为主的轻质烃液体燃料，操作温度为 300～350℃。

（3）中温费托合成（MTFT）的沉淀铁催化剂，催化剂组成为 Fe-Mn，助剂为一定量的 Mn_2O_3 和少量的 K_2O，操作温度在 260～280℃左右，这类催化剂活性高，烃产物偏轻，对低碳烯烃及中间馏分油具有较高的选择性，为实施烯烃－柴油联产工艺路线提供了可能性。

8 低温铁基费托合成催化剂组成的性质及要求是什么?

答 低温铁基催化剂的主组分为 α-Fe_2O_3，添加的助剂有 K_2O、CuO、SiO_2 或 Al_2O_3，与负载型钴催化剂不同，在铁催化剂中 SiO_2 并不是传统意义上的载体，而是作为黏结剂和阻隔剂存在。根据添加方式的不同，可得到两种不同形式的催化剂，一种是沉淀型 SiO_2，另一种是黏结型 SiO_2，其中是沉淀型 SiO_2 的 Fe/Cu/K/SiO_2 催化剂在结构助剂含量为 0～10% 范围内具有最佳的耐磨性，而黏结型 SiO_2 催化剂在结构助剂含量为 10%～12% 范围内具有最佳的耐磨性。

典型的低温沉淀铁催化剂的物理性质为平均粒度 70～120μm，堆积密度 0.7～1.0g/cm^3，骨架密度 3.4～3.6g/cm^3，比表面积 100～270m^2/g，孔容 0.4～0.8mL/g。低温浆态床反应器要求催化剂具有较强的机械性能和抗冲击、抗磨损能力。

9 费托合成催化剂使用前为什么要进行还原?

答 无论是钴基还是铁基催化剂，都必须经过还原活化后才具有费托合成活性，在相对温和的条件下还原催化剂，可以得到最大的活性金属表面积。催化剂的还原态晶相与还原气氛有关，使用纯氢气、纯一氧化碳或合成气活化催化剂，Fe_2O_3 首先被还原成 Fe_3O_4，随着还原程度的加深，H_2 还原的催化剂中 Fe_3O_4 逐渐变成金属铁，见式（2-1）、式（2-2），而用 CO 或合成气活化催化剂时，中间还原态 Fe_3O_4 逐渐变成不同的碳化物和和 CO_2，见式（2-3）、式（2-4）。在使用 CO 还原催化剂时，一般通过检测尾气中 CO_2 浓度的变化来判断铁基催化剂还原完成的程度，副反应即 CO 歧化反应式（2-5）也会产生少量 CO_2。

$$3Fe_2O_3 + H_2 \longrightarrow 2Fe_3O_4 + H_2O \quad (2\text{-}1)$$

$$Fe_3O_4 + 4H_2 \longrightarrow 3Fe + 4H_2O \tag{2-2}$$

$$3Fe_2O_3 + CO \longrightarrow 2Fe_3O_4 + CO_2 \tag{2-3}$$

$$xFe_3O_4 + (4x+6)CO \longrightarrow 3Fe_xC + (4x+3)CO_2 \tag{2-4}$$

$$2CO \longrightarrow C + CO_2 \tag{2-5}$$

10 低温铁基费托合成催化剂还原的主要影响因素有哪些?

答 低温铁基费托合成催化剂还原的主要影响因素有还原气氛、温度、压力、空速、还原时间、助剂。

（1）初始活性顺序为（H_2+CO）还原 >H_2 还原 >CO 还原 > 未还原；稳定活性顺序为 CO 还原 >（H_2+CO）还原 >H_2 还原 > 未还原，工业上一般选用 H_2+CO 还原催化剂。

（2）还原温度是决定催化剂最终活性和选择性的关键因素，温度太高易造成催化剂活性物种过分碳化，温度太低不利于还原。

（3）较高的压力下有利于 α–Fe_2O_3 向 Fe_3O_4 的转化，但也促进了 CO 歧化反应，不利于进一步转化为碳化铁，降低了催化剂的费托合成反应活性，且低碳烃类选择性增加，烯烃选择性降低，氧化物含量增加。

（4）延长还原时间可以促进铁基催化剂的还原，适当弥补低温不能充分还原铁基催化剂的不足，但过多延长还原时间会造成催化剂的烧结，降低费托合成活性。

（5）Cu 助剂能够提高沉淀铁催化剂（Fe/Cu/Si/K）的还原速度，降低还原温度（约 220℃），对于不含 Cu 的沉淀铁催化剂，虽然提高还原温度（420～450℃）也可以提高催化剂的还原速率，但是催化剂的费托合成活性却较差。Cu 助剂的存在有利于 H_2 的化学吸附，在 α–Fe_2O_3 表面形成良好的还原气氛，明显促进 α–Fe_2O_3 的还原，降低了从 α–Fe_2O_3 到 Fe_3O_4 的还原温度。因此工业铁催化剂的还原温度一般为 250～270℃。

（6）还原空速高，催化剂易被还原；还原空速低，催化剂中铁碳化物活性相含量减少。

11 低温铁基费托合成催化剂反应性能的主要影响因素有哪些?

答 主要影响因素有反应温度、反应压力、氢碳比、催化剂使用时间、助剂，具体作用为：

（1）温度升高，催化剂活性提高，产物选择性向轻烃方向偏移，产物中烯烷比降低，醇类和酸类的选择性降低，支链烃选择性增加，也可增加反应物的扩散速率以及与活性位的碰撞概率，进而提高费托合成反应速率。

（2）压力升高，有利于反应向正反应方向进行，CO 转化率随反应压力的提高而增加，提高反应压力相应地增加了 CO 和 H_2 分压，促进了 CO 和 H_2 在催化剂表面的吸附，提高了催化剂表面碳化物种的浓度，促进了 C—C 键合反应的发生，有利于链增长反应，增加重质烃和含氧化合物的选择性，催化剂活性也增加。另外，反应器 CO_2 分压对费托合成反应速率没有直接影响，水分压增加会显著降低催化剂活性。

（3）如进口处 H_2/CO 大于 H_2/CO 的消耗比，出口处 H_2/CO 比增加；当进口处 H_2/CO 等于 H_2/CO 消耗比时，在整个反应中 H_2/CO 比不变；当进口处 H_2/CO 小于 H_2/CO 的消耗比时，出口处 H_2/CO 比小于进口气体的出口处 H_2/CO 比增加。当进口处 H_2/CO 比降低，硬蜡的选择性增加、烯烃选择性增加、醇的选择性降低。

（4）随着催化剂在线时间的延长，甲烷和 CO_2 选择性增加，同时蜡油比降低。

（5）不含助剂的铁基催化剂上费托反应的催化剂活性、稳定性及选择性均不理想，不符合工业生产的要求。因此，在铁基催化剂的制备过程中，需要添加多种助剂来调节催化剂的各项指标。

12 低温铁基费托合成催化剂助剂类型有哪些？有什么作用？

答 用于沉淀铁催化剂的助剂可分为电子型助剂和结构型助剂，电子型助剂典型是 K、Cu 助剂，结构性助剂典型是 Al_2O_3、SiO_2。

（1）K 助剂的加入有助于催化剂中 Fe_3O_4 的还原碳化，易形成小尺寸的 Fe_xC 活性晶相，提高催化剂的费托合成反应活性，并能抑制甲烷的生成，使产物分布向重质烃方向偏移，同时提高烯烃的选择性。

（2）Cu 助剂能降低沉淀铁催化剂的还原温度，提高催化剂的还原效率，但对催化剂的碳化过程影响不大。

（3）SiO_2 助剂在催化剂中起着分散和稳定铁氧化物的作用，提高了催化剂的比表面积和抗烧结能力、机械强度和耐磨损能力。

13 低温铁基费托合成催化剂失活的主要原因有哪些？

答 低温铁基费托合成催化剂失活的主要原因有化学物质中毒、水热烧结、积碳或高分子产物堵塞、活性相氧化、催化剂的磨损。

（1）化学物质中毒，如硫化物［硫化氢（H_2S）、羰基硫（COS）、硫醇（C_xH_{2x}+1SH）］、氯化铁、溴化铁。

（2）活性比表面积减少，如水热烧结引起的活性位晶粒聚集长大。

（3）催化剂表面积碳或高分子量产物在催化剂孔道内积聚，增大了扩散阻力效应。

（4）活性相转化为非活性相，如碳化铁转化成氧化铁。

（5）催化剂的磨损和粉化，由于催化剂颗粒之间的互相碰撞，以及催化剂颗粒和设备间的碰撞，导致催化剂磨损和粉化损失，产生的细微颗粒物进入后系统加氢装置，会造成严重的操作问题。

14 高温铁基费托合成催化剂分为哪两种？分别采用什么还原介质？

答 高温铁基费托合成催化剂有熔铁催化剂和沉淀铁催化剂两种，铁催化剂主要组分是 Fe_3O_4，活性助剂有 K_2O，结构助剂有 MgO、SiO_2、CaO、Al_2O_3；沉淀催化剂主要组分是 Fe_2O_3，活性助剂有 K_2O 或 Na_2O，结构助剂有 Cr_2O_3，还原助剂有 CuO。

高温熔铁催化剂通常使用纯氢气还原，其还原温度为 350～450℃，尽管从热力学分析 CO 还原铁基催化剂比 H_2 还原更有效，当 H_2 中仅含有 2% 的 CO 时，熔铁催化剂的还原度比纯 H_2 还原降低了 3/4；但在高温下，CO 歧化成 C 和 CO_2 的反应速度快，生成的 C 与 Fe_5C_2 一起覆盖催化剂表面，阻隔了氧离子向晶体表面的扩散，抑制了 Fe_3O_4 的还原。

15 高温熔铁费托合成催化剂还原的影响因素和失活原因有哪些？

答 高温熔铁费托合成催化剂还原的影响因素主要有还原气氛、有温度、压力、氢碳比、K 助剂含量等。

（1）高温熔铁催化剂操作温度在 310～350℃之间，反应温度升高，反应物种加氢能力增强，造成烯烷比降低，费托合成反应产物向低碳烃方向偏移，甲烷选择性显著增加，产物水中酸、醇的选择性降低，而酮的选择性先增大后降低，汽油馏分的溴值逐渐降低，而芳香烃含量增加。

（2）高温熔铁催化剂操作压力升高，产物平均相对分子质量逐渐增加，含氧化合物的选择性增加；甲烷选择性随压力增加而降低；CO_2 分压增大，甲烷选择性降低；水分压增大，含氧化合物选择性增加，催化剂活性降低。

（3）高温熔铁催化剂氢碳比增加，对甲烷选择性、产物选择性无明显影响。为了抑制催化剂的碳沉积，要求高温费托合成在较高氢碳比气氛下进行。

（4）K 助剂同样也是熔铁催化剂重要的活性促进剂。K 助剂含量增加，熔铁催化剂的活性先升高随后升高趋势不明显，甲烷选择性降低，而酸和醇的选择性增加，低碳烃的烯烷比也增加。

失活原因主要有以下四种：

（1）活性相转化为非活性相，如碳化铁转化成氧化铁等。

（2）高碳沉积物结焦造成活性位数量减少。

（3）碳沉积造成活性组分损失，一般碳沉积很难发生在 250℃以下的低温费托合成过程中，但极易发生在操作温度大于 320℃的高温费托合成过程中。

（4）化学物质中毒，如 S 中毒。

16 高温沉淀铁费托合成催化剂的产物分布特点与反应性能影响因素有哪些?

答 高温沉淀铁催化剂的产物分布与熔铁催化剂的基本相同，甲烷的选择性约10%，含氧化合物选择性约10%，烯烃（乙烯＋丙烯＋丁烯）选择性约25%，C_{5+}选择性在50%左右，主要受反应温度、压力、氢碳比的影响。

（1）随着反应温度的升高，合成气的转化率提高，费托合成反应速率增加明显，当反应温度超过340℃后，反应速率趋于稳定，甲烷的选择性先降低后升高，水煤气变换反应随反应温度的升高而降低，低碳烯烃选择性增加，C_2和C_3烯烷比呈现先升高后降低，C_{5+}选择性呈现先升高后降低。

（2）增加压力有利于反应速率的提高，从而提高了重质烃的选择性，降低了低碳烯烃的选择性。

（3）工业上主要通过调节循环比来调节流化床反应器入口的H_2/CO，H_2/CO的提高导致产物变轻，甲烷选择性提高，烯烷比降低，含氧化合物有所增加。

17 钴基催化剂的还原过程及失活原因是什么?

答 钴基催化剂的费托合成反应活性相是金属态钴。如何提高催化剂的还原度和分散度是提高催化剂活性的关键，在氢气还原过程中，未负载的Co_3O_4到金属态Co一般经历两步还原。

$$Co_3O_4 + H_2 \longrightarrow 3CoO + H_2O$$
$$3CoO + 3H_2 \longrightarrow 3Co + 3H_2O$$

失活原因主要有：

（1）氧化失活。费托合成的产物水是引起钴催化剂失活的主要原因之一，能够使金属Co颗粒发生烧结；可导致钴物种的表面氧化或全面氧化；会诱导不具有费托合成活性的钴和载体化学物的形成。

（2）钴活性相烧结。为了得到分散度高的负载钴基催化剂，金属钴粒径必须尽量小，但小粒径的金属钴颗粒具有较高的表面自由能，不稳定，可能引起形状改变或团聚（烧结）。

（3）钴晶相重建。在费托合成反应条件下，钴易发生大面积的晶相重建。

（4）化学物质中毒（主要有硫化物、卤化物和NH_3/HCN）。

（5）积碳和结焦。

18 加氢精制催化剂组成及特点是什么?

答 加氢精制催化剂一般为负载型催化剂，主要由活性组分、载体和助催化剂三部分组成。活性组分主要由Ⅵ-B族和Ⅷ族金属元素组成，可以分为贵金属（Pt、Pd）和非贵金属（Ni、Co、W、Mo）两类，贵金属类加氢活性优于非贵金属类，但S、N等杂质容易引起中毒。贵金属类加氢精制催化剂活性组分一般为金属态，非贵金属加氢催化剂活性组分一般为硫化态。费托合成油的加氢精制通常选用非贵金属催化剂，一般为Co和Ni。

加氢精制催化剂特点：①使用前需进行预硫化；②由于加氢反应器大部分为固定床式，因此催化剂形貌和大小还要考虑固定床压降的问题。

19 加氢精制催化剂的分类有哪些?

答 加氢精制催化剂的分类如下：

（1）按照有无载体可分为金属催化剂、含有载体的精制催化剂；

（2）按照催化剂的功能可分为加氢脱硫催化剂、加氢脱氮催化剂、加氢脱金属催化剂、加氢饱和催化剂；

（3）按照加工的馏分油类型可分为轻质馏分油加氢精制催化剂、重质馏分油加氢精制催化剂、石油蜡类及特种油加氢精制催化剂、渣油加氢催化剂。

20 加氢裂化催化剂的组成及特点是什么?

答 加氢裂化催化剂为双功能催化剂，具有加氢活性和裂解活性。加氢活性主要由活性组分提供，活性组分主要包括Ⅵ-B族和Ⅷ族如Ni、Co、W、Mo、Fe、Cr等非贵金属的硫化态以及Pt、Pd等贵金属。裂解活性主要由酸性载体提供，一般为无定型硅铝、分子筛等。费托合成油加氢裂化工艺一般采用的是分子筛为载体的非贵金属催化剂。

加氢裂化催化剂特点是灵活性大、产品分布由操作条件控制、能够处理含硫等杂质和芳烃含量高的原料等。

21 加氢裂化催化剂的分类有哪些?

答 加氢裂化催化剂的分类如下：

（1）按照金属组分可分为非贵金属催化剂和贵金属催化剂；

（2）按照裂化活性组分可分为无定型催化剂和晶型分子筛催化剂；

（3）按照目的产品可分为轻油型催化剂、灵活性催化剂、中油型催化剂和尾油型催化剂；

（4）按操作压力可分为高压催化剂、中压催化剂；

（5）按工艺过程可分为单段催化剂、两段催化剂。

22 加氢催化剂的主要生产厂商有哪些?

答 国外加氢催化剂主要生产厂商有 CLG 公司、UOP 公司、Criterion 公司、Albemarle 公司、Haldor Topsoe 公司以及 Axens 公司；国内加氢催化剂主要生产厂商有中国石化抚顺石油化工研究院、中国石化石油化工科学研究院。

23 加氢催化剂的外形有哪些？为什么选择异形催化剂?

答 加氢催化剂有球形、圆柱形、三叶草形、碟形等。选择异形催化剂的目的是增加空隙率、降低催化剂床层压降、延长催化剂使用寿命。同时，对重质原料而言，异形催化剂有利于内扩散和外扩散，加快反应速度。

24 转化催化剂的组成有哪些?

答 转化催化剂主要由活性组分和载体组成，还包括少量助催化剂及扩孔剂等。目前工业采用最有效的活性组分为镍，含量一般在 10% ~ 25%。助催化剂一般采用 MgO、Al_2O_3，可提高催化剂活性，提高稳定性。催化剂一般制备成四叶草型，提高接触面积，降低压降。

25 变压吸附制氢吸附剂有哪几种?

答 变压吸附制氢装置所选用的吸附剂都是具有较大比表面积的固体颗粒，主要有活性氧化铝、活性炭、分子筛，其中活性氧化铝装填在吸附器底部，脱除进料中的液态物质，起保护作用；活性炭装填在吸附器下部，脱除 CO_2；分子筛是一种具有立方体骨架结构的硅酸铝盐，吸附量大，装填在吸附器上部，脱除 CO、CH_4。

参考文献

[1] 黄仲涛．工业催化剂手册 [M]．北京：化学工业出版社，2004.
[2] 朱洪法，刘丽芝．石油化工催化剂基础知识 [M]．北京：中国石化出版社，2010.
[3] 苏海全．费托合成催化剂的研究进展 [M]．内蒙古大学学报，2009.

第三章

费托合成装置的设备

第一节　反应器

1 工业上费托反应器主要有哪几类?

答 工业上费托反应器主要有固定床反应器、气流床反应器（循环流化床）、固定流化床反应器及浆态床反应器。费托合成反应器的选型与反应条件、产能、催化剂特性、产品性质以及成本等多个方面因素有关，费托合成根据反应温度不同可以分为高温费托和低温费托，高温费托合成的产品是相对分子质量较小的汽柴油、溶剂油、烯烃及其他化学品，通常采用循环流化床反应器和固定流化床反应器，低温费托合成的产品是相对分子质量较大的烃类产品，可加工成特种石蜡或通过加氢裂化 / 异构化生产优质柴油、润滑油基础油、石脑油馏分等，通常采用固定床反应器和浆态床反应器。

2 固定床反应器分为哪几种?

答 目前工业上已得到应用的固定床反应器有常压平行薄层反应器、套管反应器、高空速 Arge 合成反应器，分别如图 3-1 ~ 图 3-3 所示。其基本特征数据如表 3-1 所示，常压平行薄层反应器的生产能力最低，高空速 Arge 合成反应器的生产能力最大，其中常压平行薄层反应器工业上目前已不再采用。

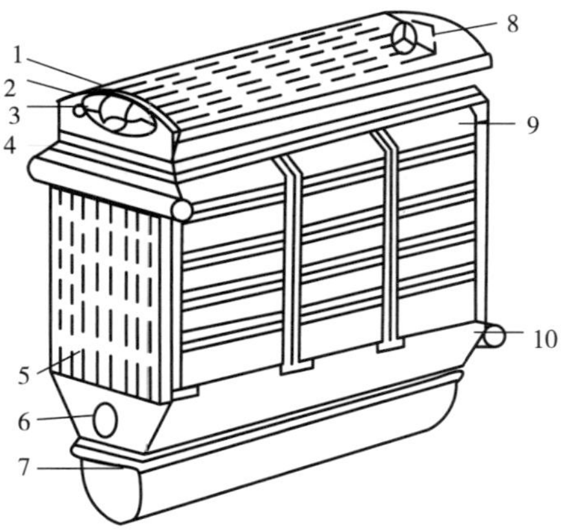

（a）反应器结构简图

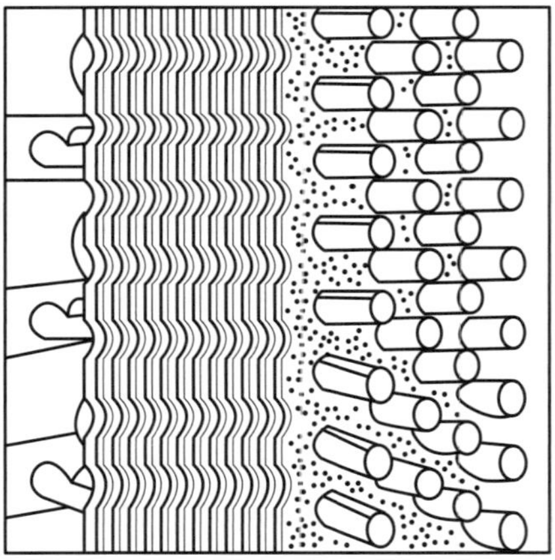

（b）薄板束结构示意图

图 3-1　常压平行薄层反应器

1—反应器顶盖；2—反应器入口；3—油洗管；4—前配水阀；
5—前配水室；6—合成油气及残余气出口；7—U 形管；8—方形匣；
9—反应器本体；10—后配水筒

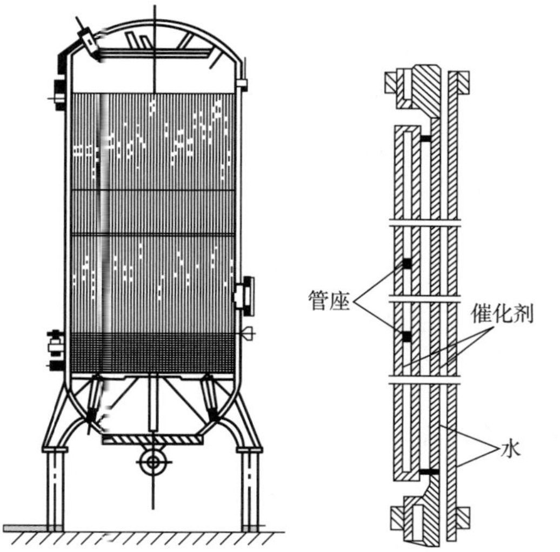

（a）反应器结构示意图　　（b）反应器套管示意图

图 3–2　套管反应器

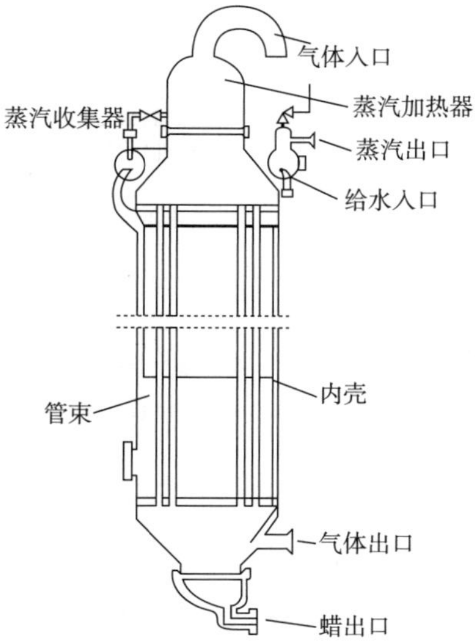

图 3–3　高空速 Arge 合成反应器

表 3–1　几种气相固定床反应器的数据

反应器参数	薄层	套管	Arge
催化剂厚度 /mm	7	10	46
催化剂层长 /mm	2500	4550	12000
操作压力 /kPa	29.4	686 ~ 1176	1960 ~ 2940
操作温度 /℃	180 ~ 195	180 ~ 215	220 ~ 260
转化 1000m^{-3}（$CO+H_2$）冷却面积 /m^2	4000	3500	230
新鲜气给入量 /m^3 · m^{-3}（催化剂）	70 ~ 100	100 ~ 110	500 ~ 700
生产量（C_{2+}）/［kg · m^3（催化剂）· d^{-1}（单段）］	190	210	1250

3 气流床反应器的特点是什么?

答 所谓气流床是指催化剂随合成原料气一起进入反应器，而又随反应产物排出反应器，催化剂在反应器中不停地运动，循环于反应器和催化剂分离器之间，也称循环流化床（CFB）。循环流化床（CFB）反应器由反应器、沉降漏斗、旋风分离器和多孔金属过滤器四个部分组成。原料气从反应器底部进入，与立管中经滑阀下降的热催化剂流混合，将气体预热到反应温度，进入反应区。大部分反应热由反应器内的两组换热器带出，其余部分被原料气和产品气吸收。催化剂在较宽的沉降漏斗中，经旋风分离器与气体分离，由立管向下流动而继续使用（见图 3–4）。

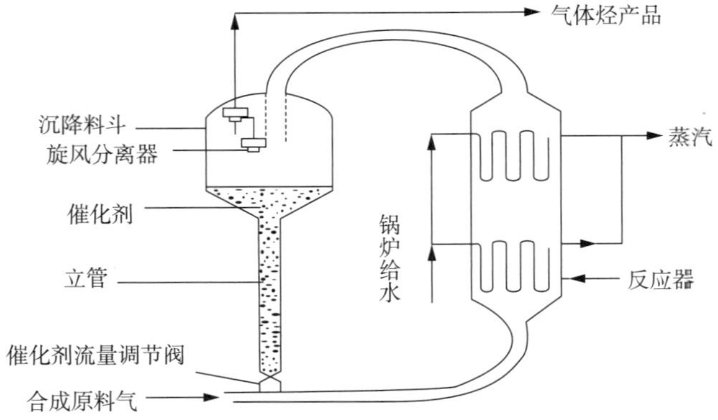

图 3–4　气流床反应器

循环流化床反应器特点是初级产物烯烃含量高（相对固定床反应器含量高）；在线装卸催化剂容易、装置运转时间长；热效率高、压降低、反应器径向温差低；合成时，催化剂和反应气体在反应器中不停地运动，强化了气－固表面的传质、传热过程，因而反应器床层内各处温度比较均匀，有利于合成反应。由于传热系数大，散热面积小，生产量显著提高，1 台 Synthol 反应器相当于 4～5 台 Arge 反应器，但装置结构复杂、投资高、操作繁琐、检修费用高、反应器进一步放大困难、对原料气硫含量要求高，由于重质烃会凝结在催化剂的表面导致催化剂床层流化困难，因此应限制重质烃的生成。

4 固定流化床反应器的特点是什么？

答 固定流化床反应器是由南非 Sasol 公司与美国 Badger 公司合作开发成功的。固定流化床反应器（FFB）是一个带有气体分配器的塔，流化床为催化剂，床层内置冷却盘管，配有从 5～6 种气相产品分离催化剂的设备（见图 3–5）。该反应器将催化剂置于反应器内，并保持一定料位高度，以满足反应接触时间。采用比循环流化床反应器催化剂更细的催化剂粒子，并增加气体分布器，形成细粒子、高速浓相流化的工艺特点。

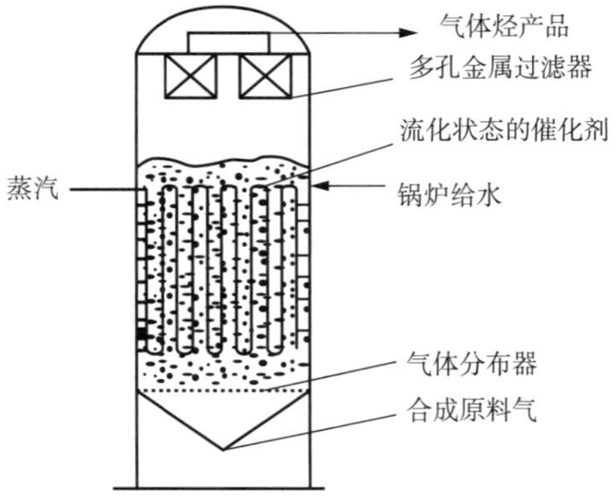

图 3–5　固定流化床反应器示意图

由于催化剂颗粒被控制在反应器内，因而可取消催化剂回收系统，除节省投资外，冷却更有效，增加了总的热效率。由于 FFB 反应器的直径远大于 CFB 反应器，安装冷却盘管的空间增加了 50% 以上，这使得转化率更高，产能也得到提高。由于无催化剂循环系统引起的压降，FFB 反应器压降可降低一半，从而又可节省原料气压缩费用。同时，新鲜原料气进料量的增加（降低循环比）又可进一步节省压缩费用。新工艺的商业化运行证明新型反应器的维修费用可降低约 15%。

5 浆态床反应器的特点是什么？

答 浆态床费托反应器是一个气液固三相鼓泡塔，其结构如图 3-6 所示，内装有循环压力水管，底部设气体分布器，顶部有蒸汽收集器，外部为液面控制器。经预热的合成气从反应器底部进入反应器，扩散入由生成的液体石蜡和催化剂颗粒组成的浆料中。在气泡上升的过程中合成气不断地发生费托转化，生成更多的石蜡。反应产生的热由内置式冷却盘管移出，生成蒸汽。产品蜡则用专利分离技术进行分离，分离器为内置式。从反应器上部出来的气体冷却后回收轻组分和水。获得的烃物流送往下游的产品改质装置，水则送往回收装置进行处理。

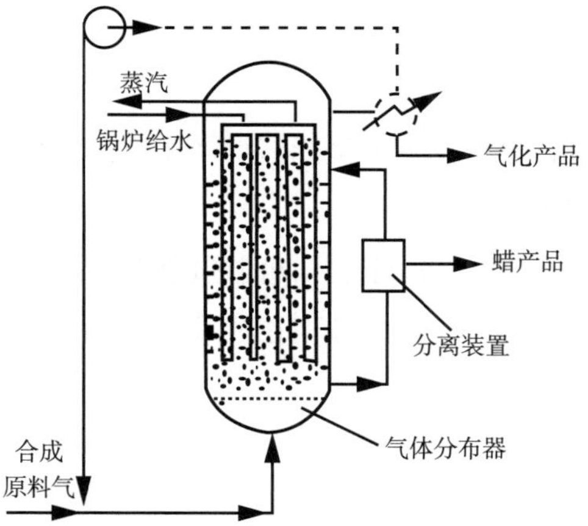

图 3-6　浆态床费托合成反应器

浆态床反应器的最大优势是反应物混合好、具有良好的传热性能，有利于反应温度的控制和反应热的移出，可等温操作，从而可用更高的平均操作温度获得更高的反应效率。单位反应器体积的产率高，单套 1×10^4 b/d 的 Sasol 浆态床反应器成本是同等产能管式固定床反应器系统的 25% 左右。另一大优势是可在线装卸催化剂，通过有规律的替换催化剂，催化剂平均寿命易于控制，从而更易于控制过程的选择性，提高粗产品的质量，这对于铁基催化剂尤其重要。由于浆态床反应器的等温特性和压降低，使得反应器控制更简单，操作成本也降低了。

6 浆态床反应器主体设备典型材质是什么？内件有哪几部分组成？

答 费托合成反应器设备主体材质工业上一般采用 SA387-Gr11Cl2，主要内件包括气体分布器、气液（固）分离器、换热管、液固分离器，其分布如图 3-7 所示。

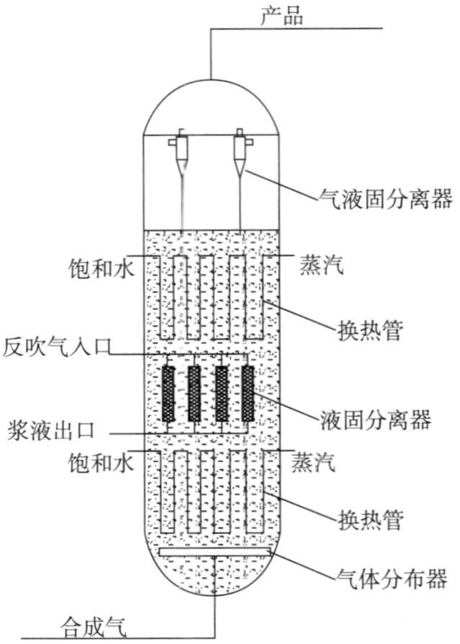

图 3-7 浆态床反应器内件分布图

7 浆态床反应器气体分布器作用及设计要求有哪些？

答 气体分布器是使气体均匀分布的重要构件，它决定原生气泡的尺寸和频率，能够实现催化剂浓度、反应器浓度和床层温度及压力的良好分布，进而保证反应器的反应性能，提高反应物的转化率和产物收率。气体分布器的设计应满足以下要求：

（1）必须具有均匀分布流体的作用。

（2）必须使浆态床有一个良好的起始气体分布状态，保证在分布器附近的气液固良好接触，减少形成死区的可能性。

（3）具有足够的强度，以抵抗变形且能够承受床层内的静负荷。

（4）结构简单，安装维修方便。

（5）尽可能减小对催化剂颗粒的粉碎，同时还能够承受催化剂颗粒对分布器的磨损。

（6）结构满足热膨胀的要求，减少长期操作过程中因变形而寻致初始气体分布状态发生改变。

8 浆态床反应器气体分布器有哪些形式？

答 浆态床反应器所采用的气体分布器有单孔板、多孔板、填充式分布器、烧结金属板分布器、喷嘴分布器以及管式分布器等多种型式，其特点如下：

（1）孔板分布器。结构简单、易于设计和制造，但气流方向正对床层，小孔易堵塞，停车时固体和液体容易泄漏。

（2）填充式分布器。是在多孔板和金属网上间隔地铺上卵石、石英砂、卵石，再用金属网丝压紧，结构简单，并具有良好的气体均布性能，但是在操作过程中，固体颗粒一旦进入填充层就很难被吹出，容易造成堵塞，长期使用后，填充层会有松动并发生移位，目前很少采用。

（3）烧结金属板分布器。被认为是一种初始气泡细小且能使气体分布均匀的分布器，但这种分布器容易堵塞，且一旦堵塞就不易清除。

（4）喷嘴分布器。是一种应用广泛的气体分布器，较多地应用于射流床、喷动床等气固流化床反应器中。

（5）管式分布器。不像分布板那样兼有支承浆态床层的作用。因而在设计时不考虑强度问题，压力降和压力波动都很小，操作弹性大，分布效果好，比较适合于在大型浆态床上使用。

常见的板式分布器和管式分布器的结构如图 3–8 所示。

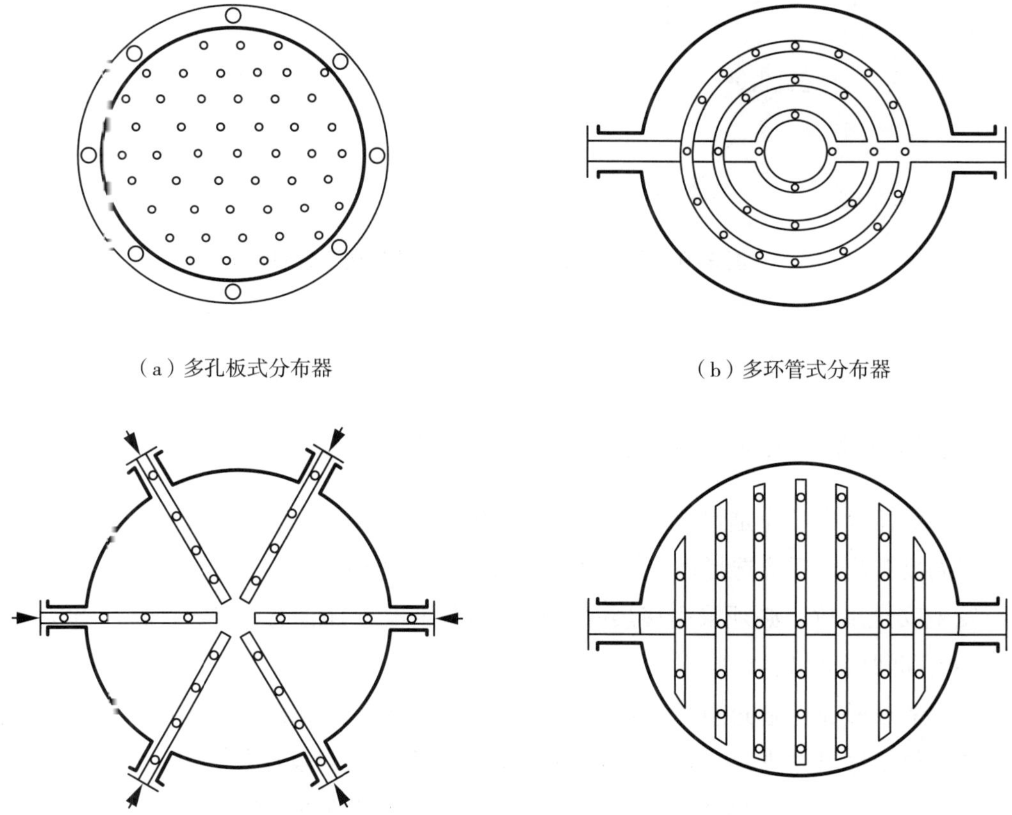

（a）多孔板式分布器　（b）多环管式分布器

（c）直管式分布器　（d）蜘蛛管式分布器

图 3–8　常见气体分布器结构

目前大型浆态床反应器最常采用的气体分布器是多环管式分布器，其详细结构如图 3–9 所示 [1]。

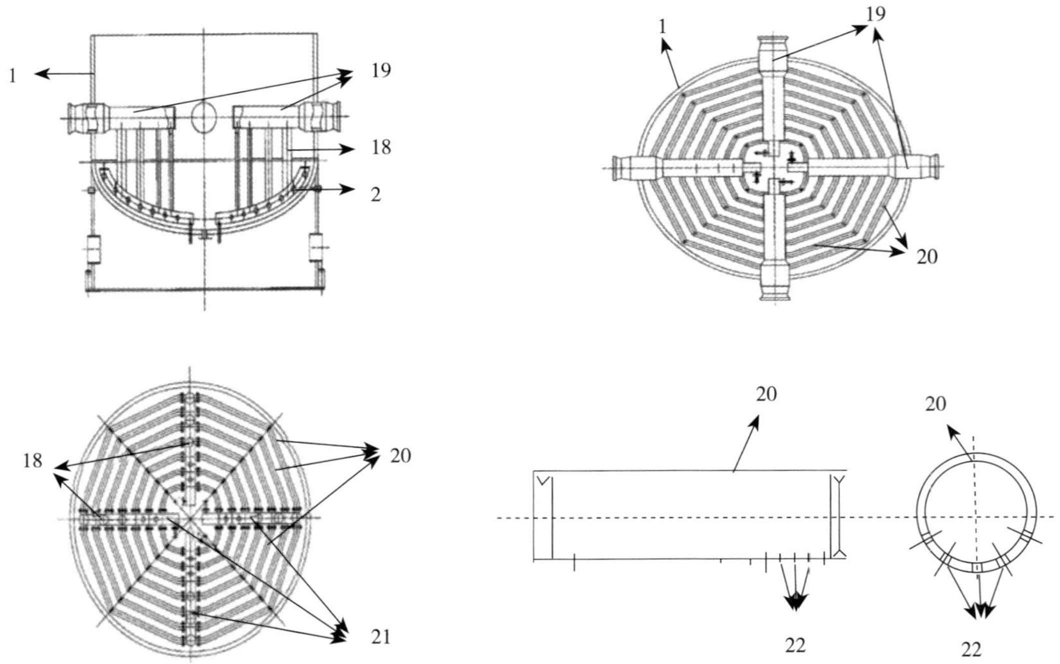

图 3-9　常见多环管式气体分布器结构示意图

1—反应器；2—气体分布器；18—导管；19—总管；20—气体分布管；
21—分布管总管；22—气体喷射口

9 浆态床反应器移热内件作用及结构形式是什么？

答 费托合成反应是强放热反应，若反应产生的热量不能及时移出反应器，将导致床层温度升高、反应选择性改变、催化剂失活，在极端情况下会造成反应器的损坏，甚至发生安全事故，必须采用移热内件及时移出热量。目前主要有两种移热方法，即直接移出和间接移出。

（1）直接移出。通过直接在反应相中加入溶剂进行蒸发的方式移除热量，是一种最有效的热量移出方法，一般用于需要在短时间内移出大量反应热的紧急情况。

（2）间接移出。换热介质并不直接和反应相进行接触的移热方式，它的适用范围广，是工业中最为常用的热量移出方式，一般通过内置换热管来移出，并采取纵向排布方式。

工业上采用的移热内件多为列管式，常见的包括 U 型管结构、套管结构和迂回式多程换热管结构（见图 3-10）[2~4]。来自循环水泵的热水由引入总管进入上升管束或内管中，最后吸热产生的蒸汽和热水混合物流出换热管进入总管，导出到反应器外蒸汽－热水系统。

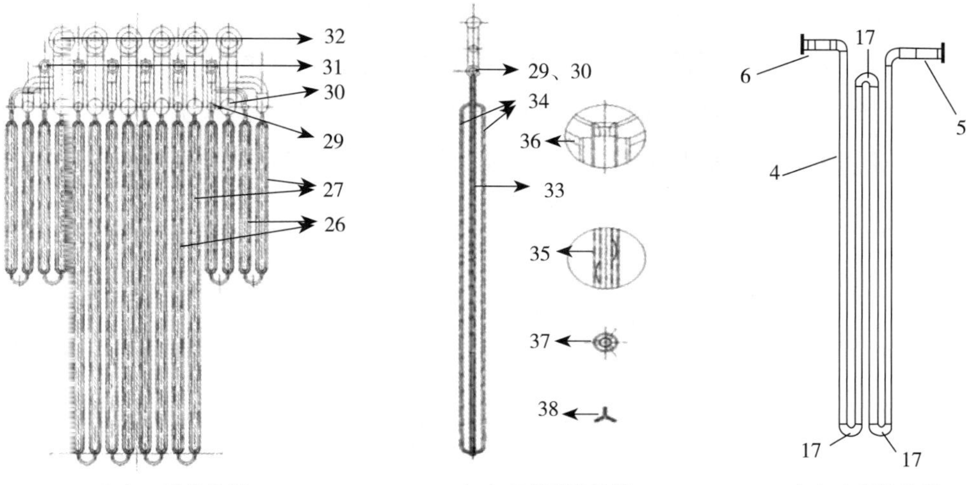

（a）U 型换热管　　（b）套管型换热管　　（c）多程换热管

图 3-10　常见换热内件结构

4—换热管本体；5—换热介质进口；6—换热介质出口；17—连接弯头；
27—蒸汽 - 水上升管束；28—换热管束；29—热水总管；30—蒸汽 - 热水集总管；
31—热水引入导管；32—蒸汽热水导出管；33—套管；34—上升管；
35、37—套管内保持间隙间距均匀的弹性支撑结构

10 浆态床反应器气液、液固分离器主要有哪些形式?

答 浆态床反应器气液分离器主要分为高效折流式气液器和旋风分离器两种形式。浆态床反应器内部存在气液固三相混合物，在运行过程中，反应器顶部流出的气体不可避免会夹带液体和催化剂颗粒。催化剂颗粒如果带到后面的分离系统，造成液体产物固含率偏高，影响产品加工，甚至可能造成换热器等管路的堵塞，对装置的安全操作和平稳运行带来巨大的隐患，因此需要采取一定的措施，去除或减少反应器出口气体夹带催化剂颗粒。

旋风分离器是目前浆态床反应器顶部气液分离常见的内件。图 3-11 是一种带有旋风分离器和循环杯的反应器结构示意。在反应器上部装有循环杯与气液旋分器。气液旋分器位于浆态床料位上方，其料腿伸入浆态床层的扩张口内，将气液旋风器分离后的液体直接导入循环杯内，促进流体循环。循环杯内部液固相自上而下流动，外部气液固三相密度小向上流动，从而形成循环流动，提高了反应器内的空速以及空间利用率。

固液分离器主要有内分离和外分离两种形式，一般采用重力沉降、离心分离、过滤等技术进行分离。其中过滤技术是目前应用较为广泛的方法。过滤分为内置过滤和外过滤。外过滤是指将反应器内的多相流物系部分引到反应器外的过滤器内进行分离，分离完成后剩余的包括固体颗粒催化剂在内的物料需要返回到反应器内参与反应，外过滤技术的优点是外过滤器可以在线更换维修，但缺点是结构复杂、操作和维护成本

高。目前工业生产的大型多相流反应器大多采用内置过滤器技术，即将过滤组件放置在反应器内，采用错流过滤技术将浆液通过和滤芯连接的管道引出反应器，其结构如图 3-12 所示。内过滤组件结构简单，操作方便，但是需要足够的过滤面积和合理的滤芯优化布置，保证内过滤组件能长期稳定滤出液体，且无法在线更换过滤组件。

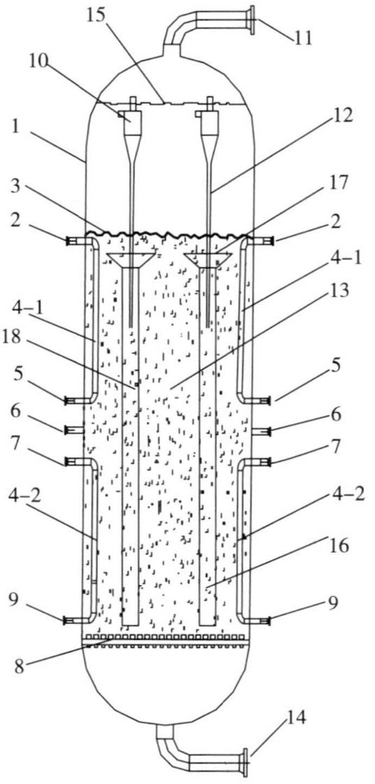

图 3-11　带气液旋分器的浆态床反应器

1—反应器筒体；2—上段盘管出口；3—料位；4—取热盘管；5—上段盘管入口；6—合成蜡出口；7—下段盘管出口；8—合成气分布板；9—下段盘管入口；10—气液旋分器；11—气体出口；12—旋风器料腿；13—浆态床层；14—合成气入口；15—隔板；16—下料管；17—循环杯扩张口；18—循环杯

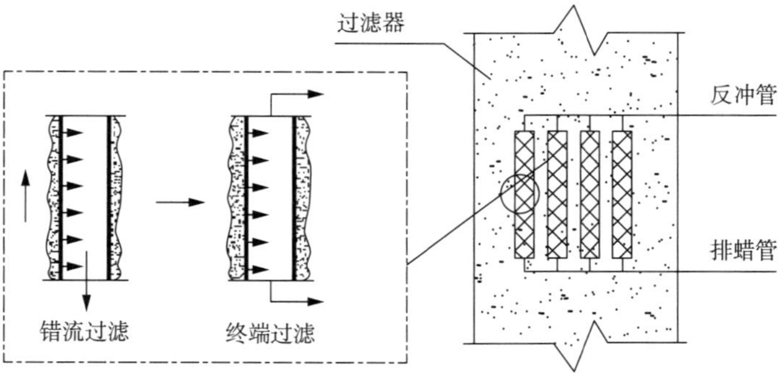

图 3-12　内置式过滤器结构示意图

11 浆态床反应器内部的流体情况是怎样的?

答 浆态床反应器内部流体情况是在操作条件、介质物理特性和反应器尺寸共同作用下形成的，影响的变量包括气含率、气液相比表面积、固相轴向扩散系数、索特平均气泡直径、气液相轴向扩散系数、浆液与换热内件总传热系数、传质系数以及液相物性等。

反应器内部流体的流动情况可被分成几种不同的流型，不同流型区域的流动、传质、传热、混合以及气泡行为存在明显区别。通常浆态床反应器内部流型主要分为均匀鼓泡流、湍动鼓泡流、活塞流。各个流型间存在过渡区（见图 3–13）。均匀鼓泡流区域存在于表观气速较低、气体分布情况较好的情况，此时气泡无破碎与聚并，气含率随表观气速线性增大。当表观气速持续增大，流型由均匀鼓泡流转变成过渡流进而转变成湍动鼓泡流（表观气速 0.1m/s）。湍动鼓泡流区域气液相湍动剧烈，气泡聚并明显增强，气泡直径分布宽。当表观气速超过 0.5m/s 后可能出现活塞流，但反应器直径越大出现活塞流的几率越小。对于工业级费托浆态床反应器而言，由于其通常在高气速、高固含率条件下操作，内部流型主要为湍动流。

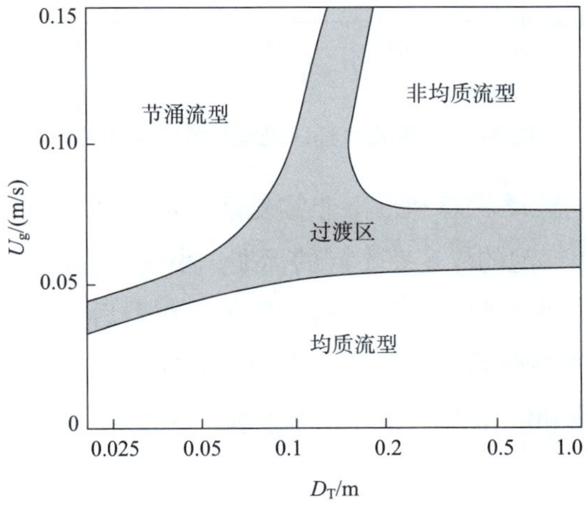

图 3–13　不同直径和气体流速对浆态床内流型的影响

12 浆态床反应器内部的流体情况研究方法有哪些？有什么典型的研究结论？

答 浆态床反应器内部的流体力学行为研究方法主要包括冷热模实验、数值计算以及计算流体动力学（Computational Fluid Dynamics，CFD）模拟。目的是对影响流体力学行为的参数变量进行定性或定量的描述。目前主要关注的参数包括气含率、气泡直径和行为、传质和传热。由于针对气液固三相体系研究存在一定的困难，大多数研究者对体系进行简化处理。根据催化剂颗粒直径远小于气泡直径，液固相界面积远大于气液相界面积，液固传质速率大于气液传质速率的特性，可将气液固三相简化成气液两相来进行研究。

气含率对相间作用力、传质和流型都有决定性影响，由操作条件和物性参数共同决定，包括表观气速、液体循环速度、气液物性、固含率、反应器和内构件结构等。在反应器结构及浆液性质确定后，气含率主要受到表观气速的影响，随着表观气速的增大而增大，同时低气速下的气含率增加比高气速下的更加显著。图 3–14 是气含率与表观气速和流型的关系。

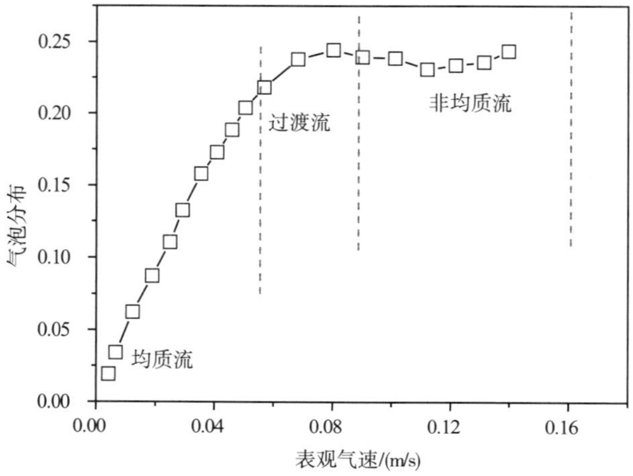

图 3–14　表观气速、流型和气含率的关系

浆态床内气泡群的运动状态和形态非常复杂，从尺度上可分为两种气泡形式：大气泡和小气泡[5]。大小气泡的界定有不同的标准。小气泡的定义直径小于 0.1 ~ 2mm 不等，可根据具体的反应体系确定。气泡离开气体分布器后，在浆液中上升过程中经历聚并和破碎，最终形成平衡的气泡尺寸分布及上升速度。气泡大小和速度受到表观气速、体系压力、固含率和液体性质等多方面影响。图 3–15 显示了大气泡和小气泡分布

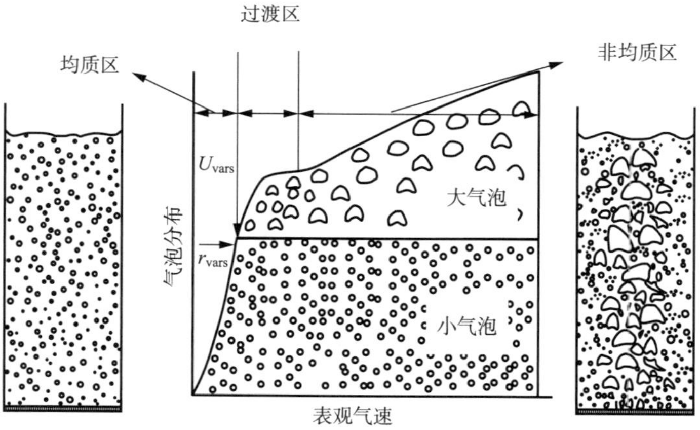

图 3–15　流型、表观气速和大小气泡关系示意图

与表观气速的关系。在表观气速确定的情况下，气泡直径随体系压力的升高而减小[6]。固含率的增加会促进气泡的聚并，导致气泡直径增加，气泡上升速度增加[7]。

浆态床内的相间传质包括气液传质和液固传质。由于固体颗粒直径远小于气泡直径，所以通常只考虑气液传质系数。浆态床内的传热系数一般是指浆液和换热表面间的传热系数，较大的传热系数有利于控制反应温度。气液传质、传热系数受到表观气速、液速、固含率、温度、压力和介质物理特性影响。目前，由实验得到的气液传质和传热半经验关联式均基于一定体系和操作条件，具有一定的适用范围和局限性。吴建民等[8]研究了原料气（H_2+CO）在铁基催化剂和液蜡形成的浆液中的气液传质系数，结果显示 H_2 和 CO 气液传质系数是同数量级的，并且都随着温度、压力、表观气速的增加而升高，但随着固含率的增加而减小。传热系数一般会随着表观气速的增加而增大，随液体黏度的增加而减小[9]，但固含率的增加导致传热系数增大。这是由于固体颗粒的运动增加了换热界面处流体的换热效率[10]。

13 加氢反应器内壁堆焊层出现裂纹原因及修复处理措施有哪些?

答 加氢反应器主体材料为 12Cr2Mo1R（H）+ 堆焊层。其中，堆焊层材料为 TP.309L+TP.347，TP.309L 是过渡层材料，TP.347 是表面层材料。

反应器内壁堆焊层出现裂纹的原因通常是由于设备出厂前堆焊工艺不符合要求，焊缝存在焊接残余应力或是焊缝热影响区内焊后析出铬的碳化物，使晶界贫铬有晶界裂纹的产生，高温高压下发生应力腐蚀裂纹。

再者，在高温高压下，氢易与钢中的不稳定碳化物发生甲烷化反应，生成的甲烷不能扩散至钢外，表现为局部产生应力集中，易产生裂纹或鼓包现象。

当反应器在停工过程中若是冷却速度过快，氢气来不及从钢中溢出，会导致氢脆或氢致裂纹的产生。

另外，反应器内硫化物的聚集也会对反应器内壁对焊层产生连多硫酸应力腐蚀，一般表现为晶间腐蚀，从而产生裂纹。

加氢反应器投用前，对反应器内壁堆焊处发现的裂纹以打磨消除为主，面层打磨深度如不大于 2mm 可不进行补焊（但应保证图样要求面层厚度不小于 3mm），修磨范围的斜度至少为 1:4；如大于或等于 2mm 则进行补焊，补焊后按图纸相关要求进行检验检测。内壁堆焊层打磨形状为 U 形，并与周边圆滑过渡，打磨后进行分析处理，必要时进行补焊，补焊材料需符合原设计要求，焊接时要严格控制焊接间道温度，避免造成焊接热裂纹的产生。补焊完成后经过渗透 100%PT 检测，按 JB—T4730.5—2005 中检测一级合格后方可投入使用。

（1）对于面层较浅的缺陷修复，用非铁基砂轮片轻轻打磨，清理后对打磨表面进行

100%PT 检测，按 JB—T4730.5—2005 中一级合格，确保缺陷消除，打磨深度小于 2mm 的可不做预补焊（但应保证图样要求面层厚度不小于 3mm），打磨时向周边平滑过渡。

（2）缺陷在表面层的处理原则。一般要求打磨深度大于或等于 2mm 的需要进行补焊。缺陷在表面需要补焊时，采用光谱分析确定是否为表面层，确定为表面层后选择与表面层相同的材料进行补焊，焊接时采用小电流快速焊接法进行焊接，控制道间最高温度 150℃。清理后对打磨表面进行 100%PT 检测，按 JB—T4730.5—2005 中一级合格。

（3）缺陷在过渡层的处理原则。光谱分析打磨部位确定为过渡层，先补焊过渡层，控制过渡层道间温度 200℃。采用小电流快速焊接法进行焊接。清理后对打磨表面进行 100%PT 检测，按 JB—T4730.5—2005 中一级合格。再补焊表面层，表面层补焊时采用小电流快速焊接法进行焊接，控制道间最高温度 150℃。清理后对打磨表面进行 100%PT 检测，按 JB—T4730.5—2005 中一级合格。

第二节　塔

1 工业吸收塔应具备哪些基本要求?

答 工业吸收塔应具备：① 塔内气体与液体应有足够的接触面积和接触时间；② 气液两相应具有强烈扰动，减少传质阻力，提高吸收效率；③ 操作范围宽，运行稳定；④ 设备阻力小，能耗低；⑤ 具有足够的机械强度和耐腐蚀能力；⑥ 结构简单，便于制造和检修。

2 汽提塔有什么作用?

答 汽提塔的作用是对侧线产品用蒸汽汽提或热虹吸的办法，除去侧线产品中的低沸点组分，使产品的闪点和馏程符合质量要求。

3 蒸汽汽提的作用原理是什么?

答 在一定的温度下，当被蒸馏的油品通入蒸汽，油气形成的蒸汽分压之和低于设备的总压，油品即可沸腾。吹入水蒸气量越大，形成水蒸气的分压越大，相应需要的油气分压越小，油品沸腾所需的温度就越低。

4 塔的分类有哪些?

答 按照传统分类方法，塔分为板式塔、填料塔。其中，板式塔又分为泡罩型、筛孔型、浮阀型、斜孔型、立体型、无溢流型、并流型、复合型和高速型，填料塔分为颗粒型和规整型。

5 塔顶部设置除沫器的作用是什么?

答 除沫器用于捕集夹带在气流中的液滴。使用高效的除沫器，有利于回收贵重物料，提高分离效率，改善塔后设备的操作状况，减少对环境的污染等。

6 塔顶回流的作用是什么?

答 塔顶回流的作用：① 提供每块塔板或每段填料的液相回流，创造气液接触机会，从而提供传质、传热的场所；② 取走塔内的热量，保证精馏塔内的热量和热平衡。

7 板式塔和填料塔如何选择?

答 填料塔与板式塔各有不同的应用领域，一般来讲，真空、常压工况选填料塔居多；易堵、含颗粒、加压工况选板式塔较多；填料塔为连续气液逆流接触传质达到分离效果，板式塔为气液错流接触达到分离效果。

8 填料塔的优缺点有哪些?

答 填料塔的优点：填料塔具有生产能力大、分离效率高、压降小、持液量小、操作弹性大等。其缺点：填料造价高；当液体负荷较小时不能有效地润湿填料表面，使传质效率降低；不能直接用于有悬浮物或容易聚合的物料；对侧线进料和出料等复杂精馏不太适合等。

9 填料塔的塔内件主要有哪些?

答 填料塔的塔内件主要包括液体分布器、填料支撑、床层限位器、气体分布器、壁液收集分配锥、液体收集再分布器等。

10 填料塔常用填料有哪些?

答 填料塔常用填料有拉西环、鲍尔环、矩鞍填料、弧鞍填料、波纹填料。

11 什么是规整填料?

答 规整填料是一种在塔内按均匀几何结构排布，整齐堆砌的填料。它规定了填料层内的气液接触路径，避免了沟流和壁流出现；同时，这种填料比表面积大，孔隙率高，压降小，可以保证大直径下塔内较高的传质、传热效果。

12 什么是雾沫夹带?

答 雾沫夹带是指下层塔板产生的液体雾沫被上升气流夹带进上层塔板液层中的现象。雾沫夹带造成级间返混，使得塔板效率下降。

13 什么是液泛?

答 在精馏塔中，由于各种原因造成液相堆积超过其所处空间范围的现象，称为液泛。液泛可分为降液管液泛、雾沫夹带液泛等。其中，降液管液泛是指降液管内的液相堆积至上一层塔板；雾沫夹带液泛是指塔板上开孔空间的气相流速达到一定速度，使得塔板上的液相伴随着上升的气相进入上一层塔板。

14 液泛的原因是什么?

答 导致出现液泛的原因如下：

（1）降液管内液体倒流回上层板，由于塔板对上升的气流有阻力，下层板上方的压力比上层板上方的压力大，当降液管内泡沫液高度所相当的静压头能够克服这一压力差时，液体才能往下流。当液体流量不变而气体流量加大，下层板与上层板间的压力差亦随着增加，降液管内的液面随之升高。若气体流量加大到使得降液管内的液体升高到堰顶，管内的液体不仅不能往下流，反而开始倒流回上层板，板上开始积液；加上操作时不断有液体从塔外送入，最后会使全塔充满液体，就形成了液泛。若气体流量一定而液体流量加大，液体通过降液管的阻力增加，板上液层加厚，使板上下的压力差加大，都会使降液管内液面升高，从而导致液泛。

（2）过量液沫夹带到上层板，气流夹带到上一层板的液沫，可使板上液层加厚，正常情况下，增加得并不明显。在一定液体流量之下，若气体流量增加到一定程度，液层加厚显著（板上液体量增多，气泡加多、加大）。气流通过加厚的液层所带出的液沫又进一步增加。这种过量液沫夹带使泡沫层顶与上一层板底的距离缩小，液沫夹带持续有增无减，大液滴易直接喷射到上一层板，泡沫也可冒到上一层板，终至全塔被液体充满。

15 液泛现象分几种?

答 液泛现象包括塔底与塔顶的压差增加、塔底与塔顶的温差减小、塔顶回流罐的液位降低、塔底的产品产量减少、塔顶和塔底的产品质量均不合格等。

16 液泛处理方法?

答 液泛处理方法有改变降液板底隙；降低上升蒸汽量；减少进料量；降低蒸汽量、回流量。

17 塔板漏液的现象及原因有哪些?

答 漏液的现象是塔内各段温差变小，塔顶温度压力下降，侧线馏程宽；气相负荷过小，气速低，托不住塔盘上液体，液体顺塔板开孔向下一层泄漏，造成塔板效率降低。

漏液的原因是液气比过大，处理量过低，进料温度低，造成气相负荷不足。

18 什么是淹塔?

答 在精馏过程中，自某块塔板往上液体逐渐积累，以至充满部分塔段，使上升气体受阻，气、液两相的传质传热过程不能正常进行，这种现象称之为淹塔。

淹塔的现象：塔顶温度下降；回流罐液面下降；塔底液面上涨和压力增高。

19 导致淹塔发生的原因有哪些?

答 导致淹塔发生的原因：① 降液管堵塞，回流液无法下流。开工时系统的铁屑、焊渣等杂物，正常生产中沉积的设备腐蚀物，液体中析出的固体以及溶液的自聚物，都易引起降液管堵塞。③ 液体量太大，使降液管超负荷。

其处理方法：适当降低进料量和回流量。如设备出现故障，则停工处理。

20 再生塔的温度如何控制?

答 再生塔塔底的温度就是塔内液体在该压力下的沸点，它与溶液成分及塔底压力有关，与煮沸器加热量无直接关系；但煮沸器加热量增加，有利于溶液解吸，提高了溶液的吸收效率。塔顶温度与塔底煮沸器加热量、塔顶压力等参数有关。

第三节　泵

1 什么是泵？泵的分类有哪些?

答 泵是把原动机的机械能转换成液体的势能或动能的机械。

按工作原理可分为：① 叶片式（或动力式），如离心泵、轴流泵、混流泵等；② 容积式，如活塞泵、隔膜泵、螺杆泵、滑片泵、齿轮泵等；③ 其他形式，如喷射泵、空气升液器等。

2 离心泵的工作原理是什么?

答 液体随叶轮旋转，在离心力作用下沿叶片间通道向外缘运动，速度增加，机械能提高。液体离开叶轮进入蜗壳，蜗壳流道逐渐扩大，流体速度减慢，液体动能转换为静压能，压强不断升高，最后沿切向流出蜗壳，通过排出导管输入管路系统。

3 什么是自吸式泵？其工作原理是什么？

答 自吸式泵属自吸式离心泵，具有结构紧凑、操作方便、运行平稳、维护容易、效率高、寿命长、自吸能力较强等特点。管路不需安装底阀，工作前只需保证泵体内储有定量引液即可。不同液体可采用不同材质自吸式泵。

自吸式泵的工作原理是水泵启动前先在泵壳内灌满水（或泵壳内自身存有水）。启动后叶轮高速旋转使叶轮槽道中的水流向涡壳，这时入口形成真空，使进水逆止阀门打开，吸入管内的空气进入泵内，并经叶轮槽道到达外缘。

4 往复泵的工作原理是什么？

答 活塞自左向右移动时，泵缸内形成负压，贮槽内液体经吸入阀进入泵缸内。当活塞自右向左移动时，缸内液体受挤压，压力增大，液体由排出阀排出。活塞往复一次，各吸入和排出一次液体，称为一个工作循环，这种泵称为单动泵。若活塞往返一次，各吸入和排出两次液体，称为双动泵。活塞由一端移至另一端，称为一个冲程。

5 往复泵有什么特点？

答 往复泵的特点：① 自吸能力强；② 理论流量与工作压力无关，只取决于转速、泵缸尺寸及作用数；③ 额定排出压力与泵的尺寸和转速无关；④ 流量不均匀；⑤ 转速不宜太快；⑥ 对液体污染度不太敏感；⑦ 结构较复杂，易损件较多。

6 液力透平的原理是什么？

答 液力透平是一种能量回收装置。透平最主要的部件是一个旋转元件，即转子或称叶轮。它安装在透平轴上，具有沿圆周均匀排列的叶片。流体所具有的能量在流动中，经过喷管时转换成动能，流过叶轮时流体冲击叶片，推动叶轮转动，从而驱动透平轴旋转，透平轴直接或经传动机构带动其他机械，输出机械功。透平机械的工质可以是液体、蒸汽、燃气、空气和其他气体或混合气体。以液体为工质的透平称为液力透平。

7 高速泵的原理是什么？

答 高速泵属高速离心泵，通过增加增速器将转速提高。高速离心泵是单吸单级或两级卧式高速泵，主要由泵机组、增速装置、润滑及监控系统、底座及电机等部分组成，由于该泵采用变螺距诱导轮和复合叶轮技术，因此具有稳定的小流量工作稳定性、高汽蚀性能和高效率的优点，同时还具有明显的结构紧凑、维护方便、适用范围广、可靠性好及使用寿命长等优点。

8 一般机泵加油的操作步骤有哪些?

答 一般机泵加油的操作步骤包括：① 确认需要加油的机泵；② 确认所加润滑油牌号与设备要求一致，润滑油执行“三级过滤”；③ 如果运转设备需要换油，则停止设备运转；④ 清理加油口，防止脏物进入油箱；⑤ 加润滑油液位至 1/2 ~ 2/3。

9 离心泵在运行中要检查些什么?

答 离心泵在运行中要定期检查下列项目：

（1）轴承工作是否正常；油温是否正常；油位是否在指标范围内；油质情况，是否进水、进杂质、乳化或变黑；设备有没有异音。

（2）进出口压力表、电流表是否正常，确保电流不能超指标。

（3）泵体振动情况。

（4）泵轴的串动情况。

（5）轴封工作情况及各部位有无泄漏。

（6）冷却水及密封水的供应情况。

10 容积泵的启泵操作流程是什么?

答 容积泵的启泵操作流程：① 确认泵出口压力表安装完好，在校验期内并正常投用；② 确认润滑油箱液位正常、油质符合要求；③ 确认送电；④ 全开泵出入口阀；⑤ 泵流量行程调至最小；⑥ 启动电机；⑦ 观察泵运行状况，包括电流、出口压力、流量等，根据流量调节行程。

11 液力透平壳体检修时检查的内容有哪些?

答 液力透平壳体检修时检查包括如下内容：

（1）检查透平壳体流道是否有腐蚀、冲刷、壁厚严重减薄等现象；流道表面应光滑，无铸造缺陷，必要时可补焊修复。

（2）流道轮廓线对中心线应对称，允许误差 0.50mm/100mm。

（3）壳体口环应无松动，耐磨层完好，与蜗壳轴线同心，允许误差 0.02mm/100mm。必要时同时更换两侧口环。

（4）上、下壳体回装后，流道相接面应一致，不应有错边；联接螺栓必须均匀把紧，以防轴承箱变形。

（5）进行 1.5 倍工作压力的液压试验，持续 30min，不得有漏液现象。

12 立式高速泵的拆卸程序是什么?

答 立式高速泵的拆卸程序如下：

（1）从齿轮箱上卸下电动机（有方形台架时不需卸电动机）松开挠性联轴器连接螺栓、螺母、分成上、下两片；松开圆形支架与齿轮箱连接螺栓、螺母、吊起电动机（含圆形支架），再拆卸齿轮箱低速轴上的半联轴器；拆卸冷却器及管路。

（2）拆卸紧固泵体的螺母。

（3）从泵体上吊起齿轮箱及密封腔组件。

（4）检查测量叶轮侧间隙及转子窜量，拆卸叶轮，注意叶轮螺栓旋向，拆卸时要防止叶轮转动。

（5）拆卸机械密封。

（6）检查叶轮机械密封轴套节流环磨损情况，根据情况进行修理或更换。

（7）转子必要时做动平衡校验。

13 停离心泵时为什么先缓慢关闭出口阀再停泵?

答 为了防止出口管线中的高压液体倒冲回去，冲击泵体使叶轮倒转而损坏机件；另外关闭泵的出口阀门就卸去了泵的负荷，电机电流减小，此时停下电机，电开关脱开时，不会产生过大的弧光，可防止烧损开关接点及产生弧光短路。

14 计量泵进出口阀为何一般采用双道球阀?

答 计量泵进出口阀一般采用双道球阀结构，是为了提高泵的计量精度，使其密封性能更好，使用寿命更长，结构更紧凑，拆装更方便。

15 离心泵的流量调节手段一般有哪些?

答 离心泵的流量调节手段一般有：

（1）改变管路特性曲线，即通过调节管线上阀门的开度，改变阻力系数值。此方法调节方便，但泵的效率不高。

（2）改变泵的特性曲线，如车削叶轮，改变泵转速。此方法泵效率较好，但操作不方便，宜用于长时间改变流量的情况。

16 离心泵为什么不能反转、空转?

答 因为反转或空转都会造成机械不必要的损坏。其中，反转会使泵的固定螺丝松动、脱落，造成事故；出口流量压力小，泵内无液体空转时，会造成磨擦，使零件遭到损坏。严重时会引起抱轴或造成其他事故。

17 备用泵为什么要定期盘车?

答 备用泵要定期盘车的原因如下：

（1）泵轴上装有叶轮等配件，在重力的长期作用下会使轴变弯。经常盘车，不断改变轴的受力方向，可以使轴的弯曲变形为最小。

（2）检查运动部件的松紧配合程度，避免运动部件长期静止而锈死，使泵能随时处于备用状态。

（3）盘车把润滑油带到轴承各个部位，防止轴承生锈，由于轴承得到初步润滑，紧急状态能马上启动。

18 离心泵在启动前为什么要排气?

答 启动前不排气，则泵壳内存有气体，由于气体密度小于液体密度，使产生的离心力小，造成吸入口低压不足，难以将液体吸入泵内，无法输送液体。同时，如果气不能被完全排出，启动后液体带气，容易产生气缚现象。

19 如何防止离心泵发生气蚀现象?

答 防止离心泵发生气蚀现象的措施如下：

（1）泵体的安装高度一定要小于允许吸上真空高度。

（2）泵体安装所提供的有效气蚀余量大于泵体所需要的气蚀余量。

（3）流量增加，气蚀余量也增加，操作时应该注意输送液体的操作温度不能太高。

20 离心泵电机超载的原因有哪些?

答 离心泵电机超载的原因：① 泵排出端压力超出设计压力，造成反压过高；② 液体温度降低黏度增大超过设计黏度；③ 调节阀开度过小、单向阀失灵、管路堵塞等，造成泵的排出管路阻力增大；④ 叶轮吸入杂物堵塞，或多级泵的中间级堵塞；⑤ 泵轴或电机轴不同轴，对轮不对正；⑥ 叶轮口环严重损坏（磨损），间隙太大；⑦ 填料函压得太紧，填料函密封损坏，轴套磨损。

21 离心泵常见故障及处理办法有哪些?

答 离心泵常见故障及处理办法如下:

(1)振动大。检查工艺参数是否正常、是否存在气缚或者气蚀,调整工艺参数,检查找正、转子平衡情况。

(2)轴承箱发热。检查轴承损坏情况,冷却水系统是否正常。

(3)出口流量低。检查入口过滤器是否堵塞,叶轮损坏情况。

22 离心泵的机械故障主要有哪些?主要原因是什么?

答 机械故障主要表现在振动和噪声。其主要原因:轴承损坏、发生气蚀、轴变形、转子不平衡、与原动机不对中、配管有应力等。

23 贫液泵轴瓦的改进形式及其对振值的影响有哪些?

答 贫/半贫液泵原径向轴承设计为半圆瓦,在运行过程中存在瓦薄易变形、瓦与轴接触不良的现象,进而使得泵的振动增大。为解决这一问题,在现有条件下对轴瓦进行改造,将半圆瓦型式的轴承改造成为错位轴承。错位轴承在抗干扰、承载能力上较半圆瓦型式的轴承强些。改造后,同等运行条件下,泵的振动明显好转。

24 精制原料蜡泵结构性能特点及维护要点有哪些?

答 精制原料蜡进料泵是一款多级径向剖分离心泵,总共8级,叶轮形式为闭式,首级为双吸,主要由叶轮、主轴、平衡鼓、平衡盘、推力盘、支承瓦、推力瓦、口环、级间密封、机械密封、壳体等构成。

其检维修注意事项:机泵检修时需调整转子轴向窜量、平衡盘与平衡鼓间隙、支承瓦侧及瓦顶间隙以及轴与轴承座对中偏差值、泵轴与电机轴对中偏差值至随机标准规定范围内。

转子可选用冷装配的方式,适当放宽叶轮口环间隙,可提高泵的抗气蚀能力。

25 中压锅炉给水泵更换叶轮原因及处理措施有哪些?

答 更换叶轮原因:除氧水及凝液精制站中压锅炉给水泵设计入口压力、流量偏低不满足实际工况。

处理措施:对机泵次、末级叶轮进行扩径改造,次、末级叶轮直径由原来的384mm扩径至400mm;改造后,在泵出口流量不变且满足工况下,压力由5.31MPa升至5.55MPa,解决了泵运行问题。

第四节 压缩机

1 压缩机的分类有哪些?

答 压缩机的分类如下:

(1)按压缩机的工作原理和结构形式分类,可分为容积型和速度型。

(2)按排气压力分类,可分为:① 低压压缩机,排气压力在 0.2 ~ 1.0MPa(表压);② 中压压缩机,排气压力在 1.0 ~ 10MPa(表压);③ 高压压缩机,排气压力在 10 ~ 100MPa(表压);④ 超高压压缩机,排气压力在 100MPa(表压)以上。

(3)按压缩机排气量的大小分类,可分为:① 微型压缩机,排气量在 $1m^3/min$ 以下;② 小型压缩机,排气量在 $1 \sim 10m^3/min$;③ 中型压缩机,排气量在 $10 \sim 100m^3/min$;④ 大型压缩机,排气量在 $100m^3/min$ 以上。

2 往复式压缩机的特性及优缺点有哪些?

答 气量调节时,排气压力几乎不变。其优缺点如下:

优点:① 气流速度低,损失小,效率高;② 从低压到超高压,适用压力范围广;③ 同一台压缩机可以压缩不同气体。

缺点:① 往复惯性力无法彻底平衡;② 活塞式压缩机排气脉动大;③ 不适用于大流量系统;④ 维修工作量大。

3 螺杆式压缩机的结构特点及优缺点有哪些?

答 结构特点:螺杆压缩机是一种工作容积作回转运动的容积式气体压缩机械。气体的压缩依靠容积的变化来实现,而容积的变化又是借助压缩机的一对转子在机壳内做回转运动来达到。压缩机的基本工作过程,即吸气、压缩及排气过程。驱动设备通过联轴器带动阳转子旋转,阳转子通过同步齿轮带动阴转子旋转,阴、阳转子相互不接触,同步齿轮的速比与螺杆转子的速比相等。

解吸气压缩机 C-5252003A/B 为电机驱动湿式无油螺杆式压缩机,螺杆压缩机由机壳、一对相互啮合的螺旋形的转子、机体两端分别沿轴向和径向开设的一定形状和大小的吸气孔口、排气孔口、转子两侧的伸出轴上布置的密封组件、轴承组件、同步齿轮、平衡盘等组成。

优点:① 该压缩机既无往复式压缩机的气流脉动,又无离心式压缩机的喘振现象;② 零部件少,结构紧凑,运行平稳,寿命长,维护简单;③ 对于气体带液要求不严格,能操作含尘带液的介质气;④ 介质组分、相对分子质量及压比的变化对溶剂流量几乎没有影响；⑤ 允许喷液来冷却介质；⑥ 刚性轴设计调速范围广。

缺点：转子型线复杂，加工要求高，噪声大。

4 离心式压缩机的特性及优缺点有哪些?

答 流量和出口压力的变化由特性曲线决定，出口压力高将导致机组喘振，优缺点如下：

优点：① 排气量均匀，无脉动；② 外型尺寸小，质量较轻，结构简单，易损件少，设备维护检修工作量少。

缺点：① 气流速度快，损失较小，小流量机组效率低；② 不适用于在小流量、超高压的范围使用。

5 轴流式压缩机的特性及优缺点有哪些?

答 流量和出口压力的变化由特性曲线决定，特性曲线较陡，压力变化时流量变化较小；出口压力过高将导致机组发生喘振，流量超过一定限度时，流道会发生气流阻塞，性能遭到破坏。其优缺点如下：

优点：① 气流流动摩擦损耗较离心式压缩机小，因此效率高；② 适用于中低压大流量系统；③ 可通过调整定子叶片和转子的角度改变流量。

缺点：① 稳定工作范围较窄；② 由于空气动力造成的振动，以及对灰尘污染敏感，有可能损坏叶片；③ 出口压力较低。

6 往复式压缩机的主要性能指标有哪些?

答 往复式压缩机的主要性能指标如下：

（1）额定排气量。即为压缩机铭牌上标注的排气量，指压缩机在特定进口状态下的排气量，常用单位 m^3/min、m^3/h。

（2）额定排气压力。即为压缩机铭牌上标注的排气压力，常用单位 MPa、bar。

（3）排气温度。考虑到积炭和安全运行，对于相对分子质量小于或等于 12 的介质，排气温度不超过 135℃；对于乙炔、石油气、湿氯气排气温度不超过 100℃；其他气体建议不超过 150℃。

（4）活塞力。活塞在止点处所受到的气体力最大，因此将这时的气体力称为活塞力。

7 往复式压缩机运转中排气量不足的原因及处理方法有哪些?

答 故障原因：① 气阀泄漏；② 活塞杆与填料处泄漏；③ 气缸余隙过大，特别是一级气缸余隙过大；④ 气缸磨损，间隙增大漏气；⑤ 活塞环磨损，间隙大而漏气。

处理方法：① 检查气阀，清洗、修理或更换气阀；② 先拧紧填料函盖螺栓，仍泄漏时则修理或更换；③ 调整气缸余隙容积；④ 用镗削或研磨的方法进行修理，严重时更换缸套 ⑤ 更换活塞环。

8 往复式压缩机运转中气缸发热的原因及处理方法有哪些?

答 故障原因：润滑油质量不好或油量过少甚至供应中断；冷却水供应不充足；曲轴连杆机构偏斜，使个别活塞摩擦不正常，过分发热而抱死；气缸与活塞的装配间隙过小。气阀密封不严，形成漏气；吸排气阀弹簧刚性不适当；吸排气阀弹簧折断。

处理方法：选择适当的润滑油并注意润滑油的供应情况；检查冷却水的供应情况；调整曲柄连杆机构的同心性；调整气缸的间隙。检查气阀，研刮接触面或更新垫片；检查刚性，调整或更换适当的弹簧；更换折损的弹簧；检查冷却水流量及流道。

9 往复式压缩机在运转过程中气缸内发生异常声音的原因和处理方法有哪些?

答 故障原因：气缸内有异物；缸套松动或断裂；活塞杆螺母松动或活塞弯曲；支撑不良；曲轴 – 连杆机构与气缸的中心线不一致；气缸余隙过小；油过多或气体含水量过多。

处理方法：清除异物；清除松动或更换；紧固螺母，或校正更换活塞杆；调节支撑；检查并调整同心度；增大余隙；减少油量，提高油水分离效果。

10 往复式压缩机运转中吸排气时气阀有异响的原因及处理方法有哪些?

答 故障原因：气阀阀片断裂；气阀弹簧松软；气阀松动。其处理方法：更换新阀片；更换适合的弹簧；检查拧紧螺栓。

11 压缩机运转中循环油油压降低的原因及处理方法有哪些?

答 故障原因：油压表故障；油管破裂；油安全阀故障；油泵间隙大；油箱油量不足；油过滤器堵塞；油冷却器堵塞；润滑油黏度降低；管路系统连接处漏油；油泵或油系统内有空气。

处理方法：更换或修理油压表；更换或焊补油管；修理或更换安全阀；检查并进行修理；增加润滑油量；清洗或更换过滤器；清洗油冷却器；更换新的润滑油；紧固泄漏处；排出空气。

12 往复式压缩机最常见的故障及主要现象是什么?

答 常见故障：① 出入口阀片裂或断裂；② 出入口阀座垫片坏；③ 活塞背帽、十字头螺母松动。

现象：① 气缸阀体温度高，气体出入口压力高，阀动作噪声大；② 阀体温度高，出口温度高；③ 响声异常，有撞击声。

13 压缩机润滑油油压变化与哪些因素有关?

答 油的温度、油过滤器压差、压缩机摩擦副间隙、泵出口油量（油压）、自力式调节阀标定的油压。

14 压缩机氮气被压缩后的温度为什么比合成气温度高?

答 气体的相对分子质量越大，被压缩时所需的功越大，气体所吸收的功越大，从而气体被压缩后温度越高。氮气的相对分子质量比合成气大，故氮气被压缩后温度比合成气高。

15 往复式压缩机油系统由哪几部分组成?

答 由主油泵、辅助油泵、注油器、油冷却器、油过滤器、电加热器及控制阀门管线仪表等组成。

16 活塞杆过热的原因有哪些?

答 活塞杆过热的原因如下：

（1）活塞杆与填料函装配时产生偏斜。

（2）活塞杆与填料函配合间隙过小。

（3）活塞杆与填料的润滑油有污垢或润滑油不足造成干摩擦。

（4）填料函中密封圈装错。

（5）填料函中密封圈卡住不能自由移动。

（6）填料函中密封圈装错。

（7）填料函往机身上装配时螺栓紧的不正，使其与活塞杆产生倾斜，活塞杆在运转时与填料中的金属盘摩擦加剧产生发热。

17 往复式压缩机带液时会产生什么现象?

答 往复式压缩机带液时会产生的现象有：① 机体及气缸等出现异常振动；② 电流大幅波动；③ 流量、压力波动；④ 管线振动。

18 往复式压缩机卸荷器工作原理是什么?

答 往复式压缩机卸荷器工作原理如下：

（1）当需要卸荷时，动力活塞的上方通入约 0.4MPa 的动力风（仪表风）。动力活塞在动力风的作用下向下位移，将安装在动力活塞下方的弹簧压缩，动力活塞向下位移，使之与其连接在一起的轴心下移，并推动着叉杆向下位移，叉杆便推动了吸入阀片，压缩其弹簧使吸入片离开阀座，形成气体通道，使吸入阀失去单向流通的作用，达到卸荷目的。

（2）给负荷时，动力活塞上的动力放被卸掉，动力活塞在其下方的弹簧力作用下，使动力活塞、心轴、叉杆向上移，吸入阀片恢复正常工作状态。

19 往复式压缩机气缸过热的原因是什么?

答 往复式压缩机气缸过热的原因包括：① 冷却水不足后中断；② 缸套结垢；③ 入口温度高；④ 活塞环磨损或断裂；⑤ 注油中断；⑥ 余隙或死点间隙过大；⑦ 气阀倒气。

20 为何还原压缩机填料隔离室要通入氮气?

答 因压缩还原机填料处泄漏出的介质为工艺气，为了避免工艺气外泄到曲轴箱，故在机身与气缸间增设两个隔离室。泄漏出的工艺气可通过靠近缸体侧的隔离室放空线引出。另外在靠近机身一侧的隔离室注入氮气，使该室的内部压力高于气缸侧隔离室的内部压力，阻止了工艺气的窜入，保证了压缩机安全。

21 往复式压缩机排气温度超过正常温度的原因是什么?

答 往复式压缩机排气温度超过正常温度的原因为：① 排气阀泄漏；② 吸气温度超过规定值；③ 气缸或冷却器冷却效果不良。

22 填料函的作用是什么? 常用哪几种形式填料函?

答 填料函是用来密封活塞杆与气缸间的泄漏，防止气缸内气体漏出及阻止空气进入缸内。常用填料函有平面填料函与锥面填料函两种形式。

23 离心式压缩机的工作原理是什么?

答 气体流经叶轮时，由于叶轮的旋转，使气体受到离心力的作用而产生压力，与此同时，气体获得速度。而气体流经叶轮、扩压器等扩张通道时，气体流动速度减慢，动能转化为静压能，使气体压力进一步提高。

24 蒸汽透平的工作原理是什么？

答 蒸汽透平是以蒸汽为做功介质，将热能转换成机械能，使轴能高速旋转的机械设备。

它的工作原理是具有一定压力和温度的蒸汽通过在特殊形状的喷嘴中将热能转化为动能（表现为蒸汽速度的提高），获得很高速度的蒸汽作用在转子的叶片上，带动转子转动，使蒸汽的动能转化为机械能。因此透平是一种实现蒸汽二次能量转换的设备，它的作用是把蒸汽的热能转换为动能，最终转化为机械能而带动压缩机或其他机械运行。

25 离心压缩机的总体结构有哪些？

答 离心式压缩机由转子及定子两大部分组成。

（1）转子。包括主轴，固定在轴上的叶轮、轴套、平衡盘、推力盘及联轴节等零部件。

（2）定子。包括气缸，定位于缸体上的各种隔板以及轴承等零部件。在转子轴端及转子与定子之间需要密封气体之处还设有密封元件。

在压缩机的每段里，一般是由几个或一个压缩机级所组成。每个级是由一个叶轮及其相配合的固定元件所组成。固定元件由吸气室、扩压器、弯道、回流器及蜗壳等组成。

26 离心压缩机的三种工况是什么？

答 离心压缩机的三种工况分别是：

（1）喘振工况：最小流量时的工况。

（2）阻塞工况（滞止工况）：最大流量时的工况。造成这种工况有两种可能：一是级中流道中某喉部处气流达到临界状态，这时气体的容积流量已是最大值，任凭压缩机背压再降低，流量也不可能再增加，这种情况称为“阻塞”工况。另一种情况是流道内并未达到临界状态，即未出现“阻塞”工况，但压缩机在偌大的流量下，机内流动损失很大，所能提供的排气压力已很小，几乎接近零能头，仅够用来克服排气管的流动阻力以维持这样大的流量，这也是压缩机的最大流量工况。

（3）正常工况：喘振工况与阻塞工况之间的工作范围。

27 离心式压缩机的调节方法有哪些？

答 离心式压缩机的调节方法有 6 种：① 改变压缩机排气节流阀的开度；② 改变容器出口阀的开度；③ 改变压缩机吸气节流阀的开度；④ 改变压缩机的转速；⑤ 由压缩机的出口向进口引回流；⑥ 改变叶轮下入口的气流角[11]。

28 什么是压缩机的临界转速?

答 临界转速的概念：当转子的固有自振频率与转子的工作频率（转速）相同时，振动加剧，发生共振，此时的转速称为转子的临界转速。

工作转速低于第一阶临界转速的转子称为刚性转子，大于第一阶临界转速的转子称为柔性转子。

29 什么叫多变压缩？什么叫等温压缩？什么叫绝热压缩?

答 多变压缩：气体在压缩时，温度发生变化，且与外界有热交换现象。

等温压缩：气体在压缩时，温度始终保持不变，即压缩时产生的热量及活塞与气缸摩擦时产生的热量全部被外界带走。

绝热压缩：气体在压缩时，与周围环境没有任何热交换作用，即压缩机产生的热量全部使气体温度升高，而摩擦产生的热量全部被外界带走。

30 为什么压缩后的气体需冷却与分离?

答 气体被压缩后温度必然升高，因此在气体进入下一级压缩前必须用冷却器冷却至接近气体吸入时的温度，其作用如下：

（1）降低气体在下一级压缩时所需功，减少压缩机功耗。

（2）为使压缩过程趋近于等温压缩。

（3）使气体中油雾和水蒸气凝结出来，在分离器中除掉。

（4）使气体在下一级压缩后温度不致过高（不超过润滑油闪点），满足设备的性能要求，降低由于高温而产生的设备故障，使压缩机保持良好润滑。压缩机的气缸中排出气体内含有水雾及油雾，经冷却后凝成水滴及油滴，为使这些液滴不被带入下一级缸，及时必须将它们分离掉。

31 离心压缩机中的损失有哪些?

答 离心压缩机中的损失可以分成流动损失、泄漏损失、轮阻损失和机械损失。其中，流动损失引起压力的降低，泄漏损失引起流量的减少，轮阻损失和外部机械损失则必多耗功。

32 何为离心式压缩机的喘振?

答 喘振又叫“飞动”，是离心压缩机的一种特殊现象。压缩机有一个最小设计流量，当实际工作流量小于这个最小流量一定程度时，气流进入叶片的方向与叶片进口角度不一致，即冲角 $I>0$，这时在叶片的非工作面产生气体分离（旋转分离）。当冲角达到某一值时，旋转分离区域联成一片，占据流道。压缩机不再排气，管路中气体就会倒回来，弥补流量不足，经叶轮压缩重新流出。这一股气打出后，流量又没了，气体又倒回来。这样周而复始的改变流向，机器和管线中就会产生“低频高振幅”的压力脉动，并发出如“牛吼叫”般的噪声。这实际上是气流在交替倒流和排气时产生的强大的气流冲击。这种冲击引起机器强烈的振动，如不及时采取措施，将使压缩机遭到严重破坏，这就是“喘振”。

离心压缩机的喘振一般是由叶片扩压器中气流边界层分离，并扩及整个流道所引起的。

喘振的特征：“低频高振幅”的压力脉动，声音有如“牛吼叫”。

造成喘振的原因：① 气体流量小，进入喘振区域；② 气体出口压力过高，进入喘振区域；③ 操作不当引起喘振；④ 机械部件损坏引起喘振；⑤ 转速突然降低，被压缩介质的温度、重度等大幅度波动，进气压力低等亦可引起喘振。

33 费托循环气压缩机有何特点?

答 费托循环气压缩机为三合一压缩机，具有气体流量大、功能作用多的特点。减少了压缩机组的数量及运行维护的工作量，既能满足费托反应器的正常循环，又可以提供反吹气体，是一台多用途机组。

循环气压缩机二段补气入口的循环气和循环气压缩机一段入口的脱碳净化气经循环气压缩机升压后，大部分从循环气压缩机二段抽气口抽出与自精脱硫单元的 F-T 净化气和自 PSA 单元的氢气混合后，进入循环换热分离器，与来自反应器的高温油气换热后循环回反应器。

还有一部分循环气经循环气压缩机三段继续加压送入反吹气加热器，加热后进入反吹气缓冲罐，作为反应器内部排蜡过滤器的反吹气体，根据排蜡顺控程序的控制对过滤器进行反吹。

34 汽轮机入口蒸汽带水有何危害?

答 汽轮机入口蒸汽带水的危害：① 使汽轮机做功下降，严重时水锤冲击叶片造成叶片损坏；② 会使轴向推力增加，严重时造成轴向推力瓦烧瓦事故。

35 主蒸汽管道投用前为何要进行暖管?

答 主蒸汽管道投用前温度很低，同时管道长，而且形状复杂，管子与其他附件间的厚度差别也很大，假如突然将大量的高温高压蒸汽通入管道内，就会在管道和附件中产生很大的热应力，这时若膨胀受到阻力，管道将会受到破坏，蒸汽进入冷态管道时，还会产生凝结水，如果凝结水不能及时排出，将会造成强烈的水击现象，而使管道落架或者损坏。

36 压缩机汽缸润滑油选择要考虑哪些因素?

答 压缩机汽缸润滑油选择要考虑因素：① 应使润滑油在高温条件下有足够的强度，保证一定的油膜强度；② 要有良好的化学稳定性，以防止在高温下起激烈反应，防止积炭爆炸；③ 润滑油应具有一定的闪点，一般要求比排气温度高 20 ~ 25℃，防止爆炸；④ 控制杂质及水分，水分多易产生乳化物。

37 润滑油过滤器的切换步骤有哪些?

答 润滑油过滤器的切换步骤：① 开过滤器平衡阀给备用过滤器充油；② 开备用过滤器排气阀，确认充满后关闭排气阀；③ 旋六通阀手柄固定螺丝；④ 按六通阀上箭头指示迅速切换六通阀。

38 离心压缩机在升速过程中为什么要快速通过临界转速?

答 在临界转速下运转，将发生强烈的转子共振，从而使得转子部件产生很大的附加应力，动静部分磨擦碰撞严重时会造成部件损坏、轴断裂磨损加剧、密封损坏等情况，所以绝不允许透平和压缩机在临界转速下长时间运转，升速过程应尽快通过，正常工作点应尽可能远离临界点。

39 离心式压缩机正常操作中为什么要先升速后升压?

答 正常运行中，加负荷情况下，如果先提压，就会引起压缩机出口压力升高，从而发生进口流量减少；如果低于防喘振流量，机组就会发生喘振，所以加负荷时必须先升速，后提压。

40 蒸汽透平汽封的作用是什么? 何时开停?

答 为了避免动、静部件之间的碰撞，必须留有适当的间隙，这些间隙的存在势必导致漏汽，为此必须加装密封装置——汽封。

启动前，在盘车装置启动并确认盘车正常后可通入轴封汽。

停车后，在凝汽器的真空度降低到接近零时停轴封汽。

41 离心式压缩机在运行过程中有哪些自动保护系统?

答 离心式压缩机在运行过程中的自动保护系统：① 干气密封压差调节系统；

② 防喘振控制系统；③ 轴向位移保护系统；④ 油压低保护系统；⑤ 轴承温度保护系统；⑥ 振动保护系统。

42 循环气压缩机干气密封过滤器切换步骤有哪些?

答 循环气压缩机干气密封过滤器切换步骤如下：

（1）打开干气密封过滤器顶部的联通线对备用过虑器进行充压。

（2）打开备用过虑器底部的排凝线进行排凝，排凝后关闭。

（3）确认充压结束后打开过滤器的出口阀。

（4）出口阀全开后，缓慢转动切换手柄，平稳切换过滤器。

（5）切换过程中要密切关注干气密封压力波动情况，干气密封压力大幅度波动应马上停止切换。

（6）待过滤器完全切换后，关闭下线过滤器的进出口阀。

（7）关闭两过滤器间的联通阀，打开排凝阀排除凝液后关闭。

43 循环气压缩机抽气器的作用是什么?

答 循环气压缩机抽气器的作用：① 汽轮机启动前，在汽轮机和凝汽器中建立必要的真空；② 在汽轮机运行中，将凝汽器中的不凝结气体抽走，维持真空度，保证空冷器管束换热效率，使冷凝工作正常进行。

44 润滑油温度过高或过低有什么危害?

答 油温过高，油的黏度减小，润滑效果变差。同时加快了油的老化，以致引起轴承温度升高。油温过低，油的黏度增加，出现对轴承不应有的摩擦，造成轴承磨损。另外，黏度增加，油分布不均匀，油膜不易形成，会引起轴振动。

45 循环气压缩机凝结水泵过滤网清理步骤有哪些?

答 循环气压缩机凝结水泵过滤网清理步骤如下：

（1）关闭需清理疏水泵、凝结水泵入口手阀、出口手阀、入口排气阀、出口排气阀、泵体导淋阀。

（2）打开泵入口管线导淋手阀，检查是否有倒吸现象。如有倒吸现象，立即关闭导淋阀门，联系运行部值班领导处理；若无倒吸现象，则进行过滤网清理工作。

（3）清理结束后，关闭泵入口导淋阀，打开泵体入口手阀、出口手阀、入口排气阀、出口排气阀，检查过滤器是否有泄漏，若有漏点及时处理，正常备用。

（4）清理前后，现场与中控保证通信正常。

46 循环气压缩机抽真空时的注意事项有哪些?

答 循环气压缩机抽真空时的注意事项如下：

（1）抽真空前要先开冷凝液泵，因为排气安全阀需要冷凝液来密封。

（2）关闭与真空系统相连的各导淋、排放阀。

（3）送汽封前先疏水，防止冷凝液进入油系统。

（4）送汽封前先盘车，防止转子受热不均匀。

（5）抽真空时先开开工抽，真空达到一定程度时，再开二抽和一抽，注意先后顺序，否则易造成一抽背压升高。

（6）注意排放表冷器中积存的冷凝液。

（7）开抽汽器时，应先开蒸汽阀再开空气阀，顺序开反了，易破坏真空。

47 循环气压缩机透平轴承温度升高是哪些因素引起?

答 循环气压缩机透平轴承温度升高的因素：① 轴承与合金损坏、划伤；② 润滑油流量低、流速低；③ 润滑油温度高；④ 润滑油压力低；⑤ 润滑油油质劣化；⑥ 转子振动大；⑦ 推力增加；⑧ 测温仪表失灵、损坏；⑨ 轴瓦间隙过小。

48 循环气压缩机蒸汽压力过高或过低对透平有何危害?

答 循环气压缩机采用 2.3MPa 压力蒸汽作为驱动蒸汽，蒸汽压力过高易使阀门、叶片等主要部件超负荷运行，严重时引起各个部件损坏，同时使蒸汽在后气缸工作时温度增加，易造成水击事故，使设备损坏。蒸汽压力过低，将使汽轮机效率降低。另外，蒸汽压力过低，在喷嘴截面不允许增加蒸汽流量的情况下，汽轮机的负荷就会降低，达不到额定数值。

49 循环气压缩机停车后操作有哪些注意事项?

答 循环气压缩机停车后操作注意事项如下：

（1）汽轮机转速到零后，确认盘车及时启动，若无法启动，进行手动盘车。

（2）汽轮机停机后 17h 内，绝不允许停止盘车系统，操作人员注意巡检。

（3）确认汽轮机转速为零，盘车运行正常后，开始破真空。

（4）真空度为零后，停轴封蒸汽，先关前手阀，再关后手阀。

（5）真空为零后，打开轴封蒸汽导淋，缸体导淋。

（6）确认干气密封系统、润滑油系统、凝液循环系统运行正常。

（7）注意各段分液罐液位，防止液位过高，窜入压缩机。

（8）注意各段压力、温度，防止超温超压。

50 离心式压缩机轴向推力是怎样产生的？如何平衡？

答 压缩机的轴向推力是由于每个叶轮两边受气体压力不一样而产生的，轴向力方向指向进气端。平衡轴向推力方法可采用叶轮背靠背的排列方式，或在高压叶轮外侧装平衡盘，用来平衡轴向推力的大部分，以减轻止推轴承的负荷，推力盘则把剩余的轴向力作用止推轴承工作面上。

51 离心式压缩机高位油箱和辅助油泵有什么作用？

答 为了保护压缩机安全、可靠运行，机组都设有高位油箱和辅助油泵，主要目的是：

（1）在主油泵故障停机或主油管压力下降不能保证机组安全运行时，辅助油泵启动保证油压满足机组要求。

（2）当主油泵及辅助油泵均无法供油时，高位油箱靠自压给机组供油，保证机组在惯性运转时不缺油、不会烧瓦。

52 离心式压缩机启机前为什么要盘车？

答 为了保证离心式压缩机安全运行，在机组启动前一定要盘车，其作用主要是：① 调整转子；② 使轴瓦过油；③ 冲动转子减小惯性；④ 发现异常情况可及时处理。

53 润滑油压力下降的原因有哪些？

答 润滑油压力下降的原因有：① 润滑油过滤器堵塞，油压损失过大；② 主油泵磨损严重，间隙超标，供油量不足；③ 回油阀失效，主油泵输出的润滑油，经回油阀返回油箱；④ 轴瓦损坏，轴瓦间隙严重超标，泄油量增加太多；⑤ 油温升高，润滑油黏度下降；⑥ 压力表失灵。

54 循环气压缩机透平真空度下降的原因是什么？

答 循环气压缩机透平真空度下降的原因是：① 两级抽气器喷嘴堵塞，抽气器性能发挥受到影响；② 透平空冷风机负荷低，冷却效果降低；③ 真空系统密封性能差；④ 抽气器的冷却器结垢或水管堵塞，冷却效果下降；⑤ 汽轮机叶片结垢，蒸汽膨胀受阻，其内能不能很好释放。

55 循环气压缩机透平转速低于设定值的原因是什么？

答 循环气压缩机透平转速低于设定值的原因如下：

（1）主蒸汽温度、压力低于操作指标，蒸汽内能低，出力不足。

（2）蒸汽速关阀过滤网堵塞，蒸汽受阻，其流量减少，影响蒸汽做功。

（3）调速阀损坏，堵塞蒸汽进机通道，蒸汽流量减少，做功下降。

（4）真空度低于操作指标，汽轮机排汽受阻，影响汽轮机输出功率。

（5）汽轮机叶片结垢，表面粗糙度增加，级间能耗上升，影响汽轮机出力。

（6）汽轮机超负荷运行，调速阀开度已到最大值[12]。

56 往复式压缩机气体管道振动分析及消振方法（释放气及还原及振动分析）是什么？

答 往复式压缩机主机振动通常是由于活塞组存在往复惯性及力矩不平衡，旋转惯性及力矩不平衡、连杆摆动惯性力的存在、倾覆力矩的存在以及机器重心的周期性的移动和切向力的不均匀等各种复杂合力的作用。使压缩机在工作时产生机械振动，是引起管道振动的主要原因。

为防止发生振动或减小振动，常采取措施为：① 优化管路系统及支架布置；② 增大入口缓冲容积，衰减压力脉动；③ 调整气缸余隙；④ 在压缩机管线的适当部位安装孔板减振。

57 原料气压缩机油封积碳跳车原因及其处理措施有哪些？

答 原料气压缩机油封积碳跳车原因如下：

（1）运行前期机组润滑油回油不畅，油封处油气挥发严重，前轴承箱距离汽轮机本体距离过近，汽封处热量烘炙油封，油气经高温烘烤硬化结焦。

（2）原汽轮机保温采用硅酸铝岩棉，保温棉碎渣脱落掉落至油封附近与油气混合结焦。

其处理措施如下：

（1）轴承箱内油封处增加挡环，减少润滑油溢出风险；在联轴节处增加挡环，减少联轴节转动产生气流将油气大量吹出油封。

（2）夏季打开压缩机厂房窗户，做好通风。

（3）汽轮机保温使用耐火材料＋砂浆硬化覆盖。

58 循环气压缩机入口过滤器滤网抽瘪的原因有哪些？

答 循环气压缩机型式为离心式压缩机，具有输送气体流量大且平稳的特点。该压缩机在工艺流程中主要作用是将费托反应器中未充分反应的气体进行加压循环，使得气体进一步发生反应，提高转换率。在运行过程中，因循环气中带重质油、蜡，当机组停车或气体温度发生变化时吸附在过滤器（孔径 3mm、骨架厚 3mm，无滤网）表面的重质油、蜡变成固态，再启机时将过滤器抽瘪。

59 富气往复式压缩机排气温度高原因及处理方法有哪些?

答 富气往复式压缩机排气温度高原因及处理方法如下：

（1）压缩机入口温度高。进气阀泄漏或密封垫损坏，检查清理并更换，卸荷器至气阀压叉压盖间隙过大，调整间隙 1～2mm，前一级冷却器效率下降，检查并增加冷却水流量。

（2）压缩机入口压力低。检查入口手阀开度，入口过滤器清理。

（3）排气阀泄漏或垫损坏。检查排气阀并更换。

（4）出口管线的阻力增加。检查管路、管件、出口阀门、单向阀等。

（5）活塞环磨损或缸套磨损泄漏量增加。更换活塞环或缸套。

（6）气缸或冷却器效果不佳。检查并改善冷却效果。

60 富气往复式压缩机活塞杆与十字头如何拆卸?

答 富气往复式压缩机活塞杆与十字头拆卸操作如下：

（1）将手动超高压油泵的软管与压力体上 G $1/4$ in 接口相连。

（2）掀动油泵手柄，使油泵压力升至 150MPa（不得超过此压力值），在油压作用下环形活塞和压力体分别压向定位螺圈和活塞杆肩部，迫使活塞杆尾部发生弹性伸长变形，此时锁紧螺母与十字头颈部分开，再次用棒扳手旋松锁紧螺母，可用小锤轻轻敲击棒扳手，以保证锁紧螺母与十字头颈部端面接触处脱开，然后油泵卸压。

（3）定位螺圈上螺钉拆出。

（4）用勾头扳手拧动调节圈使内螺母旋出十字头螺纹孔，十字头与活塞杆脱离。

（5）将止推圈上的拉紧弹簧拆卸，再将装在活塞杆尾部外端止推圈（两半）拆下。

（6）调节圈旋出内螺母。

（7）将压力体、密封圈、环形活塞、锁紧螺母分别从活塞杆尾抽出。

第五节　冷换设备

1 热量传递的方式有哪些?

答 热量传递的方式如下：

（1）热传导。依靠物体中微观粒子的热运动，如固体中的传热。

（2）热对流。流体质点（微团）发生宏观相对位移而引起的传热现象，对流传热只能发生在流体中，通常把传热表面与接触流体的传热也称为对流传热。

（3）热辐射。高温物体以电磁波的形式进行的一种传热现象，热辐射不需要任何介质做媒介；在高温情况下，辐射传热成为主要传热方式。

2 换热器按换热原理分为几类？

答 换热器按换热原理分为：

（1）间壁式换热器。冷、热流体被固体传热表面隔开，而热量的传递通过固体传递面而进行。

（2）直接接触式换热器。冷、热流体直接接触进行热量交换。

（3）蓄热式换热器。冷、热流体交替通过传热表面，冷流体通过时贮存冷量，热流体通过时取走冷量。

3 换热器按工艺功能分为几类？

答 换热器按工艺功能分为：

（1）冷却器。冷却工艺物流的设备，冷却剂有水、氨、氟利昂等。

（2）加热器。加热工艺物流的设备，加热介质有水蒸气、导热油、熔盐等。

（3）再沸器。用于蒸发蒸馏塔底部的物料设备；分为虹吸式和动力循环式再沸器。

（4）冷凝器。蒸馏塔顶物流的冷凝或者反应器冷凝循环回流的设备。

（5）蒸发器。专门用于蒸发溶液中水分或者溶剂的设备。

（6）过热器。对饱和蒸汽再加热升温的设备。

（7）废热锅炉。由工艺的高温物流或者废气中回收其热量而产生蒸汽的设备。

（8）换热器。两种不同温位的工艺物流相互进行热交换能量的设备。

4 换热器按传热方式的结构分为几类？

答 换热器按传热方式的结构分为：

（1）管壳式。固定管板式、浮头式、填料函式、U 形管式。

（2）板式。波纹板式、板翅式、螺旋板式、伞板式。

（3）管式。空冷器、套管式、喷淋管式、箱管式。

（4）液膜式。升降膜式、刮板薄膜式、离心薄膜式。

（5）其他型式。板壳式热管。

5 为什么换热器多采用逆流的形式？

答 在换热器中，传热的平均温差标志着传热量的大小，在逆流、顺流、叉流中，逆流换热器的平均温差最大，因此，在无特殊情况下，换热器多采用逆流的形式。

6 换热器的投用步骤是什么？

答 换热器的投用步骤是：① 确认换热器冷介质旁路阀开；② 稍开换热器冷介质出口阀；③ 稍开换热器放空阀（不允许外排的介质，稍开密闭放空阀）；④ 确认换热器充满介质；⑤ 关闭放空阀（或密闭放空阀）；⑥ 缓慢打开换热器冷介质出口阀；⑦ 缓慢打开换热器冷介质入口阀；⑧ 缓慢关闭换热器冷介质旁路阀；⑨ 确认换热器热介质旁路阀开；⑩ 稍开换热器热介质出口阀；⑪ 稍开换热器放空阀（不允许外排的介质，稍开密闭放空阀），确认换热器充满介质；⑫ 关闭放空阀（或密闭放空阀）。

7 湿式空冷的原理是什么？

答 湿式空冷全名是增湿空气冷却器，它是既利用冷水在换热管外表面汽化蒸发取走油品热量，又靠水分把空气增湿，提高空气湿度，水的相变热远远大于温差传热，这样可大大缓解夏天气温升高后油品冷却困难，其冷却能力甚至可使油温比大气温度低 2～3℃。

8 换热器冷热流体通道选择原则是什么？

答 换热器冷热流体通道选择原则如下：

（1）不洁净易结垢的流体应走便于清洗的一侧。

（2）腐蚀性流体宜走管程。

（3）压强高的流体宜走管程。

（4）传热系数明显较低的物料走管程，提高流速及湍动程度。

（5）饱和蒸汽宜走壳程，以利于凝液排出。

（6）需冷却物料一般走壳程、便于散热，但有时为了充分利用高温流体的热量减少热损失也可走管程。

（7）流量小或黏度大的物料可走壳程，折流板增加湍动程度。

9 水冷却器是控制入口水量好还是出口好？

答 对油品冷却器而言，用冷却水入口阀控制弊多利少，控制入口可节省冷水，但入口水量限死可引起冷却器内水流短路或流速减慢，造成上热下凉。采用出口控制能保证流速和换热效果。一般不宜使用入口控制。

10 空冷器出口温度如何调节？

答 空冷器出口温度调节有：① 个别组温度高的，启备用风机降温；② 在允许电流范围内调大水泵的出口增大喷淋效果；③ 关小高温组的工艺气入口，开大低温组的工艺气入口；④ 及时补充喷淋水，防止水泵抽空；⑤ 检查皮带是否完好，有损坏的及时联系更换皮带；⑥ 调节风机转速；⑦ 调节风机叶片角；⑧ 调节百叶窗开启角。

11 换热器在冬季如何防冻？

答 换热器在冬季防冻措施有：① 所有的冷却水换热管使用与否，均通冷却水，不得中断，上、下水旁路阀稍开；② 未投用的蒸汽加热器均通入少量蒸汽，凝液由导淋连续排出；③ 长期不用的换热器，应将其中的介质倒空。

12 何谓强化传热？强化传热的主要途径有哪些？

答 所谓强化就是指提高冷热流体的传热速率。

从传热方程 $Q=KA\Delta t_m$ 可知，想要强化传热可从 3 个方面着手：① 增大传热平均温度差 Δt_m；② 增大单位体积的传热面积 A；③ 增大传热系数 K。

13 空气冷却器的百叶窗有何作用？

答 百叶窗主要用来调节空气冷却器的风量，特别在热风循环式空气冷却器中，热风循环量及排放量主要靠百叶窗控制。此外，百叶窗还能起到保护管束的“屏障”作用，防止日光对管束的直照或冰雹打坏翅片。但由于百叶窗的节流作用而损耗能量，故在一般的空气冷却器中，并不作为主要的调节风量的手段。

14 有些换热器开始时换热效果好后来逐渐变差是何原因？

答 因为在使用过程中，在管子内外壁表面上逐渐积有沉积物（污泥、结焦、结盐等），这些结垢多是疏松的并有孔隙的物质，导热系数较小，增加了热阻，即降低了总传热系数，所以换热效果逐步变差。

15 使用换热设备应该注意哪些事项？

答 使用换热设备应该注意：① 换热设备检修后或投用前，必须按规定要求试压合格后方可使用；② 使用时先送冷流再送热流；③ 停用时，先停热流再停冷流，以防不均匀膨胀引起的泄漏。

16 汽提重质油空冷器启动步骤是什么？

答 汽提重质油空冷器启动步骤：① 检查空冷器流程正确、通畅，风机处于备用状态；② 打开空冷器百叶窗（设置有百叶窗）；③ 打开空冷流体出口阀；④ 启动空冷风机；⑤ 打开空冷器热流体入口阀。

17 费托循环换热分离器工艺流程是什么?

答 高温油气自顶部进入循环换热分离器换热板束，与低温油气换热后进入对称的四组分离内件进行气液分离，分离后的高温油气经壳体内壁收集后自高温油气出口送往油气空冷器，分离下的液相重质油经过分离内件底部积液槽和降液管自罐底部出口管送往汽提塔。

18 循环换热分离器设备结构及特点是什么?

答 循环换热分离器是一台集换热与组分分离为一体的设备，具有设备结构紧凑、体积小、占地面积小等特点。

循环换热分离器主要包括高温油气进出口、低温油气进出口、换热内件、分离内件、重质油出口等。进口循环换热分离器采用意大利阿法拉伐公司专利技术，设备上部为板式换热器，下部为波纹板分离器，波纹板为 Munters 单囊波纹板（DH 5000 型），分离元件由丝网 + 波纹板 + 均气板构成。国产循环换热分离器采用兰科专利技术，基本结构同进口，分离元件为翅片式进料分布器 + 波纹板 + 均气板构成。

19 汽提重质油加热器选型原则是什么?

答 重质油加热器管程介质为重质油，壳程介质为 5.4MPa 饱和蒸汽。由于费托重质油含有大量费托催化剂，进入 U 型管换热器后，易造成 U 型管换热器堵塞，故应选用列管式换热器，降低换热列管堵塞的风险，同时便于换热列管的清洗。

20 汽提塔稳定重质油加热器投用步骤是什么?

答 汽提塔稳定重质油加热器投用步骤如下：

（1）将重质油流程改为串联运行，旁路手阀关闭。

（2）重质油加热器蒸汽入口管线暖管合格后，蒸汽流程手阀全开，凝液出口流程确认畅通后备用。

（3）现场人员缓慢打开重质油手阀，缓慢给汽提塔建立液位。投用重质油加热器蒸汽，待重质油加热器冷凝水罐液位达到 40% 时，液位控制阀前后手切打开，将冷凝液送至管网。中控人员控制将重质油进塔温度控制在 230 ~ 240℃。

21 汽提稳定蜡冷却器投用注意事项是什么?

答 稳定蜡冷却器投用时，先投用热侧稳定蜡后投用冷侧 1.8MPa 除氧水，目的防止先投用冷侧除氧水或除氧水温度过低导致冷却器管程凝堵。在投用除氧水前，确认除氧水界区温度不低于100℃，如界区温度偏低，联系蜡过滤岗位投用密封液冷却器。通过置换提高除氧水温度后，岗位人员再投用稳定蜡冷却器。

22 汽提轻质油加热投用步骤是什么?

答 汽提轻质油加热投用步骤为：① 轻质油加热器1.0MPa蒸汽管线暖管合格后，投用加热蒸汽；② 打开蒸汽凝液疏水阀前后切断阀，将凝液送至管网；③ 打开轻质油至汽提塔管线上的手阀，将轻质油加热到100～120℃送至汽提塔。

23 汽提塔顶空冷器启动注意事项是什么?

答 启动汽提塔顶油气空冷器时按照“十”字形状进行启动，防止管束在低负荷时局部过冷，造成管束堵塞。在启动油气空冷器时优先启动变频油气空冷器，变频油气空冷器无法满足轻质油气出口温度要求时，再启动工频空冷风机。

24 螺纹锁紧环换热器结构及部件的相互关系是什么?

答 它有一个完整的外壳，即管程及壳程共用同一个筒体，为管壳程为一体的组合体。筒体的一端管箱采用封头焊接形式，另一端管箱采用锻造型式，具体由螺纹承压环及一个压盖组成紧贴在密封盘上，密封盘周边有金属垫密封与外界隔离开，防止外漏。管束放入筒体内，管束上的管板与筒体的内台阶有分隔垫板，将管程及壳程分开。管板相邻管箱侧的部分紧贴内套筒，内套筒的另一端顶压螺栓，顶压螺栓设置在卡环上，卡环放在管箱内壁的沟槽内，卡环设计成几个分瓣，便于安装，拧紧卡环上的顶压螺栓，通过内套筒，将力传给管板处的垫片，使其压紧。卡环的一侧设置一个压环，它的另一侧贴靠密封盘，压环有两个作用，一是限制压盖的位置，防止在运输过程中损坏密封盘；另一个作用是传递螺纹承压环上内圈螺栓的压紧力。工艺操作中若发现管板侧垫片泄漏，可以直接上紧内圈螺栓，随时可以排除内漏，在螺纹环上的内外圈螺栓上紧时，首先压紧内压杆，内压杆比较长，压缩后起弹簧作用，可以补偿垫片回弹的不足。内套筒用隔板从中间分成两个半圆筒，其中的一个半圆筒用半圆盖封闭，使管箱的进口和出口完全分开，为了防止短路，在另一个半圆筒内设置一个密封机构，固定在管箱的进口上，防止内套筒与筒体之间的环形间隙产生短路。

25 螺纹锁紧环换热器主要部件的作用是什么?

答 密封机构可防止进出口短路，内套筒可传递压紧力，使管板垫片被压紧，另一个作用使管程的进出口隔开。密封盘可传递螺纹承压环的压紧力，压紧垫片起密封作用。内压杆传递螺栓压紧力，并有回弹能力。螺纹承压环与压盖一起承受全部内压载荷及垫片压紧力。

26 螺纹锁紧环换热器使用中应该注意哪几点要求?

答 螺纹锁紧环换热器使用中应该注意：

（1）螺纹环上的内圈螺栓的使用时机非常重要，只有当温度达到最高同时发现有内漏时才能上紧它。

（2）开工时，需要将管程部位的观察孔丝堵打开，以观察是否有外漏。

（3）检修回装时，注意更换管束两侧的密封条，防止发生壳程短路。

（4）检修拆卸换热器时，要注意不要损伤大螺纹，紧固内外螺栓时严格按图纸要求的上紧力进行，为防止发生上紧不到位情况，可参照定位来增加力矩。

27 螺纹锁紧环式高压换热器的优缺点是什么?

答 优点：结构巧妙，可承受操作压力不小于 10MPa 工况，内外漏均可带压现场处理；更换内部零部件无需用焊接方法完成。缺点：卡环（分隔环）和螺纹的加工难度较大，装卸不便。

28 螺纹环换热器开停车压力温度载荷加卸载程序是什么?

答 开车：先升温，再升压交替进行。一般情况升温速度小于 25℃/h，升压速度控制在 0.2 ~ 0.3MPa/min。

停车：先降压，再降温交替进行，降压、降温的速率等同于升压、升温速率。

第六节　蜡过滤设备

1 板框过滤机结构及优缺点是什么?

答 （1）结构与工作原理：由多块带凸凹纹路的滤板和滤框交替排列于机架而构成。板和框一般制成方形，其角端均开有圆孔，这样板、框装合，压紧后即构成供滤浆、滤液或洗涤液流动的通道。框的两侧覆以滤布，空框与滤布围成了容纳滤浆和滤饼的空间。

悬浮液从框右上角的通道 1（位于框内）进入滤框，固体颗粒被截留在框内形成滤饼，滤液穿过滤饼和滤布到达两侧的板，经板面从板的左下角旋塞排出。待框内充满滤饼，即停止过滤。如果滤饼需要洗涤，先关闭洗涤板下方的旋塞，洗液从洗板左上角的通道 2（位于框内）进入，依次穿过滤布、滤饼、滤布，到达非洗涤板，从其下角的旋塞排出。

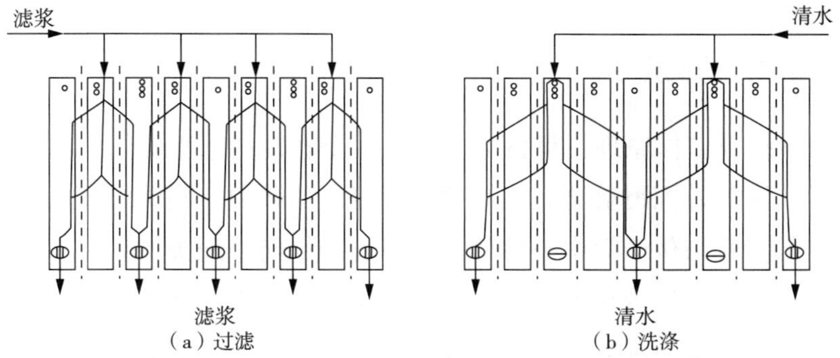

图 3–16　板框式压滤机过滤示意图

如果将非洗涤板编号为 1、框为 2、洗涤板为 3，则板框的组合方式服从 1—2—3—2—1—2—3 之规律。组装之后的过滤和洗涤原理如图 3–16 所示。

滤液的排出方式有明流和暗流之分，若滤液经由每块板底部旋塞直接排出，则称为明流（显然，以上讨论以明流为例）；若滤液不宜暴露于空气中，则需要将各板流出的滤液汇集于总管后送走，称为暗流。

说明：① 板框压滤机的操作是间歇的，每个操作循环由装合、过滤、洗涤、卸渣和整理五个阶段组成。② 上面介绍的洗涤方法称为横穿洗涤法，其洗涤面积为过滤面积的 1/2，洗涤液穿过的滤饼厚度为过滤终了时滤液穿过厚度的 2 倍。若采用置换洗涤法，则洗涤液的行程和洗涤面积与滤液完全相同。

（2）主要优缺点：优点是板框压滤机构造简单，过滤面积大而占地省，过滤压力高，便于用耐腐蚀材料制造，操作灵活，过滤面积可根据产生任务调节。缺点是间歇操作，劳动强度大，产生效率低。

2 如何简述水平托盘过滤机？

答（1）结构与工作原理：叶滤机由许多滤叶组成。滤叶是由金属多孔板或多孔网制造的扁平框架，内有空间，外包滤布，将滤叶装在密闭的机壳内，为滤浆所浸没。滤浆中的液体在压力作用下穿过滤布进入滤叶内部，成为滤液后从其一端排出。过滤完毕，机壳内改充清水，使水循着与滤液相同的路径通过滤饼进行洗涤，故为置换洗涤。最后，滤饼可用振动器使其脱落，或用压缩空气将其吹下。

滤叶可以水平放置也可以垂直放置，滤浆可用泵压入也可用真空泵抽入。

（2）主要优缺点：叶滤机也是间歇操作设备。它具有过滤推动力大，过滤面积大，滤饼洗涤较充分等优点。其产生能力比压滤机还大，而且机械化程度高，劳动力较省。缺点是构造较为复杂，造价较高，粒度差别较大的颗粒可能分别聚集于不同的高度，故洗涤不均匀。

3 如何简述转筒过滤机介绍?

答 （1）结构与工作原理：设备的主体是一个转动的水平圆筒，其表面有一层金属网作为支承，网的外围覆盖滤布，筒的下部浸入滤浆中。圆筒沿径向被分割成若干扇形格，每格都有管与位于筒中心的分配头相连。凭借分配头的作用，这些孔道依次分别与真空管和压缩空气管相连通，从而使相应的转筒表面部位分别处于被抽吸或吹送的状态。这样，在圆筒旋转一周的过程中，每个扇形表面可依次顺序进行过滤、洗涤、吸干、吹松、卸渣等操作。

分配头由紧密贴合的转动盘与固定盘构成，转动盘上的每一孔通过前述的连通管各与转筒表面的一段相通。固定盘上有三个凹槽，分别与真空系统和吹气管相连。

① 当转动盘上的某几个小孔与固定盘上的凹槽 2 相对时，这几个小孔对应的连通管及相应的转筒表面与滤液真空管相连，滤液便可经连通管和转动盘上的小孔被吸入真空系统；同时滤饼沉积于滤布的外表面上。此为过滤。

② 转动盘转到使这几个小孔与凹槽 3 相对时，这几个小孔对应的连通管及相应的转筒表面与洗水真空管相连，转筒上方喷洒的洗水被从外表面吸入连通管中，经转动盘上的小孔被送入真空系统。此为洗涤、吸干。

③ 当这些小孔凹槽 4 相对时，这几个小孔对应的连通管及相应的转筒表面与压缩空气吹气相连，压缩空气经连通管从内向外吹向滤饼，此为吹松。

④ 随着转筒的转动，这些小孔对应表面上的滤饼又与刮刀相遇，被刮下。此为卸渣。继续旋转，这些小孔对应地又重新浸入滤浆中，又与固定盘上的凹槽 2 相对，又重新开始一个操作循环。

⑤ 每当小孔与固定盘两凹槽之间的空白位置（与外界不相通的部分）相遇时，则转筒表面与之相对应的段停止工作，以便从一个操作区转向另一操作区，不致使两区相互串通。

（2）主要优缺点：转筒过滤机的突出优点是操作自动，对处理量大而容易过滤的料浆特别适宜。其缺点是转筒体积庞大而过滤面积相形之下嫌小；用真空吸液，过滤推动力不大，悬浮液中温度不能高。

4 过滤机按获得过滤推动力的方法分哪几种?

答 过滤机按获得过滤推动力的方法不同，分为重力过滤器、真空过滤机和加压过滤机三类。

（1）重力过滤器借助悬浮液的重力和位差在过滤介质上形成的压力作为过滤的推动力，一般为间歇操作。

（2）真空过滤机在滤液出口处形成负压作为过滤的推动力。工业真空过滤机操作真空的绝对压力为（2.5～8.0）×10^5Pa。过滤时悬浮液的温度应低于操作真空下滤液的汽化温度。这种过滤机又分为间歇操作和连续操作两种。

（3）加压过滤机它以在悬浮液进口处施加的压力或对湿物料施加的机械压榨力作为过滤推动力，适用于要求过滤压差较大的悬浮液，也分为间歇操作和连续操作两种。间歇操作的列管式压滤器和加压叶滤机 用于低浓度悬浮液过滤。压滤机也是一种间歇操作的加压过滤器，又分为板框式、厢式和立式三种，用途甚为广泛。

5 蜡过滤装置水平托盘式过滤机如何安装?

答 过滤机过滤盘全部水平安装在主轴上，整个过滤系统安装在密闭的机体内。机体下段径向设置一个蜡油进料口，主轴上密封盖轴向设置一个蜡油进料口，两进出料口各设置一块挡板，通过挡板降低流速实现混合液的平均稳定分布。机体设置夹套伴热，维持工作温度恒定。设备结构分为设备本体、电机、减速机、液力偶合器、机械密封、过滤盘、主轴、底部快开部件等（见图 3–17）。

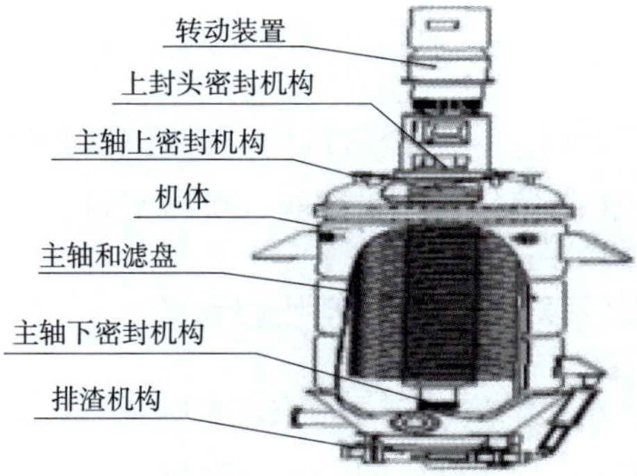

图 3–17　蜡过滤机示意图

6 水平托盘式过滤机滤盘结构型式及滤盘安装最优角度是多少?

答 过滤器型式为水平托盘式过滤机。过滤器筒体材质为碳钢，托盘内件材质为不锈钢，过滤器托盘丝网规格为分支撑作用，拦截过滤作用两种。

过滤盘设计为直接冲压成型的浅底碟片（外锥角为 3°～5°，优选 4.5°），盘片比较平缓，可以使固相在叶片上均匀分布，平缓的盘片不会残留更多的液体，吹干时间相对较短，更易实现工艺控制，降低事故的发生概率。图 3–18 是蜡过滤机叶盘。

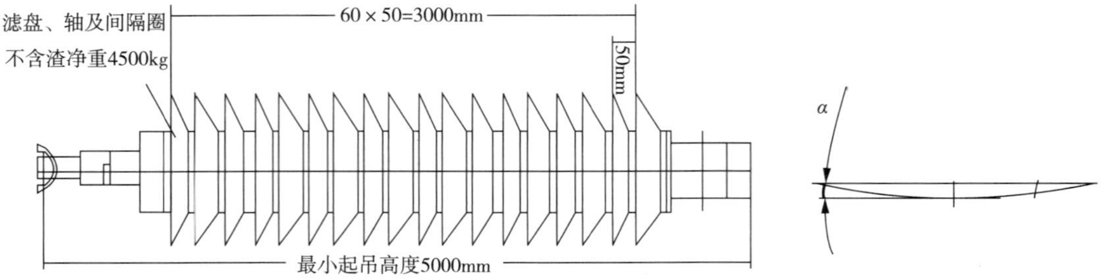

图 3–18　蜡过滤机叶盘示意图

7 水平托盘蜡过滤机过滤方式有哪些?

答 过滤机过滤盘全部水平安装在主轴上，过滤盘是由刚性支承碟形设计结构组成，中部是流道，上部是精密过滤部件，每个过滤盘都是一个独立的过滤单元，过滤盘之间由隔环隔开，整个过滤系统安装在密闭的机体内。过滤时，待过滤液充满整个过滤机体，滤液通过过滤盘再流入中部空心的主轴，然后从出料系统流出，从而获得清澈的滤液。这样使过滤盘阻力增大，罐内压力升高，当压力升到一定值时需要排渣，停止向罐内输入待滤液，将罐内待滤液压入另一台过滤机或其他容器内，并吹干滤饼。关闭吹扫氮气，打开蝶阀，启动振动器或甩渣电机，使滤叶振动或利用离心力使滤渣从滤盘中脱落，将滤网上的滤饼振落并经罐体下方排渣口排出。

8 过滤机易损件有哪些?

答 易损件有：过滤机主轴上、下密封机构；排渣机构底密封垫片，间隔圈密封垫片，滤盘压紧填料密封箱密封填料、滤盘滤网、机械密封、减速机轴承。

9 过滤机主轴下密封结构及其对应部件的作用是什么?

答 中心收集管与整套叶片脱渣时需要旋转，中心收集管底部与出料口连接处设置本密封装置，实现回转部件与静止件之间的动静密封。

中心收集管底端通过紧固件固定有密封套筒、密封内筒通过紧固件固定在出料管上，在密封套筒与密封内筒之间形成密封室。

在密封室上下两端设置有多层组合的非金属 V 形密封圈，在上下非金属 V 形密封圈之间设置摩擦板，摩擦板可利用转动摩擦产生的热量膨胀而自动调节厚度，以在保证主轴旋转精度的前提下实现密封。

为了防止混合液中的固体颗粒进入非金属 V 形密封圈，导致密封圈失效，在与未过滤的混合物接触的一端设置用以挡住固体颗粒的过滤套，通过上下压环固定在密封室的下部，并用弹性体对过滤套进行紧固。

10 水平托盘过滤机壳体滤盘的安装步骤是什么？

答 水平托盘过滤机壳体滤盘的安装步骤如下：

（1）安装过滤机的基座一定要稳固牢靠，不能因开机而产生振动等不良情况。

（2）过滤机安装时必须找正，以防止在过滤机排渣旋转时，动平衡受到破坏；同时，还可以保证过滤和余量过滤的顺利进行。找正的步骤为：① 将过滤机筒体置于基座上，用水准仪调整主法兰水平（不大于 0.1mm/m）；② 将上封头与筒体联结，再用水准仪核实封头凸缘平面的水平，以确保过滤盘的水平；③ 将所有固定螺栓拧紧（必须加弹簧垫圈），以防止排渣旋转时螺栓松动而影响正常运行。

（3）过滤机周围应留有足够的便于安装和最后校正及维护的操作空间。

（4）过滤机的连结管道应尽量减少拐弯，避免造成“死角”，以减少系统的压力损失，并防止助滤剂沉积。管路安装完毕应进行水压试验，不得有渗漏现象。过滤机滤盘中间安装相同厚度的间隔圈控制滤盘间隙。

过滤机间隔圈密封材质：一般使用改性耐高温聚四氟乙烯材质就可以满足要求；因此件为易损件，由于滤盘需要经常更换，如果使用石墨垫片等垫片一次性垫片，检修费用相应提高。

过滤机过滤盘的安装步骤：① 把流道、流道依次铺在光盘上；② 把压板放置在光盘中心，用固定件压住流道，并进行氩弧焊接固定国；③ 把密封带粘附到光盘的周围边上；④ 把金属滤布安装在光盘上；⑤ 把密封软绳放置到箍圈里；⑥ 这时把箍圈安装在过滤盘上，并用环上的紧固夹夹紧；⑦ 用皮质锤（最好是塑料锤）顺时针方向敲打过滤盘上的箍圈；⑧ 一定要在箍圈的紧固夹上，安装紧固螺栓；⑨ 在旋转箍圈的紧固螺栓和螺母时，要有规律地进行。即每敲打箍圈带一次，便旋紧一次螺母，周而复始，使箍圈均匀地夹紧过滤盘的周边；⑩ 轻轻地敲打箍圈，并旋紧箍圈螺栓，直到紧固为止；⑪ 箍圈螺母拧紧后，在螺栓上安装开口销；⑫ 有一点是极其重要的：即金属滤布不得有一点褶皱。

11 水平托盘过滤机的组装步骤是什么？

答 水平托盘过滤机的组装步骤如下：

（1）将安装好过滤盘的主轴吊入已校过水平的过滤机内（注意主轴应小心缓慢地插入底部接管）。

（2）将上封头安装到位，并拧上法兰连接螺栓。

（3）将提升支座，限位圈及止推环装好，将主轴吊起 6 ~ 8mm，拧紧压紧螺栓；转动主轴保证没有卡死。

（4）在主轴上装好联轴器及弹性环。

（5）将传动部件（包括电机、液力偶合器、减速机）装到主轴上方，拧紧螺栓即可。

12 水平托盘过滤机甩渣电机无法启动的原因是什么?

答 无法启动的原因是：① 电机或电气联锁控制出现问题；② 液力偶合器中无油或损坏；③ 冬天低温情况下液力偶合器中油黏度大；④ 过滤机滤盘中渣太多，甩渣电机过载；⑤ 过滤机密封环损坏卡死。

13 过滤机甩渣机液力偶合器润滑油选用的注意事项是什么?

答 注意设备润滑油保温工作，冬季低温下应使用耐低温润滑油，防止因润滑油黏度大而使甩渣电机过载，无法启动甩渣电机，因此减速机在冬季气温较低情况下需更换黏度较低润滑油。

14 过滤机排渣阀垫片损坏的原因是什么?

答 损坏的原因是：① 橡胶垫片使用时间较长，达到寿命；② 垫片安装不合适，快开阀门关闭后压坏垫片；③ 快开阀门上有杂物、硬物压在排渣阀门垫片上，损害垫片；④ 橡胶垫片设计材质选型不合适。

15 过滤机快开式排渣阀容易出现的故障有哪些?

答 容易出现的故障有：① 开关信号没有传送至中控台；② 开关阀门与锁死阀门操作顺序出现错误，损坏排渣阀；③ 气缸压力不足或气缸缺润滑油；④ 仪表线容易被周围高温伴热烧坏。

16 排渣阀门密封不严的原因是什么?

答 排渣阀门密封不严的原因是：① 阀门是否锁死（关到位）；② 检查排渣阀阀板上有无杂物；③ 排渣阀阀板变形；④ 排渣阀开关气缸和锁死气缸压力低，无法锁死阀门；⑤ 排渣阀垫片损坏；⑥ 温度较低排滤盘渣阀门与垫片不能贴合完好；⑦ 过滤机超压。

17 过滤机机体设置吹扫线的作用是什么?

答 过滤机正常运行时，过滤压差高会进行排渣，启动排渣工序进行排渣。由于滤渣不能完全排净，残留在滤盘上的滤渣需要进行吹扫，通过安装吹扫线，定期对残渣进行吹扫；吹扫介质可用重油、蒸汽、热氮气等。

18 过滤机排渣底盖不能关闭的原因是什么?

答 原因是：① 电磁阀损坏；② 气缸或气缸密封损坏；③ 气源压力不够；④ 快开联锁开关信号不正常。

19 过滤机甩渣时机体振动较大的原因有哪些?

答 原因是：① 主轴不对中；② 滤盘上有大量残留的滤渣未排净，增加甩渣负荷；③ 机械密封损坏；④ 甩渣电机转速超速运行。

20 从过滤机出料管线吹扫滤盘的危害有哪些?

答 禁止从过滤机出口吹扫滤盘，防止因反吹导致滤网张开、破损，影响过滤效果。

21 滤袋式过滤器优点有哪些?

答 滤袋式过滤器是一种新型的过滤系统，具有过滤精度高、处理量大，成本低廉，使用维护方便、快捷，规格齐全，材质多样，适用范围广等优点。袋式过滤器根据袋数不同可分为单袋式和多袋式，根据进料孔位置不同可分为侧入式和顶入式，目前侧入式已被顶入式取代。另外，根据过滤温度的要求还可使用夹层过滤机，一般为双层结构，夹层可以通蒸汽或导热油，以保持或提高流体的温度，防止流体凝固，提高黏性液体的过滤速度，或满足下一道工序对温度的要求。

22 布袋除尘器的分离原理是什么?

答 布袋过滤器主要是依靠含尘气流通过过滤介质来达到分离目的，是筛分、惯性碰撞、拦截、扩散和静电等综合作用的结果。

（1）筛分：过滤时，直径大于滤布纤维空蒙或过布上粉尘间空蒙的粒子就被截留下来。当滤布表面上形成一定厚度的粉尘基后，这种筛分作用会更加显著。

（2）惯性碰撞：在惯性碰撞效应中，颗粒的惯性起主导作用。颗粒质量越大、过谑气速超高，惯性作用就越强。

（3）拦截：当颗粒尺寸 d_p 与捕集体尺寸 D 的比值 R 较大时，拦截作用较为突出。一般用直接拦截比 R 表示拦截效率。

（4）布朗扩散粒子会绕着其壳线晃动，产生布朗运动。在离滤布表面很近时，就会与其接触而得到分离。气速降低、粒径减小时，扩散作用会增强。

（5）静电作用：粉尘及滤布纤维都可能会带电，从而引起两者相吸或相斥，影响布袋过滤器的分离效率。

粉尘在以上作用的综合影响下，逐渐被捕集在滤袋表面上，形成粉尘初层。粉尘初层是布袋过滤器的主要过滤层，比滤布的作用更为重要，清灰时不应破坏粉尘初层，否则会使除尘效率显著降低。当粉尘在滤布上积聚一定程度，过滤器阻力达到一定数值时，要及时清灰。

23 渣蜡罐搅拌器的作用是什么？选型考虑的因素以及使用中容易出现的故障是什么？

答 渣蜡罐搅拌器是为了防止渣蜡中固体颗粒沉降，堵塞出口管线及因固体颗粒沉降将储罐填满。一般要考滤催化剂沉降导致搅拌器启动需要的扭力。

容易出现的故障：① 因催化剂沉降，搅拌电机过载无法启动；② 罐体伴热不好，蜡油未融化，搅拌电机过载无法启动；③ 搅拌器轴密封卡死；④ 电机故障；⑤ 搅拌器轴承损坏失效。

24 渣蜡罐选用需要注意事项有哪些？

答 渣蜡罐选用时应考虑渣蜡沉降问题、蜡凝固问题、储罐中进水突沸问题等，一般立式罐可以安装搅拌器，出料口可以安装在罐底部，防止因催化剂等固体颗粒沉积堵塞出料口；同时在蜡油中如果带水，水就会析出停留在底部能及时排出，防止突沸。

25 蜡过滤装置选用蜡作为蜡泵机封冲洗液的优缺点有哪些？

答 使用蜡作为冲洗液，优点是可以降低蜡过滤系统中其他物料进入蜡中，影响产品质量；同时蜡可以从本装置提取，物料来源方便。缺点是因蜡凝点较高，冲洗液管线容易堵塞，管线需要经常疏通。

26 费托合成蜡对储罐压力选择应哪些注意事项？

答 由于费托装置蜡罐温度操作较高（120～180℃），如果出现轻组分或水，罐体压力容易超负荷；甚至因水多而引起突沸导致蜡罐超压损坏设备；同时使用低压设备不能将蜡油中的轻组分并入火炬系统，只能在现场放空（需要增加油气回收系统），增加现场污染。

27 蜡罐使用雷达液位计的优缺点有哪些？

答 优点是使用雷达液位计在蜡罐中，相对较准确，易拆检；缺点是受外界气流或液流波动影响较大，注意做好气流和液流波动。

28 蜡过滤一般使用的压力表形式有哪些？维护注意事项有哪些？

答 有蜡油的设备管线一般使用隔膜式压力表，压力表仪表件不用直接与蜡接触、耐高温；缺点费用较高，压力表膜盒中的溶剂长时间使用后会减少，影响灵敏度。

高温操作中，压力表膜盒不需使用保温伴热；若膜盒中的硅油有泄漏情况，应做好校验工作，防止假显示。

29 蜡过滤装置球阀在使用中常出现哪些问题？

答 常会出现：① 管线憋压无法打开；② 阀门磨损内漏；③ 球阀有方向的装反导致内漏；④ 阀门伴热不好，蜡凝固堵塞管线；⑤ 阀芯实际开关与开关阀门指示相反。

30 费托合成蜡过滤装置气相管线适用的材质有哪些？

答 由于蜡过滤气相管线中油气含有酸有机物，，对设备管线有一定的腐蚀性，在材质选用时考虑腐蚀对管线的损害。

31 如何判断蜡泵汽蚀？汽蚀原因及处理方法是什么？

答 判断蜡泵汽蚀办法：机泵有异响，泵出口压力波动大或无压力，过滤机出口关闭后过滤机体无压力，机泵出口无流量。

蜡泵汽蚀原因：① 蜡中带水；② 蜡中有轻组分（有轻油、未闪蒸完的气体）；③ 液位计假显示，实际液位过低；④ 机泵叶轮损坏；⑤ 使用的机封损坏，机封密封氮气串入机泵中。

蜡泵汽蚀处理方法：① 避免蜡中带水，对各系统有可能进水的地方进行排查，消除蜡中带水；② 蜡中轻组分进原料罐前要分离彻底，同时控制原料罐压力尽量低，使轻组分能够完全闪蒸出来；③ 根据实际情况检查液位计显示；④ 检查机封是否损坏；⑤ 检查机泵叶轮是否损坏。

参考文献

[1] 王晋生，郝栩，刘东勋，等．用于费－托合成的气－液－固三相悬浮床反应器及其应用：中国，CN 101396647 A [P]，2007.
[2] 王晋生，郝栩，刘东勋，等．用于费－托合成的气－液－固三相悬浮床反应器及其应用：中国，CN 101396647 A [P]，2007.

[3] 朱继承，耿加怀，王信，等. 一种连续操作的气液固三相浆态床工业反应器：中国，CN12334517C [P]，2005.

[4] 王丽军，张煜，李希，湍动浆态床流体力学研究（Ⅰ）气含率及其分布规律 [J]，化工学报，2008，59（12）：2996 ~ 3002.

[5] ternberg A, Dry M E. Fischer–Tropsch technology [M]. Stud Surf Sci Catal, 2004, Vol. 152.

[6] Lemoine R, Arsam Behkish A, Morsi B I. Hydrodynamic and mass–transfer characteristics in organic liquid mixtures in a large–scale bubble column reactor for the toluene oxidation process [J]. Ind Eng Chem Res, 2004, 43 (19): 6195 ~ 6212.

[7] Li H, Prakash A. Influence of slurry concentrations on bubble population and their rise velocities in a three–phase slurry bubble column [J]. Powder Technol, 2000, 113 (1): 158–167.

[8] 吴建民，孙启文，张宗森，Mass transfer characteristics of H2 and CO in mimicked FT slurry bubble column reactor [J]，中国炼油与石油化工，2018，20（2）：111 ~ 118.

[9] Yang G Q, Luo X, Lau A R, et al. Heat–Transfer characteristics in slurry bubble columns at elevated pressures and temperatures [J]. Ind Eng Chem Res, 2000, 39 (7): 2568 ~ 2577.

[10] Li H, Prakash A. Analysis of bubble dynamics and local hydrodynamics based on instantaneous heat transfer measurements in a slurry bubble column [J]. Chem Eng Sci, 1999, 54 (21): 5265 ~ 5271.

[11] 中国石油天然气集团公司职业技能鉴定指导中心. 压缩机工 [M]. 北京：石油工业出版社，2010.

[12] 王书敏，何可禹. 离心式压缩机技术问答 [M]. 北京：中国石化出版社，2005.

第四章

费托合成装置的操作

第一节　费托反应装置

1 合成气精脱硫装置的作用及加入水解蒸汽的目的是什么?

答 为保证催化剂具有良好的活性，铁基催化剂要求合成气中的总硫含量小于 0.05×10^{-6}，钴基催化剂要求小于 4×10^{-6}，费托合成催化剂一旦发生硫中毒失活，便无法再生，尤其是在采用浆态床或流化床反应器时，由于反应器内流体混合剧烈，会造成催化剂整体中毒。因此，一般工业上在进入费托反应器前都设置精脱硫保安装置，主要发生水解反应和脱硫反应，以满足费托催化剂对合成气硫含量的要求。

水解反应：

$$H_2O + COS \longrightarrow H_2S + CO_2$$

精脱硫反应：

$$ZnO + H_2S \longrightarrow ZnS + H_2O$$

$$ZnO + COS \longrightarrow ZnS + CO_2$$

$$CuO + H_2S \longrightarrow CuS + H_2O$$

$$CuO + COS \longrightarrow CuS + CO_2$$

合成气进入加热器，经蒸汽加热后进入精脱硫反应器床层，依次经过水解剂和精脱硫剂，将合成气中总硫含量降至 0.05×10^{-6} 以下，并保证床层压降满足工艺运行要求。工业上某些精脱硫装置为了彻底转化 COS，必须加入过量的 H_2O，一般是按照合成气（露点 –40℃）增湿到露点 5～15℃补入一定量的饱和蒸汽。

2 催化剂还原的主要运行控制指标有哪些? 如何调节?

答 主要有操作温度、操作压力、空塔气速、入塔气氢碳比、反应器液位，调节方法如下：

（1）操作压力。较高的还原压力使催化剂比表面积下降，还原反应器中 H_2O/H_2 比增大，催化剂中的铁碳化合物再氧化，且催化剂中的铁碳化合物随还原压力的升高先增加后减少。正常工况下，还原反应器操作压力是通过分离器尾气出口的压力控制调节阀来实现的。

（2）操作温度。严格按照升温曲线对催化剂进行升温，有利于激发催化剂活性，还原温度升高可以提高催化剂的活性，温度过高容易造成催化剂积碳、活性下降。正常工况下，还原反应器床层的温度控制是通过调节与还原反应器换热管连接的汽包压力来实现的。

（3）入塔气入 H_2/CO。入塔气 H_2/CO 会影响催化剂的还原程度，在较低的 H_2/CO

比下还原得到的催化剂中铁碳化合物含量较高；在较高的 H_2/CO 比下还原得到的催化剂中铁碳化合物含量较低。在催化剂还原过程的不同阶段，对 H_2/CO 比例要求不同，正常工况下通过原料气与氢气的流量进行调节。

（4）空塔气速。空塔气速对催化剂的反应活性和运行稳定性影响较大，在较高的空塔气速下催化剂易被还原，有利于催化剂的碳化，催化剂活性增加，烃产物分布逐渐向重质烃方向转移；在较低的空塔气速下还原时，形成高的 CO_2 分压对铁物相有一定的氧化作用。正常工况下，通过压缩机负荷和合成气与氢气的流量进行调节。

（5）反应器液位。还原反应器液位代表还原反应器内催化剂浓度的高低，还原反应器液位过低时，催化剂无法在床层上部分布，降低了还原反应器的利用率，换热面积利用率也会降低，影响还原反应器加热和移热；反应器液位较高时，反应器上部空余空间不足，没有足够的分离空间，易造成催化剂带出，影响正常操作。正常工况下，通过专门设置的加料泵加入重质柴油或蜡油的流量来控制反应器液位。

3 浆态床费托反应系统的主要运行控制指标有哪些？如何调节？

答 主要运行控制指标包括费托反应温度、反应压力、反应器液位、原料气氢碳比、空塔气速、循环比、催化剂保有量、催化剂更换周期、汽包压力，调节方法如下：

（1）原料气 H_2/CO。原料气 H_2/CO 对催化剂反应性能影响明显，提高原料气 H_2/CO 比将导致反应器入口氢碳比增加，H_2 转化率下降，CO 转化率增加，轻质烃选择性增加，重质烃选择性降低，蜡油比降低；降低原料气 H_2/CO 比则会产生相反的效果。正常工况下，由上游煤气化变换装置进行调节，也可以通过进入费托反应器的氢气流量进行调节。

（2）循环比。循环比指循环气气量与新鲜气气量的比值，在入塔气空速不变的情况下，循环比的增加能够提高合成气总转化率，入塔气 H_2/CO 比增加，轻质烃选择性增加，重质烃选择性降低。正常工况下，通过压缩机转速或负荷进行调节。

（3）氢气。在正常反应过程中，纯氢气氛对费托合成催化剂伤害极大，短时间内纯氢气氛会导致催化剂部分失活，产物选择性变轻，重质烃选择性大幅降低，且催化剂会破损，影响反应器的过滤系统。因此，在反应过程中，应尽量避免纯氢气氛，通过降低反应器温度、改变合成气流量、引入氮气等方法进行调节。

（4）反应温度。反应温度是费托合成反应速率的重要影响因素，升高温度能够明显加速反应的发生，放热量增加，CH_4 等轻质烃选择性增加，重烃选择性降低，蜡油比降低，过高或过低的反应温度均会导致催化剂稳定性和机械强度变差，降低其使用寿命。正常工况下，反应器温度由汽包压力进行调节。

（5）反应压力。增加反应压力能够促进费托合成反应，提高催化剂转化率和稳定性，促进重质烃的生成，降低 CH_4 和轻质烃的选择性。但是，反应压力过高将导致催化剂表面 H_2 覆盖度过高，表面 CO 覆盖度过低，进而导致催化剂活性降低，失活速率加快，产物中的 CH_4 和轻质烃选择性明显增加，重质烃选择性明显降低。正常工况下，由下游尾气脱碳系统压力进行调节。

（6）反应器液位。反应器液位过低时，催化剂无法在床层上部分布，降低了反应器的利用率，反应器下部汽包热负荷加大，反应器上部汽包无法移除热量。反应器液位较高时，反应器上部空余空间不足，没有足够的分离空间，易造成催化剂大量带出，影响正常操作。正常工况下，通过增加或减少反应器内置或外置排蜡过滤组件投用数量或过滤时间来调节反应器液位。

（7）催化剂保有量。反应器内催化剂保有量不足时，合成气转化率降低，长期偏低会使催化剂失活速率显著增加，催化剂的机械强度明显变差，造成催化剂大量破损，进而造成排蜡困难，蜡中含铁量偏高。反应器内催化剂保有量过高会造成催化剂浪费，还会提高反应器内浆料的浓度，增加催化剂磨损，导致排蜡困难。正常工况下，通过催化剂在线卸料装置和催化剂在线加料装置来调节反应器内催化剂保有量。

（8）空塔气速。浆态床反应器的空塔气速指反应器内气体流速，空塔气速增高会造成液相夹带增加（不大于 0.45m/s），空塔气速降低会造成反应器内催化剂床层分布不均（不小于 0.1m/s）。正常工况下，由压缩机转速（或负荷）与新鲜气流量进行调节。

（9）催化剂替换周期。当催化剂的替换周期过长或者每次替换量偏少时，会导致催化剂总转化能力随着反应时间的增加逐渐降低，甲烷和轻质烃选择性增加，重质烃选择性降低，产物水中的含氧化合物选择性明显增加，反应器内催化剂的破损程度逐渐增加，影响产物蜡的过滤，蜡产物中的铁含量不断增加。催化剂替换频率过高、会导致大量活性很高的催化剂排出反应器，运行成本增加。正常工况下，根据反应器内催化剂保有量、反应转化率、生产负荷，通过催化剂在线卸料装置和催化剂加料装置来调节反应器内催化剂替换周期。

4 浆态床费托反应操作温度的调整原则及影响因素有哪些?

答 费托合成反应是强放热反应，反应热能否及时移出对费托反应影响较大，若调节不及时会导致费托合成反应器温度过高而发生生产事故。正常生产时，应控制反应器温度变化不大于 1℃，主要影响因素有：① 汽包压力变化；② 原料气流量变化；③ 原料气 H_2/CO；④ 反应器系统压力。

通过调节汽包压力实现对反应器温度的调节。在正常反应过程中，当反应器温度低于设定值时，应当提高汽包压力，降低移热速度。当反应器温度高于设定值时，应当逐渐降低汽包压力，提高移热速度。

5 浆态床费托反应器液位的主要影响因素有哪些?

答 主要有反应温度、原料气氢碳比、空塔气速、排蜡组件数量及过滤参数。

（1）操作温度偏低会造成蜡油比增加、反应器液位上涨，反之下降。

（2）原料气氢碳比偏低会造成蜡油比增加、反应器液位上涨，反之下降。

（3）短期内空塔气速增加反应器浆液气含率、反应器液位增加，反之下降。

（4）排蜡组件投用数量增加、过滤时间增加或反吹时间降低会造成反应器液位下降，反之增加。

6 浆态床费托反应器如何进行在线卸或补加催化剂操作?

答 费托在线卸催化剂步骤如下：

（1）确认蜡过滤单元具备接收反应器卸浆料的条件。

（2）确定催化剂卸料总量及卸料位置（正常操作只在反应器上部及中部卸催化剂，反应器底部卸料口仅用于反应器停工排净）。

（3）检查反应器卸料系统及渣蜡回收系统，包括卸料口阀门状态、渣蜡收料罐的温度、压力及搅拌状态。

（4）确定系统正常后，打开卸料阀门，开始向渣蜡回收系统的渣蜡收料罐卸料。

（5）卸料完毕后，关闭卸料阀，对卸料管线用循环气吹扫，防止管线堵塞。

费托在线补加催化剂步骤如下：

（1）确认催化剂还原单元具备送料条件，并检查反应器加料系统正常，包括流程、伴热和压料压差。

（2）确认系统正常后，在确保流程通畅的情况下，检查还原系统与反应系统的差压（一般要求不小于0.4MPa），打开催化剂进料阀门，向反应器压送催化剂。

（3）在催化剂压送过程中，操作人员要密切关注反应器的温度变化，以及反应器的压力变化，如有变化及时调整，维持各项工艺指标在正常范围内。

（4）待催化剂压送完毕后，向还原反应器内加一部分重质柴油，冲洗催化剂补充管线。

（5）催化剂和重柴油补充完毕后，用还原反应器内气体吹扫压料管线，防止管线被催化剂浆料凝堵。

7 浆态床费托反应系统提高负荷及循环比的操作要点是什么?

答 费托反应系统提高负荷对装置问题运行至关重要，操作要点如下：

（1）严格按照提高负荷速率，防止反应器压力、温度、液位、氢碳比等主要控制指标大幅波动。

（2）密切监控反应器温度，及时调整汽包压力进行维持反应器温度稳定。

（3）密切监控反应器压力，及时调整尾气脱碳系统压力维持反应器压力稳定。

（4）密切监控反应器入塔气氢碳比和各组分含量变化，及时调整原料气氢碳比和去尾气脱碳系统的气量。

（5）提高负荷的同时，适当调节压缩机转速，维持循环比稳定，保证总转化率在较高的水平。

提高反应器循环比是提高反应转化率的重要控制指标，操作要点如下：

（1）维持原料气负荷稳定，减少负荷波动影响。

（2）缓慢提高压缩机转速（或负荷），防止循环气量突然增大造成反应器液位大幅增加，高温油气带出催化剂。

（3）密切监控反应器入塔气氢碳比和各组分含量变化，及时调整原料气氢碳比和去尾气脱碳系统气量。

8 浆态床费托反应器催化剂分布不均如何调整?

答 费托反应器催化剂分布不均的主要原因有：

（1）入塔分布器气体分布效果不佳（喷头脱落、堵塞等），催化剂分布不均，局部反应剧烈。

（2）循环气量过大或过小，造成催化剂分布不均，局部反应剧烈。

（3）催化剂固含量过高，影响催化剂分布。

（4）催化剂破碎严重，上部细小粒径的催化剂较多。

其调整方法：

（1）检查分布器是否完好。

（2）调整压缩机转速（或负荷），改善催化剂分布。

（3）通过催化剂卸料装置，适当降低催化剂保有量。

（4）通过催化剂卸料装置，增加上部破碎催化剂的卸出量。

9 浆态床费托合成反应出蜡系统顺控如何设置？排蜡不畅的原因是什么？如何处置?

答 费托反应器出蜡系统是一个顺控系统，一般包括反吹、过滤、浸泡、反吹步骤，其中过滤、反吹时间可以自行设定更改，过滤管的开关组数自行选择，一般反吹压力不超过 0.5MPa、过滤压差不超过 0.5MPa。

费托反应器排蜡不畅的原因主要有：催化剂保有量过高、催化剂破碎、排蜡过滤组件运行时间长、过滤压差或反吹压力过低。

（1）催化剂保有量过高，固含量增加，排蜡组件表面易沉积附着厚的催化剂层或堵塞过排蜡过滤组件孔道，增加排蜡难度。可通过泄漏装置卸出部分催化剂。

（2）催化剂破碎，细小的催化剂颗粒易进入排蜡过滤组件孔道，长时间运行会堵塞孔道且不易被反吹或冲洗出。可通过加快催化剂更换周期进行调节。

（3）随着排蜡过滤组件运行时间不断增加，孔道因不断堵塞会造成过滤通量会不断下降，可定期停车更换新的排蜡过滤组件。

（4）过滤压差过低会造成过滤组件排蜡推动力降低，不利于排蜡，而反吹压力过低不利于将组件孔道或表面附着的催化剂吹出。可适当提高过滤压差和反吹压力能够明显改善排蜡效果。

延长费托反应器排蜡过滤组件使用寿命的方法：

（1）根据排蜡过滤组件投用时间，合理调整过滤时间、过滤压差、反吹压力和反吹时间，尽量减少排蜡组件孔道堵塞风险。

（2）定期对排蜡组件进行切换使用，通过一定时间的浸泡有利于将过滤孔道内的催化剂排出。

（3）严格控制反应催化剂保有量（一般固含量小于 10%），防止因反应器内固含量过高导致排蜡过滤组件堵塞，费托合成反应 H_2/CO 比控制不能过低，防止蜡油比大幅增加影响出蜡效果。

（4）费托反应器停车工艺交出时，对排蜡过滤组件进行连续反吹，防止催化剂堵塞排蜡组件孔道。

10 浆态床费托反应总转化率下降的原因有哪些？如何调整？

答 总转化率下降的原因有：① 催化剂还原效果不佳；② 催化剂活性随运行时间明显下降；③ 循环比低；④CH_4、N_2、CO_2 等非有效气组分含量过高。

调整方法：① 严格按照催化剂还原步骤进行还原；② 大量更换反应器内旧催化剂；③ 确认压缩机防喘振阀关闭，适当提高转速；④ 降低原料气中 N_2 组分，调整原料气氢碳比，增加合成尾气排放量，提高有效气（H_2+CO）含量。

11 浆态床费托反应 CH_4 含量升高的原因有哪些？如何调整？

答 浆态床费托反应 CH_4 含量升高的原因有：

（1）原料气氢碳比过高，反应产物 CH_4 选择性高。

（2）原料气负荷过低，催化剂保有量相对较高，有效气（H_2+CO）反应总转化率高，氢碳比增加。

（3）CH_4 含量较高的合成尾气经脱碳后返回费托反应系统流量过大，长时间运行造成 CH_4 含量累积升高。

（4）开车初期，催化剂活性较高，反应产物中 CH_4 选择性较高。

其调整方法：

（1）适当降低原料气氢碳比。

（2）适当提高反应系统运行负荷。

（3）降低合成尾气经脱碳后返回费托反应系统的流量。

12 浆态床费托反应 CO_2 含量升高的原因有哪些？如何调整？

答 浆态床费托反应 CO_2 含量升高的原因有：

（1）原料气氢碳比过低，反应产物 CO_2 选择性高。

（2）原料气负荷过高，催化剂保有量相对较低，有效气（H_2+CO）反应总转化率低，氢碳比降低。

（3）尾气脱除 CO_2 不达标，返回费托反应系统长时间运行造成 CO_2 含量累积升高。

（4）长时间运行催化剂活性较低，反应产物中 CO_2 选择性较高。

其调整方法：

（1）适当提高原料气氢碳比。

（2）适当降低反应系统运行负荷，提高循环比。

（3）调整尾气脱碳系统操作，降低尾气中的 CO_2 含量，减少因返回费托反应系统长时间运行造成的累积量。

（4）降低费托反应器催化剂更换周期，加快更换频次，提高有效气总转化率。

13 浆态床费托反应产品的主要指标有哪些？重质蜡铁含量超标如何调整？

答 以铁基中温浆态床费托反应器为例，费托反应中间产品主要有轻质油、重质油、重质蜡、合成水，其中轻质油 IBP 为 45℃、EBP 为 185℃，重质油 IBP 为 155℃、EBP 为 400℃，重质蜡 IBP 为 290℃、EBP 为 720℃、铁含量小于 200×10^{-6}，合成水含氧化合物在 2%～5%（wt）。

如重质蜡铁含量超标，可能的原因有：

（1）反应器排蜡过滤组件破损，无法过滤催化剂。

（2）催化剂破碎严重，排蜡过滤组件无法拦截过滤细小的催化剂颗粒。

（3）反应器排蜡过滤组件过滤精度不足。

其调整方法：

（1）排查切出破损的排蜡过滤组件。

（2）降低费托反应器催化剂更换周期，加快更换频次，降低旧催化剂或破碎催化剂所占比例。

（3）更换过滤精度更高的排蜡过滤组件。

14 汽包设置排污的目的是什么？如何操作？

答 汽包系统运行时，有一些杂质经给水带入汽包内，除极少数被蒸汽带走以外，大部分仍留在汽包内。由于蒸汽溶解盐的能力大大低于除氧水，使得蒸汽离开汽包时，盐分被浓缩留在汽包中。若不采取措施将杂质及高盐分水排出汽包外，最终引起蒸汽品质变坏，所以必须进行排污。

汽包排污可分为定期排污和连续排污。定期排污是指每间隔一定时间将汽包底部沉积的水渣、污垢排出，有利于提高蒸汽质量。连续排污是指连续排出浓缩的锅炉水，主要目的是为了防止锅炉水的含盐量和含硫量过高，排污部位多设在锅炉水浓缩最明显的地方，即汽包水位中段。定期排污时阀门不得开度过大，防止发生液位大幅波动甚至导致发生汽包干锅等现象发生。排污时应特别注意水位变化，有异常情况应立即停止排污。

15 油气空冷器运行中发生堵塞有什么后果？如何处理？

答 高温油气一旦携带重质油组分，经油气空冷器冷却时，大量重质油组分液化附着于管束中，不断累积长时间运行使得空冷器冷却效果变差，空冷器出口介质温度升高，重质油组分进入后系统会造成压缩机停机或生产中断。

其处理方法：

（1）提高反应器高温油气带液分离效果，减少携带重质油蜡量。

（2）适当提高油气空冷器后油气温度，将凝结的重质油蜡融化，但密切监控分液罐液位，防止突然上涨满液位。

（3）根据需要投用空冷管束伴热蒸汽。

16 固体输送方式有哪些？

答 固体输送可根据介质颗粒大小以及在输送管线中的密集度，分为稀相输送与密相输送。

密相输送是指当输送介质颗粒的固气比（颗粒输送量与输送气体的质量流率比）大于 25 或者固体含量大于 100kg/m^3 的输送过程。密相输送的动力气流速较低，压力通常较高。输送能力大，压送距离长，物料与相关设备管线的磨损率小，能耗低。

稀相输送是指当输送介质颗粒的固气比（颗粒输送量与输送气体的质量流率比）小于 25 或者固体含量小于 100kg/m^3 的输送过程。

17 工业上催化剂输送系统一般由哪几部分组成?

答 工业上催化剂输送系统由催化剂卸车、催化剂输送和催化剂加料三个部分组成（见图 4-1）。催化剂卸车部分由催化剂罐车、缓冲仓、密相泵、袋式除尘器组成，将催化剂罐车的催化剂通过密相泵输送到催化剂储仓中。催化剂输送部分由催化剂储仓、密相泵、袋式除尘器组成，将催化剂储仓中的催化剂通过密相泵定量的输送到催化剂加料罐中。催化剂加料部分由催化剂加料罐、袋式除尘器组成，通过氮气冲压方式将催化剂加料罐中的催化剂加至还原反应器中。

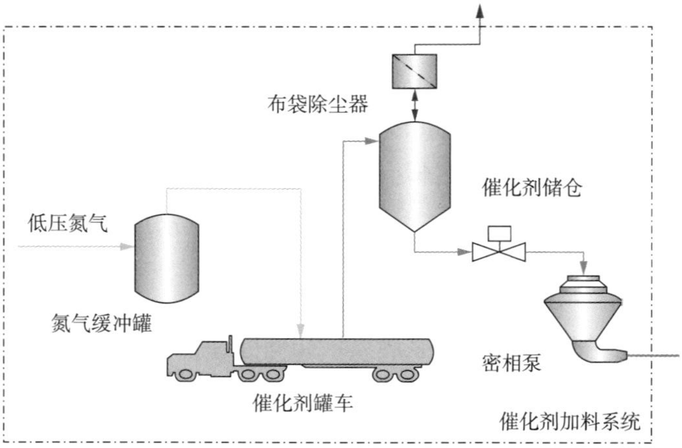

图 4-1 催化剂加料系统示意图

18 工业上催化剂密相输送顺控程序的投用条件、设置参数及操作注意事项有哪些?

答 工业上催化剂密相输送会设置专门的顺控程序，主要设置参数包括催化剂输送时间、装填时间、最小输送时间、最大输送时间、最小压力、压力高限等。

该顺控投用前必须进行相应的条件确认，主要包括：① 催化剂料车就位；② 布袋除尘器无压差报警；③ 控制状态切换至远程状态；④ 缓冲仓、密相泵正常，对应的阀位为正常状态。

催化剂输送系统在操作过程中应注意：① 配合还原正常开车；② 保证还原反应器中平稳运行的催化剂需求量；③ 保证催化剂颗粒破损率在正常范围内；④ 注意催化剂输送系统相关装置的温度、压力（差）、流量等仪表，保证其在正常时进行使用，在故障时进行处理，在维修时进行检查。

19 工业上催化剂密相输送系统中运输槽车如何卸出催化剂?

答 工业上一般催化剂是通过车辆进行远距离运输至工厂，通过专门的卸料装置卸出催化剂，主要步骤如下：

（1）按规程将催化剂运输槽车与卸料装置相连接。

（2）向氮气缓冲罐引入低压氮气。

（3）密相泵气源调压阀调整至设定值（一般为0.2MPa）。

（4）打开仪表气源。

（5）开启催化剂储仓除尘器。

（6）检查浓相稳定器各进气阀门的开闭状态。根据调试结果，还原系统密相泵的浓相稳定器各进气阀门全开。

（7）完全打开卸料蝶阀（不可只开部分阀门进行卸料，以避免蝶阀内密封件损坏）。

（8）确认密相泵压力卸至常压后关闭泄压阀门。

（9）打开催化剂进料阀门，当催化剂储仓达到高料位，关闭催化剂进料阀。

（10）打开氮气输送阀门，将密相泵中的催化剂压送至催化剂储仓。连续循环操作，直至储仓中的料位不发生变化为止。

20 如何确保催化剂储仓中的催化剂处于良好状态？

答 催化剂必须按要求进行储存，要求如下：

（1）催化剂卸料缓冲罐与催化剂罐车的连接软管加盖，盖子与软管间填充密封垫。

（2）密相泵顶部圆顶阀保持关闭状态，避免空气自顶部流入。密相泵各进气管线保持关闭状态。

（3）催化剂储仓进催化剂管线上的自动切断阀和手动切断阀保持开启状态，保证催化剂进料管线为氮气环境。

（4）催化剂储仓底部氮气疏松阀每日开启一次，一次开启30min。顶部氮气阀始终保持开启状态。每日巡检时，检查除尘器出口管线有氮气排出，保证催化剂储仓内始终为氮气微正压环境。催化剂储罐内的温度保持在合理值（一般为0～40℃）。

第二节　蜡过滤装置

1 蜡过滤装置的作用是什么？

答 费托合成装置反应生成含有少量的固体催化剂的稳定蜡，以及在线更换反应活性降低的催化剂，催化剂中含有大量蜡液的渣蜡，这两种蜡在蜡过滤装置中通过叶片式过滤机利用截留、吸附的原理进行过滤，分离蜡中悬浮的催化剂固体颗粒，以此提纯来自费托合成装置的稳定蜡和渣蜡，得到煤基费托合成蜡产品。

2 煤基费托合成蜡的主要性质是什么?

答 煤基费托合成蜡常温下为白色固体，加热溶化后为无色透明油状液体，室温下无嗅无味，加热后密度在 860~950kg/m^3，不溶于水、甘油、冷乙醇。费托合成蜡溶于苯、乙醚、氯仿、二硫化碳，馏程在 300~750℃。主要由相对分子质量在 500~1000 的高碳烃组成。这种特殊的化学品具有晶体结构精细、高熔点（一般高于 85℃）、低油含量、低针入度、低迁移度、非常低的熔融黏度、稳定性高及坚硬、耐磨等特点。

费托合成蜡与通用的聚乙烯蜡（PE 蜡）相比，二者的显著区别在于：

（1）费托相对分子质量远低于 PE 蜡，支链较少，结晶度高。易于渗入高黏度大分子链中，显著降低熔体黏度，在加工过程中迁移性小，后期润滑效果明显。

（2）费托合成蜡黏度远低于 PE 蜡，只有 10 左右。较少用量即可达到同样润滑效果，使用量仅为 PE 蜡 70%~80%。

大型高温、中温浆态床费托合成技术工业化应用一般会使用铁基、钴基催化剂等，催化剂（铁离子等）会随着蜡带出系统，蜡中含有催化剂会影响产品质量和加氢精制装置的运行，所以在生产中要严格控制杂质含量。

3 常用的过滤介质有哪些?

答 过滤介质起着支撑滤饼的作用，并能让滤液通过，基本要求是有足够的机械强度和尽可能小的流动阻力，同时还需具有相应的耐腐蚀性和耐热性。工业上常见的过滤介质分为以下几种：

（1）织物介质。又称滤布，是用棉、毛、丝、麻等天然纤维及合成纤维织成的织物，以及由玻璃丝或金属丝织成的网，拦截固体颗粒。织物介质在工业上的应用最为广泛。

（2）堆积介质。由各种固体颗粒（砂、木碳、石棉、硅藻土）或非纺织纤维等堆积而成，多用于深床过滤。

（3）多孔固体介质。具有很多微细孔道的固体材料，如多孔陶瓷、多孔塑料、多孔金属制成的管或板，能拦截微细颗粒。

（4）多孔膜。用于膜过滤的各种有机高分子膜和无机材料膜。广泛使用的是醋酸纤维素和芳香酰胺系两大类有机高分子膜。可用于截留微小颗粒。

4 常见的蜡过滤方法有哪些?

答 目前可用于蜡过滤的方法有电磁过滤、错流过滤、离心过滤、助剂预涂过滤等。

（1）电磁过滤：物质在外来磁场的作用下会显示磁性，这种现象称为物质的磁化。不同物质被磁化的程度不同，为此，可将物质分为铁磁性物质、顺磁性物质和抗磁性物质。铁磁性物质即使在较弱的磁场中也能被强烈磁化而具有较强的磁性，当取消外来磁场时，被磁化物质仍保留一定程度的磁性。顺磁性物质即使在强磁场中也只能被较弱磁化，一旦取消外来磁场，该物质的磁性就会消失。抗磁性物质在外来磁场中不但不会被磁化，反而会削损外来磁场。通过磁场的变化，对介质内的铁磁性物质进行吸收的过程叫电磁过滤。

（2）错流过滤：对于固体含量高于 0.5%的物料可以采用错流过滤，液体物料以轴向进入微孔管内，在压力作用下，透过液垂直于轴向穿过微孔管壁而排出，物料中的颗粒被截留在微孔管内表面形成滤饼层。与常规过滤操作不同的是物料流经微孔管内表面形成的高剪切力可使沉积在内表面的滤饼层返回主体流，从而被带出微孔管，由于过滤导致的颗粒在微孔管内表面的沉积速度与流体流经内表面时产生的剪切力引发的颗粒返回主体流的速度达到平衡，可使该滤饼堆积层不再无限增厚而保持在一个较薄的稳定水平。因此一旦滤饼层达到稳定，微孔管渗透速率就在较长一段时间内保持相对稳定的过滤状态，这种状态称为错流过滤。如图 4–2 所示。错流过滤缺点是单位过滤面积透过清液量小，需要增加过滤面积和增大循环量以提高过滤清液量。

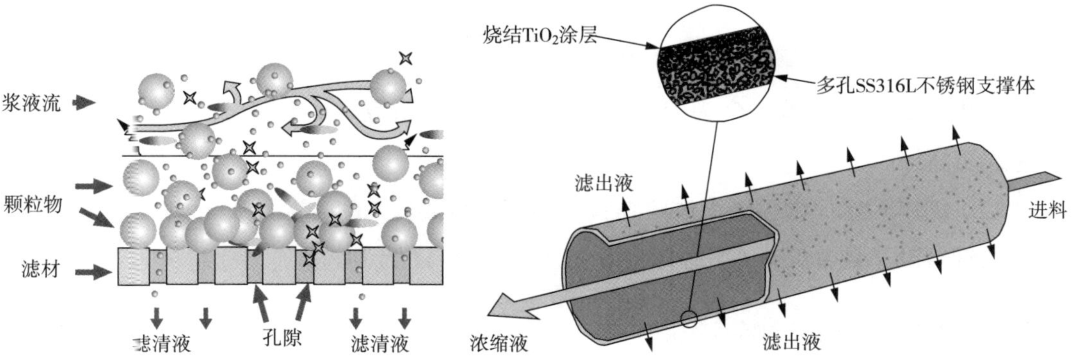

图 4–2　错流示意图

（3）助剂预涂过滤：预涂操作是将含有过滤助剂的悬浮液送入过滤器中，经过一段时间循环，使助滤剂在过滤介质表面架桥形成一层具有复杂微细孔道的稳定过滤预涂层。过滤预涂具有三重作用：筛分作用、深层过滤和吸附作用。在预涂层的作用下，简单的介质表面过滤变为深层过滤，产生较强的净化过滤作用，一方面可以得到较高的过滤精度，另一方面还可防止颗粒堵塞过滤元件孔道。过滤助剂一般选择化学性质稳定、对过滤液无污染、除固体能力强、粒度分布好的助剂，工业上常使用的过滤助剂有硅藻土、珍珠岩、纤维素、石棉、碳素、白土、粉末状离子交换树脂等（见图 4–3）。

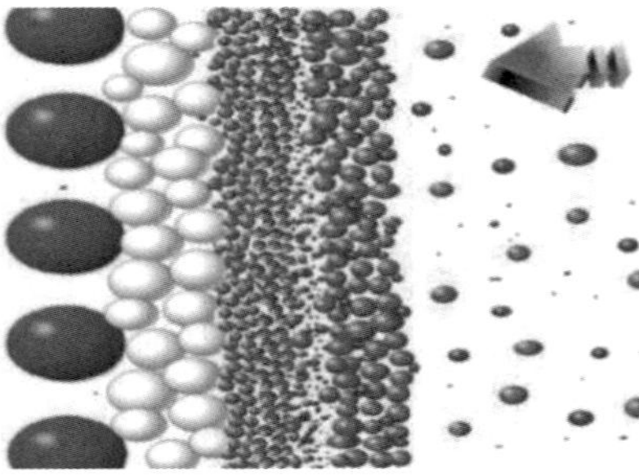

图 4–3　预涂示意图

（4）离心过滤：利用离心力，使混合在一起不同相对密度的汽、液、固三相或者液、固两相物料进入内装螺旋输送器的转鼓，通过控制螺旋与转鼓的差速和扭矩，从而使螺旋获得轴向输送力，把被分离的固体连续地推向转鼓小的一端，并利用离心力排出离心机外。液体则从相反方向（转鼓大端）溢流出转鼓。其差速系统的作用是控制螺旋与转鼓的差速和扭矩。

5 助剂过滤的技术原理是什么?

答 适用于助剂过滤的技术原理有达西公式、泊肃叶定律等。

（1）达西公式为不可压缩黏性流体在粗糙管内流动时，沿管的压强降表达式：

$$\Delta P = \frac{QK_c\mu L/A}{A}$$ [1]

式中，ΔP 为压差；Q 为流量；K_c 为滤饼阻抗系数；μ 为黏度；L 为滤饼厚度；A 为过滤面积。

（2）泊肃叶定律为液体流过微细管道的速度与其直径的 4 次幂成正比。例如：1μm 直径的细管减小到 0.9μm（直径减少 10%），流速可降低 34%。

6 滤液通过饼层的流动特点有哪些?

答 滤液通过饼层的流动特点：

（1）滤液通道细小曲折，形成不规则的网状结构。

（2）随着过滤进行，滤饼厚度不断增加，流动阻力逐渐增大，因而过滤属于非稳态操作。

（3）细小密集的颗粒层提供了很大的液固接触表面，滤液的流动大都在层流区。

滞流（层流）流动——可用康采尼公式表达：

$$u = \frac{\varepsilon^3}{5a^2(1-\varepsilon)^2}\left(\frac{\Delta P_c}{\mu L}\right)$$ [2]

式中　u——按整个床层截面积计算的滤液平均流速，m/s；

ΔP_c——滤液通过滤饼层的压强降，Pa；

L——滤饼厚度，m；

μ——黏度，Pa·s；

ε——床层空隙率，m^3/m^3。

7 在线添加助剂的过滤原理是什么?

答 过滤机通过预涂过滤形成过滤滤饼层，过滤时蜡中的铁离子在滤饼层上形成铁离子层，由于形成的铁离子层渗透率相对较低，在过滤时过滤机的压差随铁离子层厚度的增加而上涨，通过在线添加助滤剂（硅藻土或硅藻土和白土），使助剂颗粒与铁离子构成混合体，利用助剂颗粒的不可压缩性和多孔性，使滤饼保持较好的通透性，减缓过滤压差上升的速度，延长过滤周期和过滤量，同时也可以加入少量活性白土保持较高的过滤精度。

8 工业上的过滤操作分为哪几类?

答 操作分为饼层过滤和深床（深层）过滤。

（1）饼层过滤：悬浮液置于过滤介质的一侧，固体物沉积于介质表面而形成滤饼层。过滤介质中微细孔道的直径可能大于悬浮液中部分颗粒直径，因而，过滤之初会有一些细小颗粒穿过介质使滤液浑浊，但是颗粒会在孔道中迅速发生“桥架现象”（见图 4-4），使小于孔道直径的细小颗粒也能被拦截，此时滤饼开始形成，滤液变清，此后过滤才能有效进行。可见，在饼层过滤中，真正发挥拦截颗粒作用的主要是滤饼层而不是过滤介质。通常，过滤开始阶段得到的是浑浊液，待滤饼形成后应返回滤浆槽重新处理。饼层过滤适用于处理固体含量较高的悬浮液。

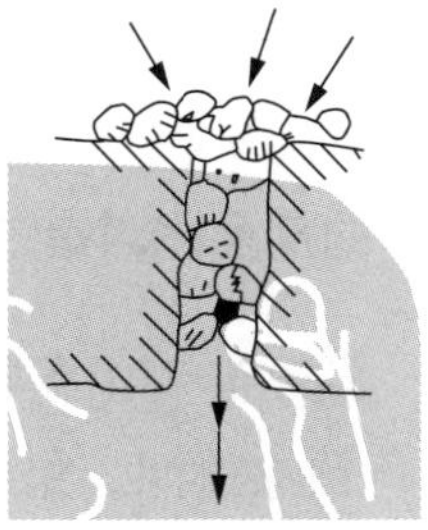

图 4-4　架桥现象示意图

（2）深层过滤：颗粒尺寸比介质孔道的尺寸小得多，颗粒容易进入介质孔道。但由于孔道弯曲细长，颗粒随流体在曲折孔道中流过时，在表面力和静电力的作用下附着在孔道壁上。因此，深层过滤时并不在介质上形成滤饼，固体颗粒沉积于过滤介质的内部。这种过滤适合于处理固体颗粒含量极少的悬浮液。

9 活性白土和硅藻土的性质是什么?

答 活性白土是一种无毒、无臭、无味的绿色环保化工原料，以膨润土为原料，经过酸化处理，再经过不同加工工艺制成。其特点比表面积大，活性度低，吸附能力强，残液率低，不溶于水和有机溶剂，也不与油脂及其他化学物质发生化学作用，不会造成环境污染。广泛用于油脂脱色、化工产品精制、工业催化、环境保护等领域。

硅藻是一种生活在海洋中的藻类，硅藻土的主要成分为水生植物（硅藻）的遗骸沉积物经长期的地质成矿运动所形成的一种非金属矿物，简单的说就是一种生物成因的硅质沉积岩，具有硅质骨骼的硅藻介壳体的蛋白质，质地轻软、多孔。电子显微镜显示，离子表面具有微小的空穴，孔隙率在 90% 以上，比表面积高达 65m²/g。如图 4–5 所示，正是这种突出的分子以晶体结构特征，决定了其独特的功能：具有极强的物理吸附能和离子交换性能。现代工业中，经过精选加工的硅藻类矿物质制品是常用的助滤剂和吸附剂材料，广泛应用于食品、医药、日化及污水处理等众多领域。

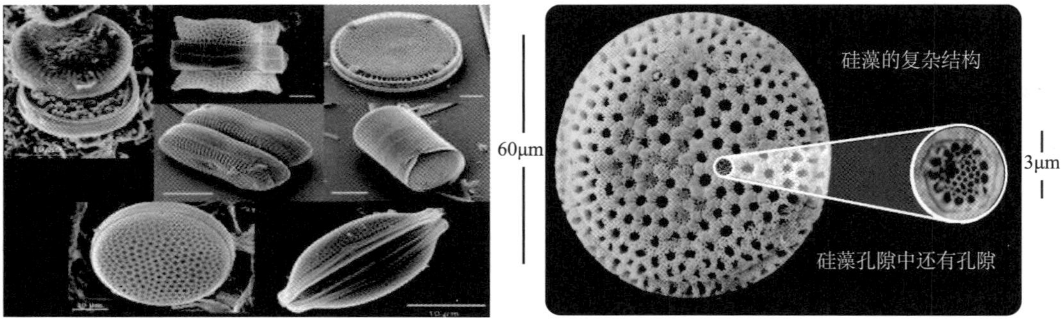

图 4–5　硅藻土显微镜观察下的结构

10 助剂配比对蜡过滤有哪些影响?

答 硅藻土颗粒较大，孔隙较多，但吸附性不如活性白土，如果单独使用硅藻土进行预涂过滤，蜡中的催化剂固体颗粒会直接穿过预涂层，无法起到过滤作用。活性白土颗粒小，吸附性强，但孔隙不如硅藻土，如果单独使用白土进行预涂过滤，蜡很难通过预涂层，导致过滤机压力急速上升，无法进行过滤。如果两种过滤助剂混合使用，硅藻土吸附和截留杂质的同时为活性白土提供附着、分散、支撑的骨架，作为物料流通通道。混合过滤助剂中硅藻土比例多，则可能截留和吸附较大杂质，降低过滤压差，提高通过率。活性白土比例多，则可以截留和吸附微小杂质，提高过滤精度，但过滤精度与白土消耗量不成正比关系，用量过大时，不仅降低油品收率，而且可能造成合格蜡的固含量偏高。一般白土加入量是硅藻土加入量的 3 ~ 5 倍，预涂液浓度控制在 2% ~ 5%。

11 原料蜡温度对过滤机运行有哪些影响?

答 原料蜡温度对过滤机运行影响如下：

（1）当原料蜡温度过低时，蜡的流动性变差，过滤压差上涨较快，过滤机处理能力降低。

（2）当原料蜡温度过高时，会造成机械设备损坏、密封损坏等。导致蜡液直接通过密封面，影响产品质量。

（3）当原料蜡温度过高时，会使吸附在白土中的杂质析出，影响产品质量。

12 循环时间对蜡过滤有哪些影响？

答 预涂循环时间太短，达不到理想的过滤吸附效果，会增加卸渣频次；预涂循环时间过长，滤饼层空隙率降低，流通阻力增大，过滤通量降低。所以过滤助剂预涂循环时间在 20～40min 左右，预涂层压差升至稳定值，过滤效果较适合。

13 蜡过滤泵流量对过滤有哪些影响？

答 蜡过滤泵流量对过滤的影响如下：

（1）开始过滤时，泵的出口流量过大，会使过滤机压差快速上涨，影响整体过滤效率。蜡过滤泵的出口流量过大，高速湍流的情况下会对滤饼层形成冲击，破坏滤饼层的稳定，导致固体颗粒直接通过滤饼层，从而影响产品质量。因此在过滤的过程中一定要保证过滤泵出口压力、流量平稳。

（2）蜡过滤泵出口流量较小时，会降低过滤量。因此过滤泵出口流量控制在合适范围内。

14 蜡过滤装置对设备材质有哪些要求？

答 由于费托合成蜡中含有微量的有机酸，主要是脂肪类羧酸等酸性化合物，在有水分存在的情况下，对金属设备的腐蚀更为严重。有机酸在蜡过滤装置减压后会随着释放气排出，会对管线及阀门造成腐蚀。因此，释放气凝液管线及设备要采用不锈钢材质，液态蜡设备管线碳钢即可满足要求。为满足合格蜡质量要求，一般合格蜡输送管线及过滤机滤盘也应选用不锈钢材质。

15 预涂过滤的步骤是什么？

答 预涂过滤流程如图 4-6 所示，一个过滤周期包括：

（1）助剂加料工序：助剂按照一定比例加入预涂罐中，启动预涂罐搅拌器开始搅拌，当助剂和蜡混合搅拌均匀后停搅拌器。

（2）预涂循环工序：助剂加料工序结束后，启动预涂泵，将预涂液输送至过滤机；打开溢流线阀门将过滤机充满，关闭溢流阀后打开预涂循环阀，进行预涂循环。

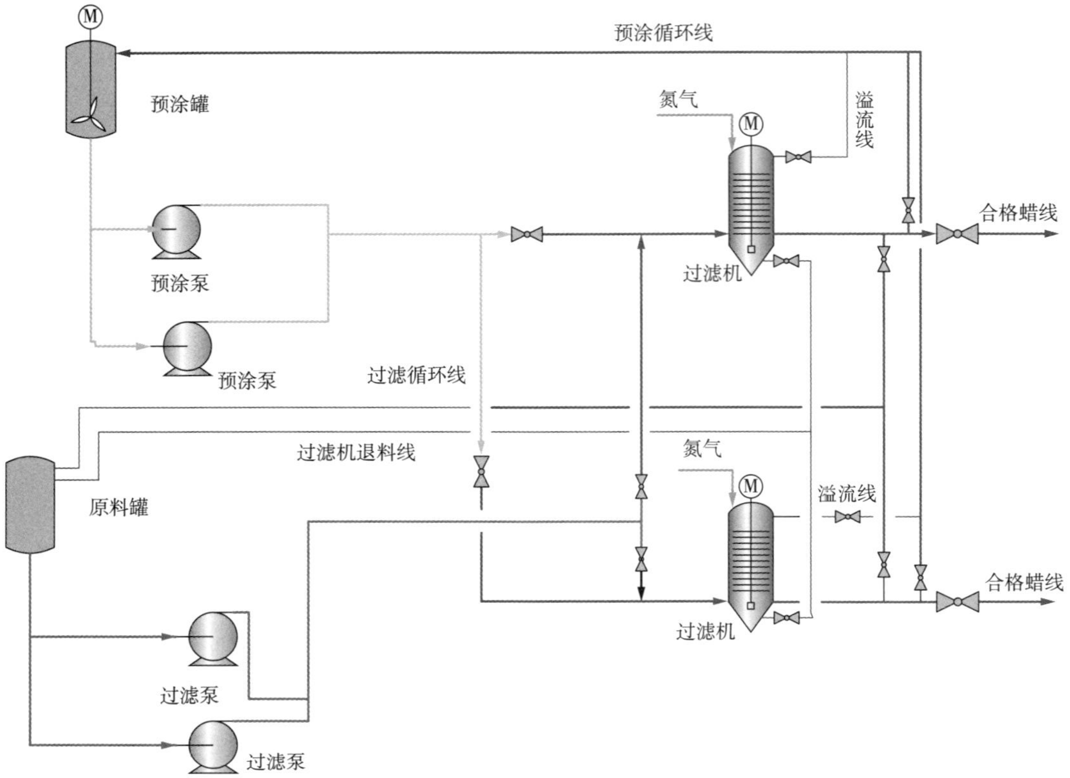

图 4-6 预涂过滤流程图

（3）过滤循环工序：预涂循环工序结束后，将过滤泵至过滤机入口阀打开，关闭过滤机预涂入口阀，停预涂泵；打开过滤循环线阀门，最后关闭预涂循环线阀门，开始过滤循环工序。

（4）过滤工序：过滤循环工序结束，打开合格蜡出料线阀，关闭过滤循环线阀开始过滤出料。

（5）退料工序：当过滤效果变差时，关闭过滤入口阀、过滤出口阀，打开退料线阀门，再打开氮气阀门进行退料工序，当过滤机液位显示无液和原料罐压力波动时退料结束。

（6）吹饼工序：退料结束后打开吹饼气线阀门，关闭退料线阀门，开始吹饼工序。

（7）排渣工序：吹饼工序结束后，关闭氮气阀门、吹饼气线阀门，打开现场放空阀将过滤机压力泄至常压；渣蜡槽放置在过滤机排渣口，打开过滤机排渣口的灭火蒸汽，再打开过滤机排渣阀，启动甩渣电机开始排渣工序。

（8）气密工序：排渣工序结束后，将排渣口清理干净，关闭排渣阀，充氮气进行气密，当过滤机保压 10min 压力无下降，说明气密合格。

（9）清洗工序：过滤机机体侧面配制吹扫线，通蒸汽或重油对过滤机滤盘进行清洗，清洗时过滤机甩渣电机间断性启动数次，保证滤盘清洗均匀、干净。

（10）浸泡工序：气密、清洗合格后，过滤机内充满原料蜡，对过滤机进行浸泡，浸泡合格后再重复退料、排渣、气密工序，浸泡工序完成后，过滤机停机备用。

16 预涂过滤时常出现的问题及处理方法有哪些？

答 助剂预涂过滤过程中容易出现助剂受潮、预涂罐液位波动、预涂泵流量不稳定等情况。

（1）助剂受潮：蜡过滤装置使用白土和硅藻土作为助剂进行预涂，当助剂受潮后会出现结块现象，极易造成输送管线堵塞，因此在运输和添加过程中一定要防止助剂受潮。同时预涂罐顶部轻组分油气会通过白土和硅藻土下料管线反窜至助剂加料管线，造成助剂受潮结块，堵塞下料管线。所以要在助剂添加结束后，一定要保持加料管线输送氮气阀门打开，防止预涂罐内的油气反窜至助剂加料管线内。

（2）预涂罐液位波动：由于助剂含有少量水分，在添加助剂的过程中，遇高温蜡油会发生突沸现象，造成预涂罐液位波动。为了防止液位波动过大，首先要控制预涂罐液位不能太高，其次白土或硅藻土通过输送管线缓慢加入预涂罐，再将预涂罐液位补充至控制范围内。

（3）预涂泵出口流量控制：过滤机预涂时，预涂泵出口流量过小会导致预涂不均匀；流量过大时形成的预涂层空隙降低，过滤时压力上涨较快。因此要控制预涂泵出口流量在过滤机处理量的 2 ~ 2.5 倍，使预涂液能够均匀地分布在过滤盘上。

17 过滤机排渣操作要点有哪些？

答 过滤机随着运行时间的增长，压差会逐渐升高，过滤效率降低，应对过滤机进行排渣，排渣时应注意以下几点：

（1）吹饼时间的要求：吹饼时间过长会使滤饼中的铁基催化剂过于干燥无蜡包裹，催化剂裸露，滤渣接触空气发生自燃；吹饼时间太短会造成部分蜡液留在滤盘上，在过滤机排渣的过程中随着滤饼甩出，导致排渣量过大、浪费蜡油。因此过滤机吹饼时应根据实际情况合理控制吹饼时间，渣蜡固含量大，黏度较大，吹饼时间控制在 30min 左右，不能超过 40min。稳定蜡固含量较低，流动性好，因此吹饼时间控制在 10min 左右，不能超过 20min。

（2）防护措施：为了防止在排渣的过程中出现催化剂自燃着火事故，一般要在过滤机排渣口处设置灭火蒸汽。在排渣过程中打开灭火蒸汽，排渣结束后及时将废渣移出过滤机框架，并准备好水及灭火沙随时应对废渣着火。

（3）关闭过滤机排渣阀时，一定要将排渣阀清理干净，避免废渣卡塞排渣阀门，造成排渣阀泄露及损坏排渣阀垫片。

（4）排渣时过滤机应保持常压，除现场放空阀打开外，其余所有阀门应关闭。

18 过滤机排出的废渣如何处理?

答 过滤机排出的废渣处理措施如下：

（1）废渣可进行固废焚烧处理，将焚烧后含油量小于 5% 残渣送危废填埋场进行处置。

（2）废渣热解析处理：① 将废渣输送至卧式回转窑中进行热裂解，得到裂解油气和残渣；② 裂解油气依次经除尘和冷却后进入气液分离器进行气液分离，得到不凝气和液体油品；③ 不凝气输入至加热炉内进行燃烧，燃烧产生的烟气对卧式回转窑进行传热；④ 残渣首先返回至卧式回转窑的进料口，然后分别进入卧式回转窑和通过卧式回转窑的溢流口排出。

通过返混工艺高温残渣与蜡渣原料直接进行热传导，能最大限度地提高裂解效率，使蜡渣在较短时间内达到裂解温度，其中废渣有效成分回收率高达 85%，废物利用需满足环保处理的要求。

（3）废渣通过萃取、离心、干燥回收蜡油工艺：因过滤机排出的废渣含有 50% 左右的蜡，直接进行焚烧或热解析造成很大的浪费，为了回收此部分蜡油可以进行萃取 + 离心 + 干燥工艺处理：① 将低熔点油（石脑油、轻柴油）按照一定比例加入废渣中，搅拌均匀；② 将混合液送入离心机中，通过离心将分离出的液态蜡油回收，固体废渣中的蜡被置换成低熔点的油；③ 将离心机排出的固体废渣送入干燥机，进行加热干燥处理，干燥后的残渣按照要求送入危废处理，高温油气冷凝回收。

（4）废渣可作为沥青混合料的温拌剂进行处置。因废渣中含有蜡油，蜡油加入沥青中，可以降低沥青混合料的黏滞性；沥青与石料在较低温度下拌合，可以在较低的温度下摊铺、压实施工。减少沥青混合料加热所需燃料的用量，达到节省燃料和降低环境污染等优点。

19 蜡管道堵塞如何处理?

答 蜡管道堵塞现象有：① 蜡过滤泵出口压力低；② 过滤机无压力及流量显示。

其处理措施：① 检查过滤泵出入口流程畅通。② 检查管线伴热温度正常：若发现伴热管线温度较低，及时对凝液管线进行输水以提高伴热温度，同时检查管线伴热导热胶泥是否有损坏脱落情况。③ 根据现场情况使用热氮气对蜡管线分段进行吹扫，将管线中的催化剂吹扫干净。正常运行时，定期使用合格蜡等固含量较低的蜡油对管线进行冲洗。使用时间较长的管线应定期进行计划冲洗和热氮气吹扫。

20 助剂含水过高对蜡过滤有何影响?

答 过滤助剂的含水量是影响吸附的一个重要因素。由于过滤助剂容易吸收水分，水分过多会造成助剂表面的毛细孔堵塞、吸附能力减弱。白土的含水量一般应小于8%，硅藻土的含水量一般应小于3%。因此，在助剂运输和储存过程中，必须要保证环境干燥，白土储罐要设置伴热及氮封。

21 蜡过滤装置精细过滤器如何选型?

答 精细过滤器是蜡过滤装置物料外送最后一道质量保护屏障，防止过滤机出现内漏造成合格蜡铁离子含量超标，影响下游装置的运行。滤袋精度过高会造成过滤器压力高，蜡液外送速度慢，影响蜡过滤单元负荷提升。精度过低会使滤袋过滤效果变差，造成蜡中的铁直接穿过滤袋进入下游装置。一般使用精度在 3 ~ 5 μm 左右的四氟拢，也可使用渗透性烧结金属材质的过滤滤芯。

22 蜡过滤单元助剂加料系统阀门如何选型?

答 助剂加料系统由于管线和阀门长期经受白土和硅藻土的冲刷及腐蚀，阀门和管线弯头极易出现泄漏，因此输送助剂的阀门应用陶瓷或铸铝材质，输送助剂管线弯头应使用耐磨性较高的陶瓷管。其他管线可以采用不锈钢材质，减少弯头以增加加料的流畅性。

23 蜡过滤单元如何升、降负荷?

答 蜡过滤单元升、降负荷操作如下：

（1）费托合成提负荷后，自费托合成单元产出的稳定蜡量会增加，稳定蜡原料罐液位开始上升。

（2）先将运行过滤器提至满负荷，提高单台过滤器过滤量。

（3）再进行未投用过滤器的预涂，待预涂合格后，将过滤器投入运行，并根据费托合成装置负荷及稳定蜡原料罐液位确定过滤器的投用数量。

（4）过滤蜡精滤器投用数量根据过滤蜡缓冲罐液位进行确定。

（5）待净化气负荷降低后，费托合成产出的稳定蜡量减少，蜡过滤单元原料随之降低，因此蜡过滤单元根据费托合成装置负荷及稳定蜡原料罐液位情况调整稳定蜡过滤机数量，当稳定蜡原料罐液位过低无法出料时，所有过滤器改至过滤循环步骤。同时对运行时间过长的过滤机进行排渣处理。

第三节　尾气脱碳装置

1 脱碳的目的是什么?

答 脱碳工艺是费托合成工艺的配套技术，其功能是将费托合成循环回路的部分 CO_2 从循环气中脱除，以保证费托反应达到设计的转化深度。一般工业化铁基浆态床费托反应器单程转化率（$CO+H_2$）在 30%～35%，合成尾气中 CO_2 含量在 10%～15%，CO_2 选择性在 2%～4%。为提高合成气总转化率，大量合成尾气需进行循环，部分合成尾气首先送往脱碳装置去除 CO_2 至 2% 以下，然后循环回费托反应器，保证入塔气 CO_2 含量在 9% 左右，总转化率可达 90% ～95%。

2 脱碳工艺类型及原理是什么？为何选择热钾碱脱碳法?

答 主要有低温甲醇洗法、MDEA（*N*– 甲基二乙醇胺）法、热钾碱法等。

低温甲醇洗法是基于物理吸收的气体净化法。气体吸收的原理是根据混合气体中各组分在某液体溶剂中的溶解度不同而将气体混合物进行分离。在高压下对高浓度的气体净化特别有效。当温度从 20℃降到 –40℃时，CO_2 在其中的溶解度增加约 6 倍，而 H_2、CO 及 CH_4 等气体在温度降低时变化较小。通常低温甲醇洗的操作温度为 –70～–30℃。拉乌尔定律和亨利定律是研究气液相平衡的两个重要定律。低温甲醇洗工艺的理论依据就建立在上述两个定律之上，采用工程化的方法通过改变不同的系统条件而改变系统的气液平衡，使混合气体通过吸收、解吸等一系列工艺过程而使气体得以分离净化。

低温甲醇洗的工艺特点是:

（1）吸收能力较强。

（2）选择性好。

（3）气体的净化度高。

（4）低温甲醇洗可以脱除气体中的多种杂质。

（5）甲醇的热稳定性和化学稳定性好。

（6）再生时热量消耗小，动力消耗低，操作费用也低，且运行稳定。

（7）甲醇来源充足，便宜易得，材料成本低。

（8）甲醇毒性大，对系统的密封性及操作的安全性要求较高。

（9）由于甲醇在低温高压下进行操作，对设备的材质要求高，设备费用较高。

（10）工艺流程长，再生过程比较复杂。

MDEA（*N*– 甲基二乙醇胺）法属于物理化学吸收，MDEA 的基本组成为：*N*– 甲基二乙醇胺、水、活化剂，将这混合物称之为活化的 MDEA 溶液。MDEA 溶液兼有物理溶剂和化学溶剂的性能，由于 MDEA 溶液对 CO_2 的吸收能力大，可在较低的吸收塔高度或较小的溶液循环量的条件下达到所需要的气体净化度。MDEA 溶液的组成如下：

MDEA：45% ± 5%（wt）

活化剂、缓蚀剂：2% ～5%

水：50% ～60%

纯 MDEA（*N*– 甲基二乙醇胺）溶液与 CO_2 不发生反应，但其水溶液与 CO_2 可按下式反应：

$$CO_2 + H_2O \Longrightarrow H^+ + HCO_3^- \qquad (1)$$

$$H^+ + R_2NCH_3 \Longrightarrow R_2NCH_3H^+ \qquad (2)$$

式（1）受液膜控制，反应速率极慢，式（2）则为瞬间可逆反应，因此式（1）为 MDEA 吸收 CO_2 的控制步骤，为加快吸收速率，在 MDEA 溶液中加入 5% 的活化剂（R'_2NH）后，反应按下式进行：

$$(R'_2NH) + CO_2 \Longrightarrow R'_2NCOOH \qquad (3)$$

$$R'_2NCOOH + R_2NCH_3 + H_2O \Longrightarrow (R'_2NH) + R_2CH_3NH^+ + HCO_3^- \qquad (4)$$

式（3）+ 式（4）：

$$R_2NCH_3 + CO_2 + H_2O \Longrightarrow R_2CH_3NH^+ + HCO_3^- \qquad (5)$$

从以上反应可见，活化剂起了传递 CO_2 的作用，加快了反应速度；同时，活化剂本身又能获得再生。

其工艺特点主要是：① 具有好的选择吸收能力；② 对酸性气体的吸收好，净化度高；③ 吸收与再生温差小，再生温度低，能耗低；④ 溶液稳定性好，对碳钢基本无腐蚀；⑤ 蒸汽压低，吸收酸性气体溶液损失小。

热钾碱法属于化学吸收法。采用较高浓度的碳酸钾水溶液作为吸收剂，在基本相同的温度下进行二氧化碳的吸收和溶液的再生，大大减少了吸收和再生过程之间的一些热交换器的尺寸，流程相对简单，容易再生，气体净化度高。CO_2 的吸收过程是在碳酸钾水溶液中进行可逆反应，反应过程可表示为：

化学吸收　$CO_2 + K_2CO_3 + H_2O \Longleftrightarrow 2KHCO_3$ + 热量

通过上述反应可知，低温高压反应向正反应方向进行，有利于 CO_2 的吸收；高温低压反应向逆反应进行，有利于 CO_2 的解析。

其工艺特点主要是：

（1）溶液吸收能力强，吸收剂价格便宜，供应方便。

（2）工艺气体净化度高，再生气纯度高。

（3）再生能耗高。

（4）溶液易起泡，高温下易降解，腐蚀性较强，需添加缓蚀剂[3]。

对于石油化工生产中含有高有机组分的混合气体，选择 CO_2 脱除工艺必须首先考虑有用组分损失，而费托合成的循环气中有机烃类含量就比较高。低温甲醇洗法和 MDEA 法均属于物理吸收，吸收温度也低，会造成有机烃类损失大，热钾碱脱碳属于化学吸收法，吸收温度高，烃类的溶解损失小，仅为 0.8%，投资相对较小，满足费托合成反应的各项要求。故选用热钾碱脱碳工艺处理费托合成循环气。

3 热钾碱脱碳的工艺流程是什么？

答 来自费托合成的合成尾气经水洗塔洗涤后进入吸收塔进行吸收，塔顶的脱碳净化气经冷却分离后送至费托合成及尾气处理装置。塔底富液经富液闪蒸槽闪蒸后，进入由加压再生塔、常压再生塔、亚音速喷射器以及贫液闪蒸槽组成的再生系统，再生后的贫液、半贫液经泵送入吸收塔进行循环吸收（见图 4–7）。

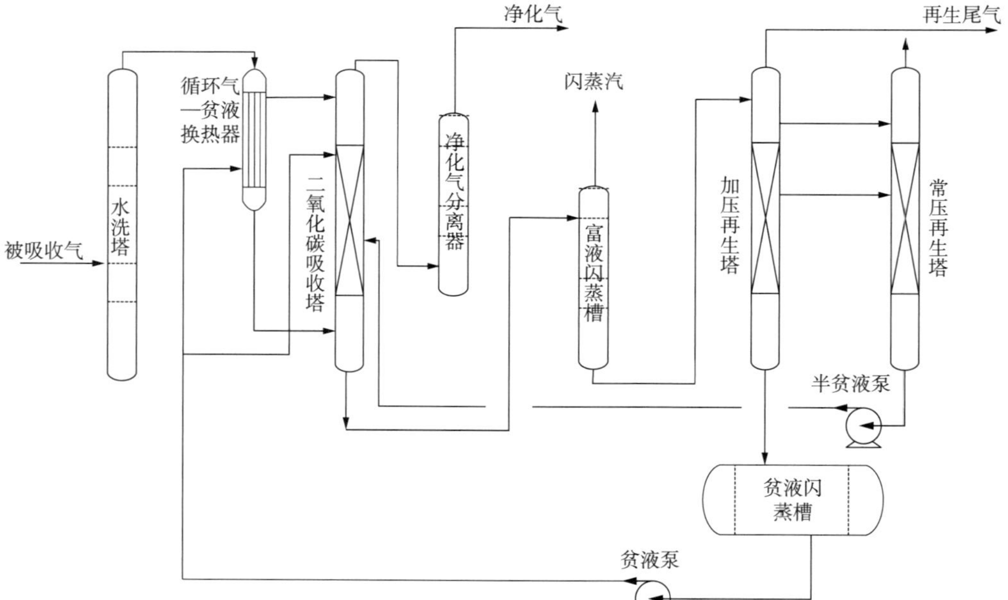

图 4–7 热钾碱脱碳的工艺流程图

4 脱碳装置蒸汽煮沸器的作用和原理是什么？

答 蒸汽煮沸器的作用是利用管间的加热蒸汽，加热管内的溶液，使溶液达到工艺所要求的再生温度。

脱碳装置蒸汽煮沸器与塔直接连接，属于热虹吸式煮沸器。所谓热虹吸式煮沸器是指在煮沸器内介质由于被加热汽化，汽液混合物的相对密度显著减小，使煮沸器的进出口间产生静压差，因而不必用泵就可以不断循环加热管内介质。

5 可调亚音速喷射器的工作原理是什么？

答 可调亚音速喷射器是利用喷针调节阀调整出口面积，达到改变喷射器的性能，以适应负荷的变化的需要。它由喷嘴、喷针、喉管、扩散管、吸入室及调节机构组成。其工作原理是有压动力气体通过可调喷嘴喷出，吸入被吸气体，并在喉管内混合，进行能量交换，通过扩散管增压，将混合气体送到冷凝器，冷凝水蒸气，并通过管道把二氧化碳气体排出。

6 液力透平耦合器工作原理是什么？

答 液力透平耦合器安装于透平与电机之间，电机的另一端与半贫液泵相连。在耦合器脱开液力透平停止状态，电机能承担起泵的载荷。随着工艺介质流量的增加液力透平加速至电机速度，耦合器自动咬合，将液力透平扭矩传递到电机，降低电耗。耦合器是一种单向传递扭矩的装置，作用是阻止和正常运转方向相反的旋转运动。液力透平不能直接带动半贫液泵，在启动或停运泵时，都是先启动电机，或先停运液力透平。液力透平升速时，在达到同步转速时，通过耦合器输出功率，其工作过程为：输出轴超越输入轴→不传递扭矩→自动楔入→结合，传递扭矩→自动脱开→超越。

7 脱碳装置设置液力透平的作用是什么？

答 脱碳吸收塔压力为2.4MPa，富液闪蒸槽压力为0.93～0.95MPa，吸收塔塔底富液依靠液体的静压差压送至富液闪蒸槽，在这一过程中，可利用这部分的压差，将静压能转换为机械能。脱碳半贫液泵同时使用液力透平和电机作为原动机驱动。液力透平采用液力耦合器与泵轴相连。由吸收塔液体驱动液力透平带动半贫液泵，回收流体静压能，转化为半贫液泵的机械能，降低了驱动电机电耗，达到节能目的。另外，由于富液通过液力透平做功，降低了静压能，一定程度上减轻了液位调节阀前后压降大、管线振动剧烈的情况。

8 通常在选择吸收剂时应主要考虑哪几方面？

答 主要考虑：① 溶解能力大；② 具有良好的选择性；③ 饱和蒸汽压低；④ 容易再生；⑤ 吸收剂黏度低且不易发泡。

9 碳酸钾溶液中加入消泡剂的作用是什么?

答 费托合成的循环气中有机烃类较高，进入脱碳装置后，碳酸钾溶液溶解的少量有机烃类会造成溶液发泡，导致吸收塔压差上涨，影响吸收效果及系统稳定运行。消泡剂能破坏气泡间液膜的稳定性，加快气泡破裂，降低塔内溶剂的气泡高度。生产中只有在溶液泡高和消泡时间超过工艺指标或发生拦液的情况下加入适量消泡剂。

10 碳酸钾溶液中加入五氧化二钒的作用是什么?

答 碳酸钾溶液对碳钢设备有腐蚀性，加入五氧化二钒后，与碳酸钾反应生成偏钒酸钾。并与铁作用在设备表面形成一层保护膜（即钝化膜），能大大降低溶液对设备腐蚀，因此溶液中总钒含量应控制在大于 20g/L。

11 碳酸钾溶液加入活化剂的作用是什么?

答 热钾碱脱碳使用活化剂常为有机胺活化剂，包括氨基乙酸、二乙醇胺等组分[4]。纯碳酸钾水溶液在 105 ~ 130℃下吸收 CO_2，其吸收速度仍然过慢，对设备的腐蚀也很严重。向溶液中加入活化剂后将大大加快碳酸钾与 CO_2 的反应速度，从而加快了 CO_2 的吸收速度和解吸速度，可使吸收和再生在较低温度下进行，也减轻溶液对设备的腐蚀。

12 尾气脱碳单元进料主要有哪些?

答 进料主要有费托反应系统的合成尾气、催化剂还原单元还原尾气和来自释放气压缩机的释放气。

13 CO_2 吸收部分合成尾气流程是什么?

答 合成尾气自费托合成单元→循环气水洗塔→循环气－贫液换热器→ CO_2 吸收塔→净化气冷却器→净化气分离器→费托合成和尾气处理装置。

14 CO_2 吸收塔填料选型要点有哪些?

答 CO_2 吸收塔填料选型要点如下：

（1）碳酸钾溶液在吸收过程中具有较强的腐蚀性，吸收塔填料宜选用不锈钢材质。

（2）普通规整填料为加大接触面积，填料表面采用波纹小、褶皱型式，而用于 CO_2 吸收塔填料易发生堵塞，因此应选用波纹较大、内部结构及表面平滑的填料。

（3）应选用硬度好、不易变形的规整填料，便于清理和重复利用。

15 吸收塔贫液、半贫液流量控制原则是什么?

答 碳酸钾溶液的再生度越低，表明溶液再生越彻底，吸收 CO_2 的能力越强，贫液的再生度一般控制在 1.2～1.25，半贫液再生度控制在 1.25～1.35，吸收效果依次是冷贫液＞热贫液＞半贫液，循环气从塔底进入吸收塔与吸收剂逆流接触，下段采用半贫液作为吸收剂，占总溶液循环量的 2/3。上段采用等量冷贫液（90℃）和热贫液（105℃）作为吸收剂，占总溶液循环量的 1/3。

16 热钾碱脱碳化学清洗的目的是什么?

答 化学清洗的目的是为了去除系统内油脂、铁锈，为系统进行钒化做准备，其过程包括碱洗、酸洗、二次碱洗和水洗。碱洗是为了除去设备内的油脂，以防溶液起泡；酸洗是为了去除设备、管道内铁锈；二次碱洗是为了中和酸洗后的残液；水洗是为了将二次碱洗的残液进行置换，以便于对系统进行钒化。

17 脱碳装置化洗时的安全注意事项有哪些?

答 在化洗过程中，酸、碱类物质对人体都有毒害性，容易造成人员灼伤、中毒等事故发生。同时若操作不当，也会对设备造成损坏。因此在化洗时应注意如下事项：

（1）配置溶液时，穿戴好防护眼镜、防酸碱手套等防护用品，防止溶液造成人员灼伤和中毒。

（2）在化洗过程中，会产生固体杂质，要定时对机泵滤网进行清理，防止滤网堵塞严重造成泵气蚀，损坏机泵。

（3）清洗完毕的废液以及清理过滤器时排出的废渣，应集中收集后堆放到指定位置，禁止现场乱排乱放，并做好安全管控。

（4）静态化洗期间，在对塔器进行充液时，要有专人监控，要求塔顶设置溢流管，便于人员监控判断。同时，要防止化洗液体通过塔顶进入气相管线，增加设备基础载荷，发生塔器倒塌或管线拉断事故发生。

（5）在化洗过程中，对需要化洗的设备管线进行隔离，防止物料互窜。

（6）在化洗过程中，系统内为氮气氛围，人员在作业过程中还应注意泄漏情况，防止在缺氧环境久留，以免引起窒息。

18 动态碱洗操作注意事项有哪些?

答 动态碱洗操作注意事项如下：

（1）碱洗时溶液温度控制在 90～95℃，一次动态碱洗时间不少于 96h，二次动态碱洗时间不少于 24h。

（2）在一次碱洗过程中每 4h 倒泵一次，清理泵入口过滤器。

（3）在碱洗过程中，每 4h 分析一次，碱浓度下降超过 5% 时，应及时补充碱液或重新配制新碱液；在碱洗时间达到要求的前提下，当测定的泡沫高度连续两次相同时，碱洗结束。

（4）在系统排尽碱液的同时，必须保持系统内氮气正压，氮气压力不足时及时补充氮气保压，严禁空气进入系统，防止设备重新生锈。

（5）系统排放废液时，必须将系统压力降至微正压，防止压力过高废液飞溅，造成人员伤害。

19 脱碳装置钒化合格的标准是什么?

答 静态钒化时温度控制在 90 ~ 95℃，但不要发生沸腾。总静态钒化时间不少于 100h。动态钒化时，若总钒浓度不大于 20g/L，则必须补充五氧化二钒。动态钒化不少于 240h。钒化合格的标准为：溶液中 [Fe^{3+}] ≤ 50mg/L，且 [Fe^{3+}] 不再升高，总钒浓度不再降低。当五价钒浓度稳定不变，系统钒化工作完成。

20 脱碳装置为什么要设置溶液过滤系统?

答 吸收塔、再生塔以及溶液管线、再生气管线的材质大多数是碳钢，溶液与再生气都对碳钢有腐蚀性，腐蚀产生的 Fe^{3+} 及合成循环气中的高碳烃使溶液发泡，影响操作。同时脱碳装置在化洗后会产生杂质，堵塞机泵滤网及塔填料，影响装置稳定运行，故需要设置溶液过滤系统，其中包括活性炭过滤器和精细机械过滤器。设置活性炭过滤器目的是吸附掉溶液中的 Fe^{3+} 以及溶解在溶液中的高碳烃，设置精细机械过滤器目的是为了过滤除去系统中的固体杂质。即溶液过滤系统可保证溶液内杂质少、不起泡、消泡时间短，使脱碳系统正常平稳运行。

21 热钾碱脱碳溶液温度过低的危害有哪些?

答 危害有：① 溶液温度低，对吸收过程有利，但温度过低会造成再生系统能耗高；② 溶液温度低，碳酸钾易结晶析出，影响系统碱液浓度，严重时会堵塞管线、设备、塔填料，影响生产。

22 如何防止碳酸钾溶液结晶?

答 碳酸钾溶液结晶会引起系统阻力增加甚至堵塞管道而造成生产无法进行。为防止结晶的产生必须注意以下几点：

（1）停运的管道、设备、液位计，在停运后要尽可能用热脱盐水冲洗。

（2）设置副线，保持少量的溶液在设备管道内继续流动。

（3）碳酸钾溶液浓度不宜过高。

（4）保证碳酸钾溶液温度大于 90℃，防止低温造成溶液结晶。

（5）控制碳酸钾溶液浓度在 260～280g/L，防止浓度过高造成溶液结晶。

23 贫液温度对脱碳系统运行有何影响？

答 贫液的温度变化会影响吸收效果。贫液温度高，会导致吸收效果变差。温度低，吸收效果好，但温度过低会导致系统溶液结晶，堵塞吸收塔填料，增加吸收塔压差；另外温度过低导致溶液再生能耗上升。

24 影响 CO_2 吸收的主要因素有哪些？

答 主要因素有：① 溶液中碳酸钾浓度；② 溶液中活化剂含量；③ 吸收压力；④ 吸收温度；⑤ 溶液再生度；⑥ 溶液循环量。

25 CO_2 吸收塔温度升高主要原因有哪些？

答 主要原因有：① 进吸收塔费托合成尾气温度升高；② 进塔的吸收剂（贫液、半贫液）温度高。

26 如何控制好吸收塔出口 CO_2 含量？

答 控制好吸收塔出口 CO_2 含量，应做到：

（1）控制好溶液组分，适时补充药剂，使溶液浓度及组成控制在指标范围内。其中，碳酸钾浓度在 260～280g/L，总钒浓度大于 20g/L，五价钒浓度大于 15g/L，活化剂浓度大于 60g/L。

（2）根据生产负荷及时调整冷热贫液流量配比及半贫液流量。

（3）控制好吸收塔压力、吸收温度。

（4）及时调整加压再生塔、常压再生塔蒸汽流量，控制好再生温度，保证贫液再生度在 1.2～1.25，半贫液再生度在 1.25～1.35。

（5）加强溶液过滤，及时更换过滤系统滤料和滤芯，降低系统内烃类和杂质。

27 水洗塔洗涤水量如何控制？

答 循环气水洗塔洗涤水量根据合成尾气含氧有机物含量进行设定，通过流量调节阀进行控制。当含氧有机物含量高时，适当增加脱盐水量。

28 水洗塔入口气量变化时应如何调整?

答 水洗塔气量变化主要由费托合成单元合成尾气量决定。当进气量减少时，应适当降低洗涤水循环量，避免塔板漏液；当进气量增大时，应适当增加洗涤水循环量，降低合成尾气中的含氧有机物，避免带入脱碳溶液中，造成溶液发泡，导致塔压差升高。

29 脱碳净化气分离器顶部压力如何控制?

答 为保证送至费托合成单元的净化气压力稳定，脱碳净化气至尾气处理装置调节阀与至高压火炬总管调节阀采用分程控制。当压力升高时，先开大至尾气处理装置调节阀，直至全开后，再通过调整至高压火炬总管调节阀开度维持压力稳定；压力降低时，先关小至高压火炬总管调节阀，直至完全关闭后再关小至尾气处理装置调节阀开度。

30 如何降低脱碳溶液的泡高?

答 脱碳溶液中的烃类、杂质或系统负荷变化过快，都会导致溶液易发泡，当泡高超过 30mm 时，吸收塔容易发生液泛被迫停车。因此在正常运行时，应采取以下措施：

（1）及时观察水洗塔洗涤水带油情况，带油量明显增多时，应及时增加洗涤水排放量，并补充新鲜脱盐水量。

（2）加强溶液过滤，过滤循环量应在溶液循环总量的 20% 左右，并定期更换活性炭过滤器中的活性炭和精细机械过滤器滤芯。

（3）向吸收或再生塔内加入适量的消泡剂，可快速降低泡高。

31 再生塔如何调节?

答 加压再生塔、常压再生塔塔底采用蒸汽煮沸器加热，为溶液再生提供热源，加压再生塔中部、下部抽出等量溶液进入常压再生塔进行再生，塔底溶液进入贫液闪蒸槽进行闪蒸，闪蒸汽作为汽提蒸汽进入常压再生塔，闪蒸后的溶液作为贫液进入吸收塔上段进行吸收。常压再生塔底部溶液做为半贫液进入吸收塔中部进行吸收。加压再生塔顶部的再生气作为动力气，通过再生气喷射器，抽吸常压塔顶经冷却分离后的被吸气，从而降低常压再生塔压力，有利于半贫液再生。

在装置运行过程中，再生塔温度应通过加压再生塔蒸汽量进行调节，常压再生塔蒸汽不宜过大，目的是为了降低被吸气中的水蒸气含量，提高被吸气冷却器的冷却效果，同时增加喷射器的喷射效果，有利于降低常压再生塔压力，提高半贫液再生效果、再生气冷却器冷却效果、降低系统水消耗。但常压再生塔蒸汽量过小会导致半贫液中烃类物质累积，进入吸收塔后会加剧吸收塔溶液发泡，影响吸收塔正常稳定运行，通常常压再生塔蒸汽量以维持塔底温度在 100℃左右为宜。加压再生塔蒸汽量根据贫液、半贫液再生度进行调节，保证贫液再生度控制在 1.2～1.25，半贫液再生度控制在 1.25～1.35。

32 常压再生塔塔顶压力如何调节？

答 常压再生塔压力影响半贫液再生度，常压再生塔压力由喷射器抽吸效果决定，喷射器抽吸效果好，有利于降低常压再生塔塔顶压力，提高半贫液再生效果。常压塔压力高时，开大喷射器旋钮阀，增加抽吸效果；反之关小喷射器旋钮阀。常压塔加热蒸汽量也会影响常压再生塔压力，蒸汽量大时，常压塔塔顶被吸气量大，同等喷射器抽吸情况下，常压再生塔压力升高，当常压塔压力高时，应适当降低加热蒸汽量。

33 加压再生塔塔顶压力如何调节？

答 加压再生塔塔顶压力可根据喷射效果进行微调，范围在 0.08～0.11MPa，通过再生气喷射器的压力旁路调节来控制，开大压力旁路阀压力降低，关小压力旁路阀压力升高。也可通过控制加压再生塔加热蒸汽流量，来调整加压再生塔压力，压力高时降低蒸汽量，反之增加蒸汽量。调节压力时，要缓慢调节，注意全面观察，包括喷射效果、溶液再生效果等。

34 系统什么情况下应补充碱液？

答 系统正常运行时，应密切关注贫液、半贫液分析指标，碱液浓度较低时，吸收能力不足，脱碳净化气中 CO_2 含量升高。当碱度低于 260g/L 时，根据系统溶液量计算将碱度提高至 260g/L 所需碳酸钾添加量，同时计算活化剂浓度维持 60g/L 所需添加量。

35 脱碳溶液中铁含量超标的原因有哪些？

答 脱碳溶液中铁含量应控制在 100mg/L 以下，造成铁含量超标的原因主要有以下几点：

（1）脱碳装置化洗时产生的铁锈等杂质未清理干净，造成溶液铁含量超标。

（2）脱碳装置设备管材选型不合适，设备管线发生腐蚀，造成溶液铁含量超标。

（3）脱碳装置碳钢设备钒化膜脱落，发生局部腐蚀，造成溶液铁含量超标。

36 碱液中五价钒降低时可采取的处理措施有哪些?

答 碳酸钾溶液中总钒浓度要求大于 20g/L，五价钒浓度要求大于 15g/L。当碱液中五价钒浓度降低时，如果总钒浓度与五价钒浓度相接近，则需要向系统内补加五氧化二钒；如果总钒浓度大于五价钒浓度 5g/L，需要将常压再生塔部分溶液排至溶液储槽，通入工厂空气，使溶液与空气在储槽中接触氧化，提高五价钒浓度，再将溶液返回系统。

37 系统在哪些情况下需要再次进行钒化?

答 在装置更换或新增碳钢设备后，碳钢材质表面钒化膜脱落或未形成钒化膜，设备易腐蚀，需要对系统进行补充钒化。应先进行 36h 静态钒化，再进行 36 ~ 72h 的动态钒化。

38 脱碳装置提负荷如何操作?

答 脱碳装置提负荷操作如下：

（1）提负荷要缓慢，防止吸收塔压差上涨过快，以免引起塔液泛，造成脱碳净化气带液严重，液体进入费托合成或尾气处理装置压缩机，损坏设备；脱碳负荷上涨过快还会导致水洗塔塔盘吹翻，损坏塔内件。

（2）因合成尾气中含有含氧有机物，当系统负荷增加时，应适当增加水洗塔循环水流量，将含氧有机物进行洗涤脱除，防止其进入系统引起溶液发泡。

（3）适当增加 CO_2 吸收塔贫液及半贫液流量，保证吸收塔出口 CO_2 含量小于 2%。

（4）适当增加加压再生塔及常压再生塔塔底蒸汽流量，维持塔底温度，确保溶液再生达到要求。

（5）系统负荷增加时，密切注意各塔液位和压力变化，并做相应调整，防止发生液位抽空损坏设备或窜压。

39 脱碳装置降负荷如何操作?

答 当费托合成单元降负荷后，费托合成尾气至脱碳的气量，脱碳净化气至费托合成、尾气处理装置的气量也随之下降，需相应降低脱碳单元溶液循环量和洗涤水量，以降低装置能耗。具体做如下调整：

（1）适当降低水洗塔循环水流量。

（2）适当降低 CO_2 吸收塔贫液及半贫液流量。

（3）根据再生塔温度相应降低加压再生塔及常压再生塔塔底蒸汽流量。

（4）密切注意各塔液位、压力变化，并做相应调整。

（5）脱碳降负荷后，至尾气处理装置气量相应减少，此时应关注合成尾气中氮气含量，防止惰性气含量偏高，造成费托反应转化率下降。

40 脱碳装置退气后需要进行哪些处理？

答 脱碳装置退气后需要进行如下处理：

（1）合成尾气退气后，保持溶液再生循环 24h 左右，直至溶液再生度低于 1.2；并根据净化气、被吸气、再生气空冷后温度逐步停各空冷器。

（2）溶液循环再生过程中，逐渐减小加压再生塔、常压再生塔煮沸器加热蒸汽流量，保持溶液循环，进行溶液降温。

41 如何降低脱碳溶液中油含量？

答 合成尾气中含有部分轻质油，进入脱碳溶液中会导致溶液发泡，引起塔压差上涨，严重时会导致吸收塔液泛，影响装置稳定运行。

（1）控制合成尾气进气温度，温度越高，合成尾气中油含量越高。

（2）在正常运行时，通过水洗塔循环水量控制溶液中油含量。当水洗塔进气量较大时，提高新鲜脱盐水流量和循环水量，降低进入溶液中的油含量。

（3）净化气分离器分离出的凝液排出系统处理，避免返回系统导致溶液油含量上升。

（4）定期分析溶液中油含量，加强溶液过滤，通过活性炭过滤器脱除溶液中的油类组分，定期更换活性炭，保证溶液过滤效果。

（5）降低循环洗涤水温度，增加洗涤水的洗涤效果。

42 如何控制脱碳溶液中钒的浓度？

答 脱碳溶液中加入五氧化二钒是为了减缓系统腐蚀。在运行过程中，要确保溶液中总钒浓度大于 20g/L。浓度低于 20g/L 时则需要及时补充五氧化二钒。

43 脱碳溶液过滤循环量如何确定？

答 活性炭过滤器主要是为了去除脱碳溶液中杂质，并吸附系统溶液中的烃类。在考虑溶液过滤循环量时，应依据脱碳单元溶液循环量大小（一般过滤循环量应为溶液循环量的 20% 左右）再根据溶液中杂质含量高低，做适当调整。

44 活性炭过滤器何时更换活性炭？如何更换？

答 在运行过程中，如果活性炭过滤器压差大于 0.2MPa，或脱碳溶液中的油含量不降反升，则需要对活性炭进行更换。

（1）更换活性炭时，先将需要更换活性炭的过滤器进行交出排液，确认活性炭过滤器排液完毕后，对活性炭过滤器所有进出管线加盲板隔离。隔离完成后，将活性炭过滤器顶部加料口，上部人孔打开进行通风置换。

（2）确认活性炭过滤器内有限空间分析合格后，检修人员穿戴连体服及防酸碱手套，佩戴四合一气体检测仪进入过滤器内将压栅板及丝网拆除，并移出容器外。再打开排料阀，将废活性炭排至收集吨袋内。排净后装填新活性炭，装填至距上部人孔50mm 处，安装丝网及压栅板，封人孔。

（3）打开脱盐水对新活性炭进行冲洗，以除去新活性炭中的粉末。

45 合成尾气中的酸类物质对脱碳装置有何影响?

答 合成尾气中的酸类物质进入脱碳溶液中，会与碳酸钾发生中和反应，生成可溶性杂质，造成碳酸钾浓度下降，吸收效果下降。因此，在运行过程中，要加强水洗塔洗涤效果，避免合成尾气中的酸类物质进入脱碳溶液。同时，合成尾气温度高，会造成其中的酸类物质含量升高，所以要尽量降低合成尾气温度，减少合成尾气中夹带的酸类物质。

46 再生气中非甲烷总烃治理技术主要有哪些方法？有何优缺点?

答 目前非甲烷总烃治理技术主要有二级闪蒸法、热氧化法、催化氧化法、蓄热催化氧化法等。

（1）二级闪蒸法是在原有中压闪蒸基础上，在加压再生塔顶部设置二级减压闪蒸，将再生气中的 CO、H_2、CH_4、烃类等有效组分进行去除，从而降低排放尾气中的非甲烷总烃。此方法操作简单，与系统操作温度一致，但存在闪蒸不彻底，再生气可能无法达标排放的缺点。

（2）热氧化法是一种较彻底的处理方法，它的基本原理是通过加热达到燃烧温度使非甲烷总烃与氧气发生氧化反应，生成 CO_2 和 H_2O 等小分子物质，一般操作温度在 760～800℃，适用非甲烷总烃浓度范围 1～25g/m^3，该技术的优点是对污染物的去除较为彻底，但也存在缺点：① 装置设备为明火设备，不能满足有些项目的安全防火间距；② 需消耗天然气等燃料，系统运行能耗较高；③ 明火燃烧过程中，温度过高时会生成氮氧化物，造成二次污染。

（3）催化氧化法是利用催化剂的选择性及活性，降低非甲烷总烃气体反应活化能并将其分解为 CO_2 和 H_2O 等小分子物质，该技术需要在一定的温度、空速，并在催化剂存在的条件下进行，是典型的气－固相催化反应。适用于高温或高浓度的有机废气。

该技术与热氧化技术相比，具有起燃温度低、能耗小等优点。

该技术的缺点为：① 需消耗天然气燃料或采用电加热器加热，增加了运行成本；② 投资较高，催化剂较贵且存在选择性，需要定期更换。

（4）蓄热催化氧化法是在催化氧化的基础上发展起来的先进处理技术，即增加蓄热陶瓷，用于进出气体热交换，其上方设催化剂床层，利用催化剂的低温催化作用去除废气中的非甲烷总烃。采用先进的热交换设计技术、高效催化剂和新型陶瓷蓄热材料，高效换热系统保证了燃烧热量的有效回收，一般操作温度 300 ~ 550℃，适用非甲烷总烃浓度范围 0.5 ~ 2g/m^3。

该技术的优点为：① 该设备可采用电加热器加热，不产生明火，系统运行安全性高；② 催化剂对大部分非甲烷总烃具有良好的去除率，可满足日益严格的排放标准；③ 该技术催化反应温度低（300 ~ 550℃），系统热效率高（95%）；④ 装置占地面积小。

该技术具有以下缺点：① 投资较大，贵金属铂、钯催化剂价格较高；② 需要根据具体介质选用合适的催化剂，催化剂使用寿命一般 3 年，需要定期更换。

47 脱碳净化气中 CO_2 含量高的原因有哪些？应如何处理？

答 脱碳净化气中 CO_2 含量高的原因有：① 吸收塔贫液、半贫液循环量小；② 溶液碳酸钾、活化剂浓度低；③ 吸收剂温度高；④ 吸收塔压力低；⑤ 溶液再生不好；⑥ 冷热贫液分配不当；⑦ 气体负荷过大；⑧ 塔内件损坏。

处理方法：① 加大吸收塔贫液、半贫液循环量；② 适当提高溶液碳酸钾、活化剂浓度；③ 降低吸收剂入塔温度；④ 适当提高吸收塔压力；⑤ 提高再生塔温度；⑥ 调控好冷热溶液比例；⑦ 降低负荷运行；⑧ 停车检修。

48 吸收塔液位波动大的原因有哪些？应如何处理？

答 吸收塔液位波动大的原因有：① 吸收塔发生液泛；② 系统压力波动大；③ 液位自调失灵；④ 入塔气液量不稳。

处理方法：① 迅速降低脱碳系统负荷；② 稳定合成尾气流量或调节脱碳净化气至低温油洗气量；③ 处理液位自调阀；④ 查明气液量不稳原因并根据具体情况处理。

49 CO_2 吸收塔压降升高的原因及处理措施是什么？

答 吸收塔上段压降正常值约为 5kPa，压降达到 10kPa 时高报警；吸收塔全塔压降正常值约为 10kPa，压降达到 25kPa 时高报警。造成吸收塔压降升高的主要原因为：系统内烃类含量上升，溶液发泡、合成尾气量波动过大、吸收填料堵塞等。

处理措施：向系统内加入消泡剂；缓慢调节气量，气量过大时降低合成尾气进气负荷；择机清理或更换吸收塔填料。

50 吸收塔液泛的原因是什么？如何处理？

答 吸收塔液泛主要由以下原因造成：

（1）水洗塔洗涤效果差，合成尾气中的油类物质进入溶液，造成溶液烃类物质偏高；常压再生塔温度偏低，造成半贫液中烃类物质长期累积，进入吸收塔后，导致吸收塔内溶液发泡严重，吸收塔压差增加。分析贫液、半贫液泡高大于30mm，消泡时间大于5s。

（2）气液比失调。气相负荷过大，液相流量不足，当气相负荷增加到一定程度，液层的厚度增加，气流通过加厚的液层所带出的液沫增多，液沫夹带严重时，液相直接溢到上层塔板，终至全塔被液体充满，发生液泛。若气体流量一定而液体流量加大时，液体通过降液管的阻力增加，使塔的压差加大，都会使降液管内液面升高，从而导致液泛。

（3）塔内填料堵塞严重，造成塔内流通阻力增加，塔压差上涨过快，从而导致液泛。

其处理措施：

（1）增加水洗塔洗涤水量，保证水洗效果；适当增加常压再生塔蒸汽量，控制常压再生塔塔底温度大于100℃，减少半贫液中烃类物质的含量；根据系统贫液、半贫液分析情况，当泡高、消泡时间超标时，及时向系统加入消泡剂，降低塔压差。

（2）根据气相负荷及脱碳净化气 CO_2 分析情况，及时调整贫液、半贫液流量，防止液相流量偏高或偏低，造成塔压差上涨，导致液泛。

（3）利用停车检修时间对吸收塔堵塞填料进行清理；装置运行过程中加强溶液过滤，降低系统杂质含量；降低系统铁含量，防止系统生成钒铁沉淀物堵塞填料。

51 热钾碱脱碳工艺在费托合成反应的应用中，碱度不断下降的原因是什么？可以采取的措施是什么？

答 碱度不断下降的原因：费托合成反应主反应是一氧化碳和氢气在催化剂作用下生成烃类和水，但也伴随发生部分副反应生成醇、醛、酮、酸等含氧化合物。一般情况下，含氧化合物在分离轻质油的过程中大部分进入合成水中，少量有机化合物会随着合成尾气进入脱碳系统。目前国内几个煤炭间接液化项目中均采用了南化院的热钾碱脱碳工艺，合成尾气首先经过脱碳水洗塔将其中的含氧化合物洗涤下来，并将部分洗涤水外送，以保证脱碳洗涤水中含氧化合物和烃类物质浓度维持在一定范围内，不会一直累计上升。南化院原设计是首先将脱碳水洗塔部分外送洗涤水引入脱碳地下槽，然后通过提升泵送至贫液闪蒸槽与贫液混合，由于这部分洗涤水中含费托合成副反应生成的有机酸，就会与碱液发生中和反应，从而造成碱度不断降低，需要频繁补充碳酸钾。

建议采取的措施：由于脱碳水洗塔洗涤水主要是将合成尾气中含氧化合物洗涤下来，此部分水可以送至费托合成单元的三项分离器中。在进行气、油、水三项分离后，这部分水最终与合成水一并去合成水处理装置回收含氧化合物。这样也就避免了合成尾气中有机酸中和碳酸钾溶液的情况发生，碳酸钾溶液碱度也不会持续降低。

52 在国内煤炭间接液化项目中，与费托合成反应配套的脱碳装置中部分采用了两级脱碳吸收塔，采用一级脱碳吸收塔和采用两级脱碳吸收塔有什么不同?

答 目前，在国内煤炭间接液化项目中，与费托合成反应配套的脱碳装置全部都采用了南化院的热钾碱脱碳工艺，采用两级脱碳吸收塔还是采用一级脱碳吸收塔，主要是根据脱碳净化气的后处理工艺决定的。采用中科合成油工艺技术的装置，脱碳后气体是去往尾气处理装置，利用低温稳定石脑油将脱碳净化气中的 LPG 及C_{5+}组分吸收掉，油洗干气再经过膜组分离出氢气浓度较高的渗透气和烃类含量较高的非渗透气，渗透气再进入 PSA，利用分子筛变压吸附制备高纯度氢气，整个后处理工艺中对二氧化碳含量要求较为宽松，只要二氧化碳含量低于 2% 即能满足后续处理要求，而采用南化院热钾碱脱碳工艺，一级吸收后的脱碳净化气中二氧化碳含量均在 2% 以内，因此采用一级吸收塔；而采用兖矿集团自主研发的费托合成工艺技术中，脱碳净化气是直接采用深冷技术，将脱碳净化气冷却至 –90℃，再进行气液分离，分离出的液体主要为 LPG 及C_{5+}组分，分离后的气体直接进入 PSA 制备高纯氢气，由于在脱碳净化气后处理工艺中采用了深冷技术，脱碳净化气需要被冷却至 –90℃，而二氧化碳在常压下 –44℃就会变成固体干冰，如果脱碳净化气中二氧化碳含量过高，气体中的二氧化碳变成固体干冰后会堵塞设备及管线，无法保持装置正常运行，因此，该工艺要求二氧化碳含量低于 0.4%，为满足后续处理所需条件，设置了二级二氧化碳吸收塔，出口二氧化碳含量可以控制在 0.4% 以下。

53 脱碳装置水洗塔洗涤水温度对洗涤效果有何影响?

答 脱碳装置设置水洗塔的目的是为了除去合成尾气中的含氧有机物。当洗涤水温度偏高时，洗涤水在进行循环洗涤时，不但会造成部分轻质油类重新挥发出来进入合成尾气中，也会造成合成尾气中的轻质油类无法被洗涤去除，造成水洗塔洗涤效果不好，气相进入系统溶液后，易导致溶液发泡，影响脱碳效果。

在装置运行过程中，造成洗涤水温度偏高的主要原因是入水洗塔合成尾气温度过高，导致气液接触后液相温度升高，主要解决措施为：① 降低至脱碳合成尾气温度；② 对循环洗涤水增加冷却设备，将洗涤水温度降低后再进行循环洗涤。

第四节　加氢装置

1 费托合成产品的加氢精制主要原理及化学反应是什么？

答 费托合成产物主要由烃类、含氧有机化合物和水组成。其中，低温费托合成产物中，烷烃是主要成分，其次是烯烃和醇、醛、酮、酸、酯等含氧有机化合物；高温费托合成产物中烯烃是主产物，其次是烷烃，芳烃和含氧有机化合物，水为主要副产物；费托合成产物中硫、氮含量几乎为零。

加氢精制的主要原理是在一定温度、压力、氢油比和空速条件下，在加氢精制催化剂的作用下，把原料油中所含的硫、氮、氧等非烃类化合物转化为相应的烃类和易于除去的硫化氢、氨、水等，烯烃、芳烃等不饱和烃加氢饱和，并除去金属及金属化合物，以改善油品的质量。费托合成油品主要是直链烷烃，不含 S、N 和低芳烃，其加氢精制主要涉及含氧化合物加氢脱氧、不饱和烃加氢饱和、加氢脱金属三种主要反应。

（1）含氧化合物加氢脱氧反应：费托合成油品中含有一定量的有机酸和有机醇。其主要反应如下：

$$CH_3(CH_2)_nOH + H_2 \longrightarrow CH_3(CH_2)_{n-1}CH_3 + H_2O$$

$$CH_3(CH_2)_nCOOH + 3H_2 \longrightarrow CH_3(CH_2)_nCH_3 + 2H_2O$$

（2）不饱和烃加氢饱和反应：费托合成油中的烯烃和二烯烃含量较高，这些不饱和烃在加氢条件下很容易饱和，烯烃的加氢速度很快，常温下即可进行，二烯烃加氢速度比单烯烃更快。其主要反应如下：

$$RCH = CH_2 + H_2 \longrightarrow RCH_2CH_3$$

$$RCH = CH - CH = CH - R + 2H_2 \longrightarrow RCH_2 - CH_2 - CH_2 - CH_2 - R'$$

（3）脱金属反应：原油油品中金属有机化合物大部分在渣油馏分中。加氢精制过程中，所有金属有机化合物都发生氢解，生成的金属在催化剂表面及催化剂孔道中沉积，会使催化剂活性降低且不可逆。费托合成油形成金属有机物的条件并不充分，微量费托催化剂组分主要以极为微小的机械颗粒存在，生成的金属悬浮物沉积在催化剂表面及催化剂孔道中会使催化剂活性降低，导致床层压降上升，沉积在催化剂表面上的金属随反应周期的延长而向床层深处移动。

2 费托合成油加氢裂化的原理及化学反应是什么？

答 加氢裂化是重油深度加工的主要技术之一，即在高温、高压、催化剂的存在下，使 C—C 键断裂，将大分子烃类转化成小分子烃类，从而使油品变轻的加工工艺。加氢裂化原料范围很广，包括直馏石脑油、粗柴油、减压蜡油、焦化柴油、焦化蜡油、脱沥青油等，可以直接生产优质液化气、汽油、柴油、喷气燃料等清洁燃料，以及轻石脑油、加氢尾油等优质化工原料。

加氢裂化主要发生烷烃加氢反应、裂化反应、异构化反应、氢解反应等化学反应，根据分子结构的不同发生的反应不同。

（1）烷烃加氢裂化为分子量更小的烷烃。主要反应如下：

$$C_nH_{2n+2} + H_2 \longrightarrow C_mH_{2m+2} + C_{n-m}H_{2(n-m)+2}$$

轻组分在催化剂上的吸附弱于重组分，C—C 键键能大于重组分，因此，随着正构烷烃沸点的提高，反应活化能越低，裂化反应速率越高。

（2）烃类分解成相对分子质量较小的烷烃和烯烃，生成的烯烃又加氢饱和或环化。

（3）烷烃和烯烃发生正碳离子异构化反应，生成带有支链的烃类，产物中异构烃/正构烃比率增加。

（4）多环芳烃主要发生逐环加氢、开环和脱烷基等一系列平行反应、顺序反应，生产苯类及小分子烷烃化合物。

（5）经过加氢精制过的少量含氧、氮、硫化合物进一步进行氢解反应。

费托合成油加氢裂化是以加氢精制尾油及精制重柴油为原料，在高温高压、氢气和催化剂的作用下进行烷烃裂化反应及临氢异构化反应，生产车用柴油、石脑油和液化气等高附加值产品。

加氢裂化反应遵循正碳离子机理，在某种程度上可以认为是氢压下的催化裂化反应。所有在催化裂化过程中最初发生的反应基本均有发生，由于有加氢活性中心的存在，一些二次反应如加氢转移，结焦就在很大程度上被抑制了。

对于烷烃的裂解反应的发生，不可避免伴随着异构化反应。裂解与异构化均是通过正碳离子中间体在酸催化剂条件下进行的，正碳离子极其活泼，只能瞬时存在，一旦生成就会迅速进行异构化反应和裂化反应。

3 费托合成油和原油作为加氢原料有哪些区别？

答 与传统原油相比，费托合成油作为加氢原料具有链烷烃含量高、烯烃含量高、含氧化合物含量高、低硫、低氮、低芳烃的特点，具体组成对比见表 4–1。

表 4-1　费托合成油组分表

组分	费托合成油		原油
	高温费托合成油	低温费托合成油	
链烷烃	> 10%	> 30%	> 30%
环烷烃	< 1%	< 1%	> 30%
烯烃	> 30%	> 10%	无
芳烃	< 1%	< 1%	> 30%
氧化物	0.05% ~ 1.5%	0.05% ~ 1.5%	< 1%
硫化物	无	无	0.1% ~ 5%
氮化物	无	无	< 1%
有机金属化合物	羧酸盐	羧酸盐	卟啉

4 什么是溴指数？油品的溴指数代表什么？油品溴指数不合格应如何进行调整？

答 将一定量的油品试样用溴酸钾－溴化钾标准滴定溶液滴定，滴定完成时每100g油品所消耗溴的质量表示溴指数。在油品生产中，溴指数是衡量油品安定性的重要指标。溴指数越高，代表油品中不饱和烃含量越高。油品的溴指数不合格则代表油品中不饱和烃含量超标。在工艺操作方面，可以通过提高加氢精制反应温度、提高氢分压来调整；此外，如裂化后柴油溴指数不合格，还可在裂化催化剂后增加后精制催化剂或提高裂化后精制反应温度及降低后精制反应空速来解决。

5 什么是油品的沸点、初馏点、干点和馏程？

答 对于纯净物，在一定压力下加热至饱和蒸汽压等于外压时的温度叫沸点。油品通常是复杂的混合物体系，其沸点表现为一段连续的范围，简称沸程。在规定条件下，做油品馏程实验测定时，馏出第一滴凝液时的温度叫初馏点，馏出最后一滴凝液时温度叫终馏点或干点，通常将初馏点到终馏点之间的温度范围叫馏程。

6 为什么要控制柴油的馏程？其指标是多少？如何控制？

答 馏程是柴油一个重要的质量指标。柴油机的速度性能越高，对燃料的馏程要求就越严，一般来说，馏分轻的燃料启动性能好，蒸发和燃烧速度快；但是燃料馏分过轻，自燃点高，燃烧延缓期长，且蒸发程度大，在点火时几乎所有喷入汽缸里的燃料会同时燃烧起来，结果造成缸内压力猛烈上升而引起爆震。燃料过重会使喷射雾化不良、蒸发慢，不完全燃烧的部分在高温下受热分解，造成发动机积炭，尾气冒黑烟，同时增加燃料消耗。

馏程的主要控制指标是 50%、90%、95% 馏出温度，50% 馏出温度不高于 300℃，90% 馏出温度不高于 355℃，95% 馏出温度不高于 365℃。

柴油馏程通常是通过分馏侧线抽出量、分馏塔顶温度、压力和塔底温度来调节。侧线抽出量变小，柴油馏程变轻；分馏塔顶温度降低，柴油馏程变轻；分馏塔顶压力升高，柴油馏程变轻；分馏塔底温度降低，柴油馏程变轻；反之则变重。

7 什么是油品的闪点？油品闪点不合格时如何处理？

答 闪点是在规定试验条件下，加热油品时逸出的蒸汽和空气组成的混合物与火焰接触发生瞬间闪火时的最低温度，用℃表示。根据测定方法和仪器的不同，分开口和闭口两种测试方法，其中前者用于测试重质油品、后者用于测试轻质油品。闪点与油品蒸发性有关，与油品的 10% 馏出点温度关联最好。

若油品中闪点低，可通过以下方式进行调节：

（1）若有侧线汽提塔，适当开大侧线汽提塔汽提蒸汽量，降低油品中轻组分的含量，提高闪点。

（2）提高侧线馏出温度，使油品中的轻组分向上一侧线或塔顶挥发，提高侧线采出温度可能会造成产品终馏点超标，要严格监控产品的终馏点指标。

（3）适当提高塔顶温度，可以使闪点有所提高。

8 什么叫油品的浊点、倾点、凝点、冷滤点？

答 浊点是指油品在试验条件下，开始出现烃类的微晶粒或水雾而使油品呈现浑浊时的最高温度。倾点是油品在冷却过程中能从标准形式的容器中流出的最低温度。凝点是指油品在固定的仪器中，按一定的试验条件测得油品失去流动性时（试管倾斜 45° 角，经 1min 后，肉眼看不到油面有所移动）的温度。凝点的实质是油品低温下黏度增大，形成无定形玻璃状物质而失去流动性，或含蜡的油品蜡大量结晶，连接成网状结构，结晶骨架把液体的油包在其中，使其失去流动性。

冷滤点是按照 SH/T 0248 规定的测定条件，当油品通过过滤器的流量每分钟不足 20mL 时的最高温度。由于冷滤点的测定条件近似于使用条件，因此可以用来判断柴油可以使用的最低温度。冷滤点高低与柴油的低温黏度和含蜡量有关。低温下黏度大或出现的蜡结晶多，都会使柴油的冷滤点升高。

对于同一油品，浊点＞冷滤点＞倾点＞凝点。

9 什么是边壁效应？催化剂径向空隙率分布有什么规律？如何降低边壁效应？

答 在反应器器壁，床层催化剂空隙率最大，流体流动时易向器壁流动，从而影响传质效果，这就是边壁效应。

空隙率分布从器壁到中心呈周期性减幅振荡的规律。

影响边壁效应的因素主要有流体的分布、催化剂的粒度以及空隙率。降低边壁效应的方法主要有三点：① 降低装置液相物料的流速，减少气、液物料流速上的差别从而实现汽、液相均匀分布，降低边壁效应；② 增大反应器直径与催化剂颗粒直径的比值，可减小边壁效应；③ 催化剂的形状对边壁效应有影响，异形＜球形＜圆柱形，在催化剂设计及选型过程中可以选择异形催化剂。

10 加氢催化剂为什么需要硫化？常有的硫化剂有哪些？硫化方法有哪些？

答 以Ⅵ–B 族和Ⅷ族如 Ni、Co、W、Mo、等非贵金属作为活性组分的加氢催化剂，初始装入反应器内的加氢催化剂都以氧化态存在，而以硫化物状态存在时具有更好的加氢活性、稳定性和选择性。因此，对新鲜的或再生后的加氢催化剂在使用前都应进行硫化。

通常含硫量较高的有机硫化物都可以作为硫化剂，如硫化氢（H_2S）、二硫化碳（CS_2）、甲基硫醇、乙基硫醇、二甲基硫（DMS）、联多有机硫化物（SZ–54、FSA–55）、二乙基硫（DES）和二甲基二硫（DMDS）等。与上述各种硫化剂比较，DMDS 拥有高沸点、高闪点和高自燃点，毒性较低，因此是安全性最高的硫化剂。

以氧化铝、硅氧化铝和无定形硅铝为载体的加氢催化剂，多采用湿法进行硫化，湿法硫化又分为原料油中含硫化物的湿法硫化和馏分油外加硫化剂（CS_2 或 DMDS）的湿法硫化两种情况，但后者一般效果更好。湿法硫化之前，必须对催化剂进行充分干燥脱水，否则含水催化剂在与高温硫化油接触时，会引起催化剂破损，并影响催化剂硫化效果。湿法硫化的起始温度通常控制在 150 ~ 160℃。

含分子筛的加氢裂化催化剂多采用干法硫化，干法硫化的操作压力不宜低于 5.0MPa，否则催化剂硫化速度将明显减小，硫化周期延长，催化剂的硫化效果明显下降。一般国内装置根据硫化剂确定干法硫化的起始温度，二硫化碳注硫温度为 150℃，DMDS 注硫温度为 175℃。

11 催化剂床层形成热点的原因有哪些？催化剂床层出现热点后的处理措施有哪些？

答 反应器内催化剂径向装填的均匀性不好，或物料分配器出现问题导致进入催化剂床层的物料分布严重不均匀，都会导致反应物料在催化剂床层内“沟流”“偏流”“贴壁”等走“短路”现象的发生，也会导致部分床层的塌陷。通常加氢反应器为滴流床反应器，加氢操作通常又采用较大氢油比，反应器中气相物料的流速远大于液相物料的流速，气、液物料流速上的差别导致相的分离。一旦催化剂床层径向疏密不匀，即床层内存在不同阻力的通道时，以循环氢为主体的气相物流更倾向于占据阻力小、易于通过的通道，以原料油为主体的液体物流则被迫流经装填更加紧密的催化剂床层，从而造成气、液相分离，使气液间的传质速率降低，反应效果变差。另外，由于在此状态下循环氢带热效果差，易造成床层高温“热点”的出现。热点一旦出现，将会造成热点区的催化剂结焦速度加快，使得该区域的床层压力降增大，又反过来使得流经该热点床层的气相物料流量更少。反应热量不能及时带走，使得该点温度更高，形成恶性循环。一方面影响装置的操作安全，另一方面由于高温点的存在而缩短催化剂的使用寿命。

短期内反应器床层局部出现热点，可通过降低装置处理量或降低氢油比，降低液相物料的流速，减少气、液物料流速上的差别来维持装置正常生产。长期解决措施只能通过停车对催化进行筛分或再生处理，并重新装填从而彻底解决催化剂径向装填不均匀引起局部热点的问题。

12 反应器催化剂床层发生沟流的原因及危害是什么?

答 由于催化剂装填的缺陷，导致床层的某一区域装填密度低，催化剂呈疏松“架桥”状。当油气混合物通过床层时走“短路”，这就是“沟流”。催化剂床层发生沟流时，最明显的标志就是床层径向温差大，同时存在热点温度。反应温度越高，该热点温度越高，短时间打冷氢对热点温度影响不大，只有整个反应器床层温度降下来后，热点温度才可能逐渐降低。

催化剂床层发生沟流有如下危害：

（1）导致催化剂局部过度反应，床层径向温度分布不均。

（2）导致催化剂整体活性利用不充分。

（3）部分催化剂失活加剧。

（4）导致催化剂局部结焦。

13 加氢催化剂失活的原因及正常生产时保护催化剂的措施有哪些?

答 加氢催化剂的失活按照机理可分为中毒、结焦和烧结三类。

（1）催化剂中毒：主要是指碱性氮化物类化学吸附在酸性中心上，使催化剂失去活性同时堵塞孔隙和内孔道，此外重金属沉积也会造成催化剂失活。

（2）催化剂结焦：主要是原料在催化剂上形成焦炭，覆盖在活性中心上，造成催化剂孔道堵塞，阻止反应物进入孔内活性中心。

（3）催化剂烧结：主要指催化剂结构发生变化而导致催化剂丧失活性中心，如活性金属聚集或晶体变大。

不同用途的加氢催化剂失活的主要原因有所不同，如重质馏分油加氢处理催化剂失活，是因结焦、金属聚集、活性中心数减少；渣油加氢催化剂失活是因重金属硫化物沉积和结焦；而晶型加氢裂化催化剂失活，主要是因结焦，焦炭覆盖活性中心和堵塞孔道，S、N 杂质和重金属有机物化学吸附，使酸性中心中毒或沸石结构破坏，金属迁移和聚集等。

正常生产时，一般通过以下方式保护催化剂：

（1）严格控制催化剂床层温度，防止催化剂超温造成催化剂积炭结焦，引起催化剂失活。

（2）各床层温度应尽量分布均匀，以充分利用催化剂活性。

（3）保持适度的氢油比，以防止催化剂积炭。

（4）防止硫化完毕的催化剂与空气接触，以防止催化剂氧化烧结。

（5）保持缓慢的升降温和升降压速度，以防止催化剂粉碎。

（6）防止原料油带水，避免对催化剂机械强度造成影响。

（7）防止原料油铁含量超标，以防止对催化剂孔道堵塞。

14 加氢催化剂为什么要再生？如何再生？

答 催化剂经过一定时间的使用，由于积炭、金属沉积或活性组分状态的变化，活性将逐步降低，不能符合生产的要求，为充分利用催化剂，必须对失活的催化剂实施再生，使其恢复活性继续使用。

费托合成油工艺加氢催化剂失活的主要原因是结焦或积炭，可通过再生使其恢复活性。催化剂再生的目的是恢复失活催化剂的活性，这就需要除去覆盖在活性中心表面和堵塞孔道的焦炭。焦炭通过含氧气体氧化除去，生成二氧化碳和水，化学反应属于放热反应，因此在再生阶段要控制温度和氧含量，防止超温引起催化剂永久失活。

工业上加氢催化剂再生的方法有两种，分别是器内再生和器外再生。器内再生是催化剂不从反应器中卸出，直接采用含氧气体介质再生；器外再生是将催化剂卸出，采用专用催化剂再生装置，在受控的高温含氧气流中对沉积在催化剂表面和孔道中的积炭进行氧化燃烧，使催化剂活性恢复。器内再生存在需要停工时间长、再生条件难以控制、再生时产生酸性及有毒有害气体等不足，目前一般都采用器外再生。相对器内再生，器外再生的优点如下：

（1）装置的停工时间短。采用器外再生技术，在装置停工后，可采用专用卸剂设备快速将待生催化剂安全卸出，再装填好事先准备好的备用催化剂（新剂或再生剂），短时间即可重新开工生产，有利于提高装置的经济效益。而器内再生，由于烧焦过程操作控制难度大，必须谨慎进行，仅烧焦就需要 8 天左右，一般需要 30 天以上才能再开工运转。

（2）再生过程易控制。催化剂器外再生在专用设备上进行，通过优化工艺条件，催化剂烧焦过程可待精确严格的控制，专业人员技术熟练，产品质量稳定，效率高，催化剂再生费用一般为新催化剂价格的 13% ~ 15%。

（3）再生效果好、质量有保证。催化剂器外再生前，通过分析待再生催化剂样品的硫、碳、游离烃含量、热分析以及实验室再生催化剂的硫、碳含量、表面积、机械强度、动态氧化学吸附和金属中毒情况，以确定待再生剂是否需要气提脱油（当其游离烃含量大于 5% 时，应脱油处理），以及确定工艺再生的再生操作参数。因此，器外再生条件容易待严格控制，并且再生前、后都经过筛分，除了粉末、瓷球等机械杂质，器外再生催化剂重复使用时，床层压降和催化剂活性恢复好。

（4）安全与环境污染少。催化剂器内再生，存在超强、易造成设备严重腐蚀的危险，污染环境。催化剂器外再生在催化剂再生工厂的专用设备内进行，再生操作易控制，是有效完善的环境保持措施。

工业再生催化剂的质量表征和评判的方法是：实验室再生剂样品作为标准样，用残余含碳量、残余含硫量和比表面积、孔容及强度等五项指标来表征，并作为同种待生剂工业再生产品质量的参照标准。再生催化剂的质量标准见表 4–2。

表 4–2　再生催化剂的质量标准表

序号	检测项目	指标
1	碳质量分数 /%	不大于 0.5 ~ 1.0
2	硫质量分数 /%	不大于 R_x+0.5
3	比表面积 /（m^2/g）	不小于 0.95 R_x
4	孔容 /（mL/g）	不小于 0.95 R_x
5	强度 /（N/mm）（粒）	不小于 0.95 R_x

注：R_x 为该批待生催化剂实验室模拟再生样品（即参比标准样品）检测结果

15 合格蜡中铁含量超标对加氢精制的影响及控制措施有哪些?

答 加氢精制合格蜡进料铁含量要求不大于 5×10^{-6}，如合格蜡中铁含量超标，说明合格蜡中含有较多的费托催化剂微粒。这些含铁微粒在加氢精制催化剂表面沉积，堵塞催化剂孔道，造成反应器床层压差增高，缩短了催化剂使用寿命。加氢系统一般精制反应器在物料进催化剂层前设置保护剂层，以避免铁对催化剂影响，此外，还可通过在合格蜡进加氢精制反应器增加保安过滤器，通过过滤或吸附的方式除去铁杂质，保护加氢精制催化剂。

16 导致加氢精制反应器催化剂床层压降上升的原因有哪些？

答 影响催化剂床层压降的因素主要有反应器顶部结垢、催化剂结焦和催化剂床层局部坍塌三类，其中反应器顶部结垢是导致压降上升最快的一种。引起加氢精制反应器床层压降升高的原因有：

（1）上游原料油性质不稳定，含有二烯烃等不稳定物质，在加热炉、高温换热器等高温区快速缩合结焦形成碳粉颗粒沉积到催化剂床层表面。

（2）原料油系统进氧、烯烃等化合物易聚合形成胶质，进入反应系统高温区结焦，生成碳粉颗粒沉积在催化剂表面。

（3）精制反应器合格蜡进料中含有较多的含铁催化剂微粒，这些微小颗粒会沉积在催化剂表面，减小催化剂床层孔隙率，造成反应器床层压降升高。

（4）原料中带入硅、钠、钙等金属杂质及无机盐，沉积在催化剂表面，堵塞催化剂孔道，并使催化剂颗粒粘结。

（5）原料油中含水，造成催化剂破损。

（6）催化剂装填效果不好，催化剂床层坍塌。

（7）催化剂强度不够，催化剂粉碎。

（8）催化剂床层飞温，或长期高温运行，会加速催化剂积碳，严重时催化剂会结块，造成反应器床层压降升高。

17 反应压力对加氢精制及加氢裂化有何影响？

答 反应压力的影响是通过氢分压来体现的，氢分压由操作压力、氢油比、循环氢纯度以及原料气化率决定。对于加氢精制，提高反应压力，即提高反应氢分压，从而提高反应深度。当反应压力提高至某一值时，反应系统液相增加，提高压力会阻碍动力学扩散，影响反应深度。通常在反应压力一定条件下，通过提高氢分压来提高反应速率，有利于氢气穿透液膜向催化剂表面扩散、提高反应速度、减少催化剂积碳、降低催化剂失活速率。

对于加氢裂化，在反应物组成和性质比较稳定、反应温度等条件下相同的情况下，提高氢分压有利于提高转化深度、增加反应速率、提高芳烃类化合物转化率、抑制焦炭的生成、降低催化剂的失活速率。

在工业加氢过程中，反应压力不仅是一个操作因素，同时关系装置的设备投资和能耗，费托合成油加氢精制的反应压力一般控制在 7.0 ~ 8.0MPa，加氢裂化的反应压力一般控制在 7.0 ~ 8.0MPa。

18 反应温度对加氢精制及加氢裂化有何影响？

答 加氢精制反应器和裂化反应器都是采用多床层设置，通过床层间冷氢来调控加氢裂化的反应温度，相应的反应温度也有多种不同的表述方式。

（1）反应器入口温度、反应器出口温度。反应器入口温度是加氢裂化装置生产操作中最重要的控制参数之一。反应器出口温度在加氢裂化装置实际生产中一般不作为控制参数，但可作为催化剂或反应器允许最高温度的判断依据。

（2）催化剂床层入口温度、催化剂床层出口温度。加氢裂化装置设置多个催化剂床层，每个催化剂床层设有两个或两个以上的热电偶口安装多点热电偶，来检测催化剂床层不同横截面上温度的分布。催化剂床层入口温度和出口温度分别是指催化剂顶部床层和底部床层热电偶检测到的温度。加氢反应器内催化剂床层同一个横截面检测到的温度有时不尽相同，一般用所有热电偶指示温度的算术平均反应温度代表该截面的温度。

（3）催化剂床层平均反应温度（BAT）。催化剂床层平均反应温度是该催化剂床层顶部温度与底部温度之和的算术平均值。

$$BAT_i = \frac{T_{ini} + T_{outi}}{2}$$

式中　T_{ini}——第 i 个催化剂床层入口平均温度，℃；

T_{outi}——第 i 个催化剂床层出口平均温度，℃。

（4）温升。加氢精制和加氢裂化过程为强放热过程，表 4–3 列出了加氢过程一些主要反应的平均反应热。加氢装置正常运行情况下，反应热在催化剂床层中传递、累积使得催化剂床层不同横截面的温度是不一样的，即催化剂底部床层温度高于催化剂顶部床层温度，形成了温升。

催化剂床层温升的控制以能达到预期的精制效果和裂化深度为宜，避免过高温升导致不必要的操作能耗和带来“飞温”的风险。在工业装置运行中，由于条件的变化（如原料波动、压力波动、反应器入口温度波动、催化剂活性下降等影响），每个催化剂床层的温升通常也会处在一种动态变化过程中。可以通过反应温升的变化情况快速的判明原因并进行相应的调整，保证装置的平稳、安全运行。

表 4–3　加氢过程主要反应的平均反应热

反应类型	单位	数据
烯烃加氢饱和	J/kmol	-1.047×10^8
芳烃加氢饱和	J/kmol	-3.256×10^7
加氢脱硫	J/kmol	-6.978×10^7
加氢脱氮	J/kmol	-9.304×10^7
环烷烃加氢开环	J/kmol	-9.304×10^6
烷烃加氢裂化	J/kmol 分子增加	-1.477×10^7

加氢精制和加氢裂化反应，总体反应均为放热反应。从热力学角度来看，提高温度对放热反应不利，但从动力学角度来看，提高温度能加快反应速度。对于加氢裂化反应，在反应压力等条件不变的情况下，提高反应温度，有利于转化率的提高，但随着温度的提高，烃类分子发生二次裂解，石脑油等轻组分产率增加，柴油收率下降。

工业上，反应温度与装置的能耗、氢耗有直接关系，最佳反应温度应是使产品性质达到要求的最低温度。在实际应用中，应根据原料性质、加工量和产品要求来选择适宜的反应温度。费托合成油加氢精制反应温度一般为 320～350℃，加氢裂化反应温度一般为 300～350℃。

19 空速对加氢精制和加氢裂化有何影响?

答 空速的表述方式有体积空速和重量空速两种。在工业应用中，一般习惯使用比较方便的体积空速（LHSV），在试验研究过程中，特别是在进行两种催化剂性能的对比中还经常使用重量空速（WHSV），但在工业实际操作中则不常用。

（1）体积空速。体积空速的定义为单位时间内每单位体积催化剂所通过的原料体积数。其表达式为：

$$\mathrm{LHSV} = V_{\mathrm{feed}}/V_{\mathrm{cat}}$$

式中　V_{feed}——单位时间进料的体积数，m^3/h；

V_{cat}——催化剂的体积，m^3。

（2）重量空速（WHSV）。重量空速的定义为单位时间内每单位重量催化剂所通过的原料质量数。其表达式为：

$$\mathrm{WHSV} = W_{\mathrm{feed}}/W_{\mathrm{cat}}$$

式中　W_{feed}——单位时间进料的质量数。

空速反映了装置的处理能力，空速大则反映单位时间里通过催化剂的原料多，原料在催化剂上的停留时间短，反应深度小；反之，空速小则反应时间长，反应深度大。无论从反应速度还是化学平衡上分析，降低空速对于提高反应转化率都是有利的；但是较低的空速意味着在相同处理量的情况下需要的催化剂数量较多，反应器体积较大，投资费用增加。对于加氢裂化反应，空速对产品的选择性有影响，低空速时，单程转化率高，但也会同时增加二次裂化反应，造成低沸点馏分产率增加。

工业上，加氢反应器空速的选择要根据装置投资、催化剂类型、原料性质、产品要求等各方面综合考虑，费托合成油加氢精制与加氢裂化空速一般为 1.0～$2.5h^{-1}$。

20 氢油比对加氢精制和加氢裂化有何影响?

答 氢油比是指进入反应器的氢气的标准状况体积流量与原料油体积流量的比值。

氢油比通过氢气循环量和氢分压来控制，氢油比越大，氢分压和氢气循环量越大。不管加氢精制和加氢裂化，在反应压力不变的情况下，提高氢油比意味着参加反应的氢气分子数增加，促使原料油的雾化，保证良好的物流分布，降低催化剂表面液膜厚度，有利于提高反应深度；此外，提高氢油比即提高反应系统的热容量，有利于将反应热移出反应器，减少反应温度的变化幅度，抑制生成积碳的缩合反应。但较高的氢油比会造成动力消耗增大、操作费用增大，因此要根据具体情况选择适宜的氢油比，费托合成油加氢精制氢油比一般为 300 ~ 700，加氢裂化氢油比一般为 500 ~ 800。

21 引起反应器床层超温的原因是什么?

答 引起反应器床层超温的原因是：

（1）循环氢加热炉出口温度控制失灵，反应进料温度高于正常值，化学反应剧烈，床层易发生超温。

（2）原料密度增大，造成反应深度加深，反应放出的热量大，床层易发生超温。

（3）进料泵故障，进料量大幅度降低或进料中断，化学反应放热量增大，难以移出反应器，打破热平衡引发超温。

（4）循环氢压缩机跳车，冷氢量不足或大幅度波动时不能及时将反应器床层热量携带出去，造成反应器床层超温。

22 如何控制反应温度?

答 反应温度与加氢裂化的转化率、产品分布和产品质量有直接关系，是加氢装置调整的最有效和最常用的手段。不同类型加氢催化剂对反应温度的敏感度不同，分子筛含量越高的加氢催化剂对反应温度越敏感。加氢反应温度的控制方法和基本原则是：

（1）一般通过调整入口温度控制第一床层温升。采用床层间急冷氢调节下一催化剂床层的入口温度，控制床层温升，使之达到预期的精制效果和裂化深度。

（2）在升降负荷过程中，必须严格遵守“先提量后提温和先降温后降量”的操作原则，避免加氢反应器超温或反应温度失控。

（3）密切关注进料，如发生进料中断应立即降低反应器入口温度，防止由于装置携带热量能力下降造成飞温。

（4）催化剂升温时，应严格控制升温速率，反应器升温速率要控制的安全、可控范围内。国外 UOP 公司在使用含分子筛裂化催化剂时建议新鲜催化剂在 345℃以上温度范围内的升温速度不应超出 3℃/h。而根据国内加氢裂化装置多年运行经验，对于分子筛含量较高的加氢裂化催化剂，在初期使用时升温速度控制在不超过 1℃/h 是较为稳妥的做法。

23 加氢裂化反应加减负荷遵循的原则是什么？

答 反应提降量遵循的原则是先提量后提温，先降温后降量。加氢裂化是强放热反应，大量的反应热是反应产物及循环氢气携带出反应器。一旦热量没有被携带出反应器，反应会加剧，催化剂床层会出现超温甚至飞温事故。如果提量时先提温后提量，提高温度就会促使反应加剧，放热量增加，控制不当，容易造成床层超温事故；如果降量时先降量后降温，则裂化反应空速下降，反应器内大量的热不能及时带出反应器，会造成反应深度急剧加深，反应剧烈，从而造成床层超温。

24 加氢装置对循环氢纯度有何要求？

答 循环氢纯度直接影响反应氢分压的高低，如果氢纯度太低，则反应氢分压将得不到保证，直接影响装置的加工能力、催化剂的使用寿命和产品质量等。加氢装置循环氢纯度一般为不小于85%，如果循环氢纯度低于85%，则需从装置中排出部分废氢，同时补充一部分新氢来维持装置的氢纯度[5]。

25 对于全循环流程循环油量是如何确定的？

答 根据单程转化率来确定循环油量，设转化率为 n，进料为 m_1，产品之和为 m_2，循环油量为 m_3。则 $(m_1+m_3)\times n=m_2$，另外，可认为进料 m_1 与产品之和 m_2 在数量上是相等的。

$$循环油量=\frac{产量}{转化率}-进料量$$

26 原料变化时精制反应器床层温度有何变化？

答 原料变化时精制反应器床层温度变化如下：

（1）不饱和烃含量增加，加氢反应加剧，床层温度增加。

（2）新鲜进料量增大，反应热及时带出，床层温度下降。

（3）原料含水量增加，加热炉负荷大，加热炉出口温度降低，床层温度下降。

（4）费托合成轻质油中不饱和烃含量高于重质油及蜡，进料蜡油比增加时，整体组分变重，如不提高反应进料温度，床层温度会下降。

27 原料油带水对加氢精制有什么影响？

答 原料油带水对加氢精制的影响如下：

（1）水对加氢催化剂的活性和强度有影响，严重时影响催化剂寿命。

（2）原料油带水，高温介质会引起水在原料泵入口气化，造成原料泵气蚀，严重影响装置正常生产。

（3）水汽化要吸收较大热量，增加加热炉的负荷。

（4）水汽化后，增加了装置系统压力，引起压力波动，甚至超压，严重时则要减负荷甚至停工。因此，进反应器原料油的含水量一般要求小于 300×10^{-6}。

28 裂化反应深度不够的原因及提高加氢裂化反应深度的措施有哪些？

答 反应深度不足的原因：① 反应温度偏低；② 原料性质变重，干点升高，重金属含量增加；③ 处理量增加，但在增加处理量的同时没有相应提高反应温度，或温度未提到位；④ 循环比降低，导致空速增加，反应苛刻度降低；⑤ 循环氢纯度不足，氢分压降低，造成反应深度不足，同时易导致催化剂结焦；⑥ 原料与反应产物换热器可能内漏，导致原料油进入反应产物中。

提高反应深度的措施：① 提高反应器入口温度；② 提高反应压力；③ 提高循环氢纯度；④ 降低空速；⑤ 提高氢油比。

29 影响加氢反应循环氢量的因素有哪些？

答 影响加氢反应循环氢量的因素有：

（1）循环机本身功率和效率。提高转速、透平蒸汽压力、关小防喘振阀，可提高循环氢量。

（2）新氢系统压力。提高新氢系统压力，增大新氢补充量，可提高循环氢量。

（3）循环氢 - 反应产物换热器内漏情况。循环氢 - 反应产物换热器若出现内漏，则循环氢直接进入到反应产物中，循环氢量降低。

（4）反应系统压力。反应压力越高，循环氢量越高。

（5）循环氢纯度。循环氢纯度下降，循环氢量升高。

（6）反应系统压差。反应系统压差上升，系统阻力增大，循环氢量降低。

30 影响热低分、热高分液位的因素有哪些？如何调整？

答 影响热低分液位的因素：① 高分液位变化；② 高分压力变化；③ 热低分压力变化。

调节热低分液位的方法：① 控制好热高分液位；② 控制热高分压力稳定；③ 控制热低分压力稳定。

影响热高分液位的因素：① 反应条件变化；② 进料量变化；③ 热高分至热低分的流量变化；④ 循环氢流量大幅度变化；⑤ 原料与反应产物换热器内漏；⑥ 高分压力变化。

调节热高分液位方法：① 稳定反应条件；② 进料量保持恒定；③ 保持热高分至

热低分的流量稳定；④ 平稳热高分压力和循环氢流量；⑤ 换热器内漏需停工处理。

31 引起催化剂径向温差及反应的影响有哪些?

答 催化剂床层内除了沿反应器轴向存在温差外，床层的某一横截面不同位置的温度也有可能不同，同一截面上最高点温度与最低点温度之差称为催化剂床层的径向温差。在催化剂装填不好、催化剂床层入口分配器设计不好、催化剂部分床层塌陷、床层支撑结构损坏、催化剂结焦、催化剂长时间运转、装置紧急停工后重新投运、进料量大幅度波动等情况下，将可能引发催化剂床层径向温差。径向温差的大小反映了反应物在催化剂床层里分布均匀程度，当加氢反应器内物流分配均匀时，同一横截面上温度基本相同，径向温差小，反之，当物流分配不均匀时，通过同一横截面反应物流速不同时，则径向温差大。在反应流速高的区域，反应物和催化剂接触时间短而产生的反应热量少，同时单位时间通过此区域的反应物多使得携热能力相对强，此区域容易形成低温区；反之，在反应物流速低的区域，反应物与催化剂接触时间长而产生的反应热量多，同时单位时间通过此区域的反应物少使得携热能力相对弱，此区域容易形成高温区。通常加氢裂化装置径向温差在3℃以内说明反应物流分配效果较好，当径向温差超过11℃是说明物流分配效果较差，而当径向温差超过25℃应考虑停工处理。产生径向温差时，应从以下查找原因：

（1）催化剂装填质量是否达标。

（2）冷氢箱、分配盘内构件设计是否合理，安装是否符合规范。

（3）装置运行过程中催化剂产生局部结焦或沟流。

（4）催化剂内漏到冷氢箱。

（5）过低的氢油比会造成径向温差。

32 如何判断反应转化率高低?

答 判断反应转化率高低方法如下：

（1）床层温升。温升高代表放热量大，转化率高，但在进料量或反应器入口温度波动时不适用。

（2）床层单点温度。单点温度下降表明转化率降低，反之升高。

（3）氢耗量。吨油氢耗增加则转化率高，反之降低。

（4）低分气量。低分气量增加则转化率高，反之降低。

（5）冷高分出料量。冷高分出料量大则转化率高，反之降低。

（6）柴油或尾油密度。柴油或尾油密度变低则转化率高，反之降低。

33 加氢装置对新氢有何要求?

答 对新氢的纯度要求越高越好，一般要求为氢纯度 99% 以上。新氢作为补充氢，直接进入反应系统参与反应，对杂质要求很严格。新氢中的杂质主要为 CO 和 CO_2。CO 在烃类和水中溶解性很小，会在循环氢中累计。同时，CO 和 CO_2 含量过高，一方面会降低系统氢纯度，另一方面会在催化剂床层发生氢解脱氧（甲烷化）反应，放出大量反应热，因为温度波动，严重时会造成床层超温。因此，一般 CO+CO_2 含量要求在 20×10^{-6} 以下，其中 CO 含量小于 10×10^{-6}。

34 汽提塔有什么作用？有哪几种汽提方式?

答 侧线产品汽提作用主要是蒸出轻组分，提高产品的闪点、初馏点和 10% 馏分点。常压塔塔底汽提作用主要是为了降低塔底重油中 350℃以前馏分的含量，提高轻质油品的收率，并降低减压塔的负荷。减压塔底汽提作用主要是降低汽化段的油汽分压，在所能允许的温度和真空条件下尽量提高进料的汽化率。

汽提方法一般有两种：① 采用温度比侧线抽出温度高的过热蒸汽进行直接汽提，汽提塔顶的气体则返回到侧线抽出层的气相部位。汽提蒸汽用量与需要提馏出来的轻馏分含量有关，一般采用汽提蒸汽量为被汽提油品的 2% ~ 4%，侧线产品汽提量约为油品的 3% ~ 4%，塔底重油的汽提量约为 1% ~ 2%。② 通过热虹吸重沸器进行间接汽提，这样做可以避免水蒸气混入产品，同时还可避免由于水蒸气的加入，增大常压塔和塔顶冷凝器的负荷及污水量。

35 从分馏操作中如何判断反应深度大小?

答 在分馏操作中，如发生以下现象，则说明反应深度大，反之则小：

（1）低分气量大；

（2）轻石脑油量增大，各侧线产品偏轻；

（3）分馏塔底油、减压塔底油量减小，各塔液位变低；

（4）吸收稳定部分吸收脱吸塔温度高，干气量增大，LPG 产量增加。

36 分馏塔进料性质变化时对分馏塔有何影响？分馏塔压力变化对产品质量有何影响?

答 分馏塔进料变重时，分馏塔顶压力下降，塔顶冷却器冷后温度降低，分馏塔液位上涨，粗石脑油产量下降；分馏塔进料变轻时，分馏塔塔顶压力上升，塔顶不凝气量增加，粗石脑油产量增加，分馏塔顶温度上升，塔顶冷却器后温度上升，分馏塔液位下降。

塔顶压力上升时，油品气化率降低，塔顶石脑油和侧线柴油产品变轻；塔顶压力下降时油品气化率升高，塔顶石脑油和侧线柴油产品变重。在塔顶温度不变的情况下，提高压力有利于提高各侧线产品的收率。

37 常压分馏塔塔顶温度过低如何操作？产品干点不合格如何调节？

答 常压分馏塔塔顶温度过低应做到：① 如塔顶回流量大则降低塔顶回流量；② 如回流温度偏低则适当提高回流温度；③ 判断塔顶回流是否带水，如带水控制分馏塔顶回流罐界面；④ 如进料温度低则适当提高加热炉出口温度；⑤ 判断进料的组成，如带水提高低分油切水效果。

产品干点由油品中重组分决定，干点高表示油品中重组分含量高。如塔顶产品干点高，可通过降低塔顶温度、提高塔顶压力来降低塔顶产品干点；如侧线产品干点高，可通过降低该侧线产品馏出量或馏出温度来降低干点，也可通过降低该侧线上一侧线（或塔顶）馏出量或馏出温度来降低该侧线的馏出温度，进而降低产品干点。

38 减压塔真空度下降的主要原因有哪些？

答 减压塔真空度下降的主要原因有：

（1）喷射器使用的动力蒸汽压力不足，影响喷射器的抽力。

（2）塔顶空冷器和喷射器各级空冷器冷却效果下降，造成各级喷射器入口压力升高，真空度下降。

（3）空冷器电机发生故障，引起各级喷射器入口压力升高，真空度下降。

（4）湿式空冷器喷淋系统失效，导致喷射器入口压力升高，真空度下降。

（5）减压塔顶温度控制过高或进料组成变化（轻组分油过多），使气相负荷增大，增大了塔顶空冷器负荷，冷后温度升高，使真空度下降。

（6）塔底汽提蒸汽量过大。蒸汽量大虽然有利重质馏分油气化，有利于提高拔出率，但同时增大了塔顶空冷器负荷，冷后温度升高，使真空度下降。

（7）减压塔顶油水分离罐液位满，塔顶不凝气管线堵塞不畅通，造成喷射器背压升高，使真空度下降。

（8）蒸汽喷射器本身发生故障，如喷嘴堵塞、脱落，影响正常工作，使真空度下降。

（9）减压塔顶水封罐水封破坏，或减压系统设备管线泄漏，空气进入减压系统，导致喷射器入口空气量增大，增大了喷射器的负荷，真空度下降。

其调整措施：

（1）提高动力蒸汽压力，提高喷射器的抽力，提高减压塔真空度。

（2）通过调整塔顶空冷器的百叶窗和空冷风机，提高空冷器冷却效果，降低各级喷射器入口压力，提高减压塔真空度。

（3）如果空冷器电机发生故障，启用未投用的空冷器风机，来降低空冷器出口温度。如果空冷器全部投用，联系电气检修空冷器电机。

（4）湿式空冷器喷淋效果不好，启用备用喷淋泵，检查湿式空冷器喷淋喷嘴是否堵塞，如果喷嘴堵塞，对喷嘴进行疏通。

（5）通过减压塔顶冷回流降低减压塔顶温度，降低塔顶空冷器负荷，降低冷后温度升高，提高真空度。

（6）如果减压塔顶油水分离罐液位满，通过调节减压塔顶油水分离罐底泵出口流量，降低油水分离罐液位，降低喷射器背压，提高真空度。

（7）如果蒸汽喷射器本身故障，应对喷射器工艺交出进行检修。

（8）如果减压塔顶水封罐水封破坏，尽快建立水封，防止空气进入减压系统。

39 加热炉负压过小有何危害？如何调节？

答 燃料燃烧时需要一定的空气量，加热炉燃烧时所需空气是靠炉膛内负压自然吸进。如果负压过小，则吸入的空气不足，炉内燃料燃烧不完全，热效率低，冒黑烟，炉膛不明亮，甚至会导致炉膛的火焰经看火孔、点火孔等部位外喷，造成人员伤害或火灾爆炸事故。可以通过调节加热炉烟道挡板或烟道气引风机入口档板的开度来调整炉膛负压，一般控制加热炉顶负压 –8 ~ –3kPa。

40 加氢裂化装置的紧急泄压系统有哪些？请分别解释？

答 加氢裂化装置的紧急泄压系统有：

（1）0.7MPa/min 紧急泄压系统。在循环氢压缩机发生故障时自动启用，也可在需要时手动启用。当 0.7MPa/min 泄压系统启用时，反应进料泵、反应加热炉联锁停车。0.7MPa/min 泄压开始后，应观察反应器温度，如果反应器温度继续上升，应立即手动开启 1.4MPa/min 紧急泄压系统。

（2）1.4MPa/min 紧急泄压系统。1.4MPa/min 紧急泄压系统一般为根据实际情况手动开启。一旦启用 1.4MPa/min 泄压系统后，为防止反应器温度反弹，装置在泄压时应遵循“一泄到底”的原则，直至系统压力泄至 0.7MPa 以下，方可关闭紧急泄压系统。

41 加氢裂化催化剂到末期时有何现象？对产品有何影响？如何处理？

答 加氢裂化催化剂进入末期时，会出现以下现象：

（1）反应转化率下降，系统循环油量增大，装置负荷高。

（2）催化剂床层出现局部热点。

（3）催化剂柴油选择性降低，轻组分选择性高。

（4）反应器入口温度高，反应器总温升高，反应器平均温度升高。

（5）分馏塔气相组分多，轻组分馏分油采出量增加，塔压高，燃料气产量增加。

（6）反应器后精制能力不足，烯烃饱和度不够。

（7）循环氢中 C_1、C_2 组分增加，排放氢气量增加，氢气消耗增大。

（8）反应器压降增大。

对产品的影响：

（1）裂化混柴凝点升高，密度升高。

（2）柴油收率降低，石脑油量、液化气量增加。

（3）石脑油溴指数增大。

（4）柴油 50% 馏程温度升高。

其处理方法：

（1）适当提高反应器进料温度，提高裂化反应深度。

（2）提高降凝反应器温升，降低混柴凝点。

（3）提高氢分压，延缓催化剂失活。

（4）如降凝反应器失效，可将降凝原料改至裂化反应器，降凝反应器降低负荷或进料改为裂化循环油，提高重柴转化率，降低柴油凝点。

（5）通过调整裂化侧线柴油抽出量来降低混柴凝点。

（6）通过降低分馏塔顶温度，减少石脑油产量，石脑油中与柴油重叠的重组分压到柴油中，来提高柴油收率。

（7）对催化剂进行再生或更换新催化剂。

（8）更换加氢性能更好、金属含量高的精制剂。

（9）短期内为避免全装置停车，可考虑在线注硫，以提高催化剂活性。

42 加氢裂化催化剂末期如何平稳操作?

答 随着加氢裂化反应器运转周期增长，加氢裂化催化剂的活性会逐渐下降。主要原因有两点：

（1）随着时间的推移，杂质、积碳造成催化剂孔道堵塞并覆盖活性中心，导致活性中心无法发挥作用，催化剂活性降低。

（2）随着催化剂运行周期增长，伴随着活性金属组分的迁移和加氢活性中心数的减少，加氢活性中心数降低，催化剂活性下降。

其处理方法：

（1）对于催化剂孔道堵塞及活性中心被覆盖，只能通过器外再生，对表面积碳进行处理，以恢复其活性。

（2）对于活性金属的迁移使催化剂表面的活性中心数减少，短期内可通过向反应器内注入硫化剂（DMDS 或 CS_2），使其分解成 H_2S，并控制循环氢中 H_2S 具备一定的浓度（$20 \times 10^{-6} \sim 50 \times 10^{-6}$），高浓度的 H_2S 会与沉积金属发生反应形成硫化物（硫化镍等），延缓加氢活性进一步降低。在反应系统引入硫化剂后及硫化期间，要密切关注反应器温度分布情况，一旦发现有超温迹象，立即停止补充硫化，并进行降温处理。

43 费托合成油加氢精制常一线柴油的特点及用途有哪些?

答 费托合成油精制常一线柴油馏程范围为 180 ~ 260℃，正构烷烃含量高于 90%，其中其正构烷烃 C_{12} 含量超过 25%，指标见表 4–4。

表 4–4 费托合成油精制常一线柴油指标

项目	指标	
馏程	IBP	176℃
	5%	188℃
	10%	197℃
	50%	211℃
	90%	237℃
	95%	244℃
	EBP	252℃
组分	NC_{10}	7.50%
	NC_{11}	25.10%
	NC_{12}	25.40%
	NC_{13}	23.30%
	NC_{14}	7.89%
	NC_{15}	3.14%

加氢精制常一线柴油可通过减压精馏方法，可得到纯度较高的正构烷烃 C_{12}。正构烷烃 C_{12} 是生物发酵法生产二元酸的主要原料。长链二元酸是一类用途十分广泛和重要的精细化工原料，作为化工中重要的中间原料，长链二元酸是合成麝香 –T、共聚酰胺热熔胶、尼龙工程塑料等特殊用品的主要原料。以长链二元酸为基础原料生产合成高级香料麝香、高级尼龙橡胶、高温电介质、高档热熔胶、耐寒增塑剂、高级润滑油、高级油漆和涂料等精细化工产品，被广泛应用于化工、轻工、农药、医药、液晶材料等领域。产品指标见表 4–5。

表 4–5　精制常一线柴油生产 C_{12} 正构烷烃产品指标

项目	指标	试验方法
外观	透明液体，无不溶水及机械杂质	目测
赛波特颜色	≥ +30	GB/T 3555
总氮含量 /（mg/kg）	≤ 1.0	SH/T 0657
硫含量 /（mg/kg）	≤ 3.0	SH/T 0253
溴指数 /（mgBr/100g）	≤ 2.5	SH/T 0630
芳烃（质量）/ %	≤ 0.4	SH/T 0410
C_{12} 正构烷烃总含量（质量）/ %	≥ 96.0	SH/T 0410

44 费托合成油品生产 C_{12} 正构烷烃技术有哪些?

答 费托合成油加氢精制常一线柴油 C_{12} 正构烷烃含量超过 25%，一般通过减压分馏的方式可得到 96% 以上纯度的 C_{12} 正构烷烃。

典型的工艺：加氢精制常一线柴油进入原料油缓冲罐，经原料油泵升压后与来自 C_{12} 产品粗馏塔底的 C_{12+} 馏分进行换热，换热后进入产品粗馏塔进行切割分离。粗馏塔顶气相经粗馏塔顶空冷器冷却，进入粗馏塔顶回流罐进行气液分离，气体放至低压火炬，粗镏塔低液相主要为 C_{12-} 产品。产品粗馏塔底液相部分，经粗馏塔底泵升压后送至 C_{12} 产品塔精馏。C_{12} 产品塔顶的气相组分经 C_{12} 塔顶空冷器冷却，进入 C_{12} 塔顶回流罐进行气液分离，分离出的气体放至低压火炬，分离出的液相为富含 C_{12} 产品。C_{12} 产品塔底部液相，经原料油与 C_{12+} 换热器进行换热后通过 C_{12+} 水冷器冷却，送至成品罐区作为粗液体蜡产品外卖。其产品流程见图 4–8。

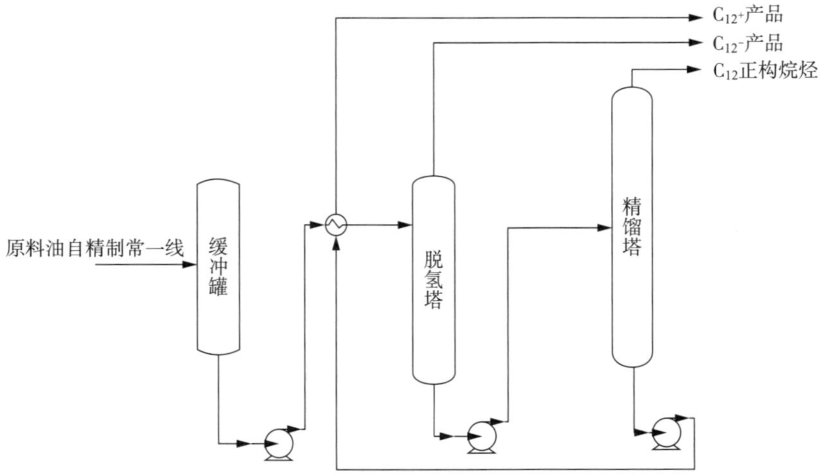

图 4–8　典型的精制常一线柴油生产 C_{12} 正构烷烃产品流程图

45 费托精制蜡的特点及用途是什么？和石油基蜡有何区别？

答 费托精制蜡主要由相对分子质量为 500 ~ 1000 的直链饱和高碳烷烃组成，具有高熔点、窄熔程范围、低含油量（≤ 5%）、低针入度（≤ 23¹⁄₁₀₀ mm）、低迁移率、低熔融黏度、耐磨和氧化安定性好等特点。通常可作为生产 II 类或Ⅲ类润滑油基础油、优质白油、白石蜡、工业乳化炸药的原料，也可用于 PVC 等合成树脂的润滑剂、电缆绝缘材料的加工助剂、橡胶加工助剂、热熔胶的调节剂、颜料的载体、纤维制品的柔软剂等。

费托蜡与石蜡主要有以下几点区别：

（1）相对分子质量不同。费托蜡相对分子质量远低于普通石蜡，支链较少，结晶度高；容易渗入高黏度大分子链之中，可以显著降低熔融黏度；在加工过程中迁移性小，后期润滑效果明显。普通石蜡是固态高级烷烃的混合物，主要组分为支链烷烃，还有少量带个别支链的烷烃和带长侧链的单环环烷烃。

（2）化学结构不同。费托蜡为支链烷烃，不含双键，抗氧化能力好，产品耐候性好；普通石蜡有少量带个别支链的烷烃和带长侧链的单环环烷烃，抗氧化能力相对较差。

（3）黏度不同。费托蜡黏度仅为 10mPa·s（140℃）左右，加入少量即可达到润滑效果；普通石蜡黏度在 20 ~ 60mPa·s（140℃）之间，润滑效果较差。

46 费托合成油品加氢精制重柴的特点及深加工工艺选择有哪些？

答 精制重柴油馏分窄、闪点高、正构烷烃含量高，且具有无硫、无氮、低芳烃的特点，是生产工业白油等特种油产品的优质原料。因其倾点较高，运动黏度、安定性不符合规范要求，需进一步通过中压异构脱蜡 – 补充精制生产工艺，在催化剂的作用下，发生大分子链烷烃异构化反应，降低原料油的凝点和倾点。异构脱蜡反应产物再进入补充精制反应器，在催化剂的作用下，发生烯烃饱和反应，改善产品的颜色和安定性。补充精制反应器的反应流出物经气液分离后进入分馏系统，通过常、减压蒸馏系统，对反应产物进行分离，得到符合 NBSHT 0006—2017 标准的 10#、15#、22#、32# 工业白油。

47 费托合成工艺加氢装置生产的稳定石脑油特点及用途是什么？

答 费托合成工艺加氢装置生产的稳定石脑油主要为 C_5 ~ C_{12} 烃类，主要由加氢精制分馏塔顶粗石脑油与加氢裂化分馏塔顶粗石脑油组成，粗石脑油作为吸收剂在吸收塔中脱出部分 LPG，塔底得到稳定石脑油，烷烃含量高于 65%，正构烷烃高（≥ 30%），基本不含硫、氮等杂质，可作为优质的乙烯裂解装置原料。

48 费托合成油品生产轻质白油产品工艺是什么?

答 费托合成油加氢裂化装置可通过减压精馏的方法进行物理切割，可生产符合标准的 W1–40、W1–60、W1–80、W1–100、W1–TB 号白油。典型的工艺流程：将加氢裂化单元常一线柴油送入轻质白油减压塔，通过减压蒸馏，白油减一侧线塔抽出产品 W1–40，白油减二侧线塔抽出产品 W1–60，白油减三侧线塔抽出产品 W1–80，白油减四侧线塔抽出产品 W1–100 送至产品储罐，白油减压塔塔底油 W1–TB 送至柴油储罐。工艺路线及产品指标分别见图 4–9 和表 4–6。

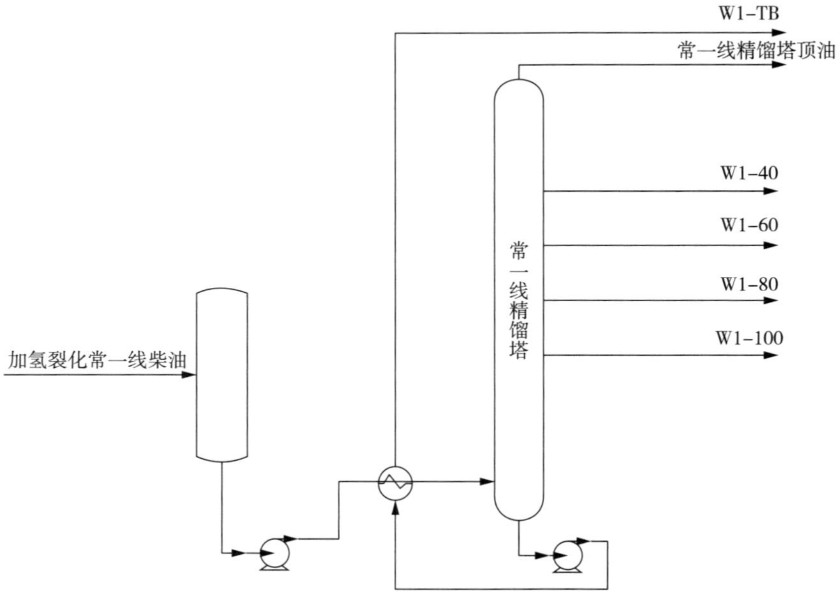

图 4–9 典型加氢裂化常一线柴油生产轻白油产品的工艺路线图

表 4–6 轻白油产品指标

项目	质量指标				试验方法
	W1–60	W1–80	W1–100	W1–TB	
馏程	—	—	—	—	GB/T 6536
初馏点 /℃ 不低于	185	205	230	210	
终馏点 /℃ 不低于	225	245	270	320	
闪点（闭口）/℃ 不低于	60	80	100	80	GB/T 261
运动黏度（40℃）/（mm^2/s）	1.2 ~ 1.5	1.6 ~ 1.9	2.1 ~ 2.7	2.0 ~ 5.0	GB/T 265
芳烃含量（质量分数）/% 不大于	0.2	0.5	0.5	0.5	—

续表

项目	质量指标				试验方法
	W1-60	W1-80	W1-100	W1-TB	
顶点/℃　不高于	—				GB/T 3535
易碳化物	—				GB/T 11079
密度（20℃）/（kg/m^3）	报告				GB/T 1884/1485
颜色（赛波特颜色号）/号　不低于	+30				GB/T 3555
硫含量/（mg/kg）　不大于	1				SH/T 0689
铜片腐蚀（50℃，3h）/级　不大于	1				GB/T 5096
溴指数/（mgBr/100g）　不大于	50				GB/T 0630
机械杂质及水	无				目测

49 煤基轻质白油产品的特点及用途是什么?

答 以费托合成油加氢裂化常一线柴油为原料生产的煤基轻质白油产品，具有异构烷烃含量高、溶解力强、挥发性好、低硫、低芳烃、低凝点、无毒无味等特点。W2-20 轻质白油主要用于塑料聚合反应助剂及载剂、黏合剂、烟卷滤嘴等。W2-40 轻质白油主要适用气雾剂、金属清洗剂、杀虫剂、橡胶、印染、印花、日用化工、涂料、油墨、金属加工油、冲压冲剪油、衣服干洗剂印刷耗材等行业。W2-60、W2-80 适用于专用设备校验、金属加工、日用化学品等行业。W2-100 可作为合成树脂溶剂、颜料稀释剂、塑料乳化剂等。

第五节　尾气处理装置

1 合成尾气产生的原因是什么?

答 中温费托合成反应条件一般选用压力 3.0MPa、温度 260～275℃。受化学平衡的影响，费托合成反应单程转化率较低，实验室相同条件下转化率仅为 60% 左右，工业生产中为提高合成气的总转化率，设置有循环气压缩机将合成尾气送入费托反应器反应继续反应。

费托合成尾气包括未反应的 CO、H_2、N_2 以及副反应生成的 CO_2、低碳烃等（见表 4–7）。入塔气中有效气体分压对催化剂性能影响很大，有效气体分压下降，不利于费托合成反应向合成烃方向进行，有效气转化率低。合成尾气中的 CO_2、CH_4 等惰性组分重新进入费托反应器，降低了有效气组分的分压，阻碍费托合成反应的进行；且随着反应的进行，费托合成尾气中的惰性组分（如反应生成的 C_1 ~ C_4 的轻烃和 CO_2、原料气中夹带 N_2 等）不断增加，会大幅降低费托反应速率和净化合成气的转化率，因此费托合成装置需定量排放费托合成尾气，减少反应器内惰性组分含量。

表 4–7 某费托合成装置费托合成尾气组成

组分名称	H_2	CO_2	N_2	CH_4	CO	C_2 ~ C_5
组分含量（体积）/%	60	10 ~ 15	8 ~ 12	8 ~ 12	8 ~ 12	4 ~ 5

2 合成尾气的处理方法是什么？

答 费托合成尾气组分与炼厂尾气、焦化尾气组分相似，常见的处理方法有：

（1）利用膜分离和变压吸附工艺回收尾气中的 H_2 和 CO 组分，经压缩机升压后返回费托合成反应器，剩余尾气作为燃料气使用。

（2）利用自热转化和变换耦合原理，采用一种流向变换自热式转化反应器，将合成尾气中的烃类转化为 CO 和氢气，降低惰性气体组分含量，但 N_2 组分无法去除。

（3）利用深冷分离工艺将费托合成尾气组分依次分离，其中氢气和一氧化碳重新返回反应器作为原料，甲烷等高纯度的低碳烃产品可作为化工原料，富集了氮气的驰放气作为燃料气使用，可实现合成尾气高附加值、综合利用。

（4）采用液化天然气和 LNG 合成氨联产流程将合成尾气经变换、深冷分离、氨合成、脱碳、液氮洗等单元制备 LNG 和液氨。

3 费托合成尾气制氢的方法有哪些？

答 尾气制氢的方法有物理方法和化学方法。其中，物理方法有膜分离法、变压吸附法（PSA）、深冷法等；化学方法有蒸气重整法、部分氧化法、自热重整法、CO_2 吸附强化制氢法等。

（1）膜分离法。膜分离法是利用高分子聚合物（聚酰亚胺或聚砜）薄膜来选择"过滤"进料气而达到分离的目的，利用各气体组分在聚合物中的溶解扩散系数和渗透通过膜壁的速率不同将气体进行分离。当混合气体在驱动力——膜两侧相应组分分压差的作用下，渗透速率相对较快的气体优先透过膜壁而在低压渗透侧被富集，而渗透速率相对较慢的气体则在高压滞留侧被富集。

（2）变压吸附法。变压吸附是在同一温度和压力下，依靠不同物质在同种吸附剂中的吸附量不同，从而实现物质分离。同种物质在同一种吸附剂中的吸附量随压力的升高而增加，随压力的降低而减少，升压可实现吸附，降压则可对吸附剂进行再生。

（3）深冷法。深冷法的原理是利用中合成尾气中各主要成分在高压下冷凝温度的不同，以深度冷冻、部分冷凝的方法使氢气与其他气体组分分离，最后用液氮冲洗以脱除产品气体中剩余的 CO 和 CH_4，最终得到的产品气体中含有 85%的氢气，其余为氮气。

（4）蒸汽重整法。甲烷水蒸气重整制氢是利用甲烷跟水蒸气在催化剂作用下发生转化反应。该反应需要吸收大量的热，使制氢过程的能耗很高，仅燃料成本就占总生产成本的 50% 以上，而且反应需要在昂贵的耐高温不锈钢管制作的反应器内进行，设备投资大。

（5）部分氧化法。甲烷非催化部分氧化工艺是天然气、氧气和水蒸气等作为原料，进入转化炉内发生反应且放出大量热量，反应后的高温气体进入废热锅炉降温后再进入后续工艺完成合成气处理的工艺过程。

（6）自热催化转化法。Topsoe 公司开发的自热催化转化工艺（ATR）将水蒸气重整和非催化部分氧化反应相结合的自热重整新工艺，是甲烷、氧和水蒸气在反应器顶部混合并发生部分氧化反应后，高温混合气再与催化剂接触发生重整反应生成合成气的过程，可实现绝热操作。该工艺同蒸汽重整工艺相比，将外供热变为自供热，反应热量利用合理，既可限制反应器内的高温，又降低了体系的能耗。

（7）CO_2 吸附强化制氢方法。吸附强化甲烷水蒸气重整制氢技术是在甲烷水蒸气重整反应的基础上，通过添加二氧化碳吸附剂，将重整反应产生的 CO_2 吸附脱除，从而打破重整化学反应平衡，提高甲烷的转化率，得到高纯度的氢气，同时吸附反应放出的热量供给催化剂反应。氧化钙基二氧化碳吸附剂的吸附强化甲烷水蒸气重整制氢过程由下面 4 个反应组成：

$$CH_4 + H_2O = CO + 3H_2 \quad \Delta H_{298}=206.2\times10^3 kJ/kmol$$

$$CO + H_2O = CO_2 + H_2 \quad \Delta H_{298}=-41.1\times10^3 kJ/kmol$$

$$CH_4 + 2H_2O = CO_2 + 4H_2 \quad \Delta H_{298}=165.1\times10^3 kJ/kmol$$

$$CaO + CO_2 = CaCO_3 \quad \Delta H_{298}=-178.8\times10^3 kJ/kmol$$

吸附强化甲烷水蒸气重整反应的核心理念是把吸附剂与催化剂同时放到一个反应器中，使反应过程与分离过程相结合，催化剂上生成的 CO_2 能够迅速被吸附剂脱除，从而打破化学平衡，提高甲烷转化率，同时吸附反应放出的热量供给催化转化反应，实现反应的热平衡。

4 膜分离气体分离的原理是什么?

答 膜分离气体分离的原理是利用一种高分子聚合物（通常是聚酰亚胺或聚砜）薄膜来选择"过滤"进料气而达到分离的目的。当两种或两种以上的气体混合物通过聚合物薄膜时，各气体组分在聚合物中的溶解扩散系数存在差异，导致其渗透通过膜壁的速率不同，渗透速率相对较快的气体（如 H_2）优先透过膜壁在低压渗透侧被富集，而渗透速率相对较慢的气体（如 N_2、CO、CH_4）则在高压滞留侧被富集（见图 4-10）。

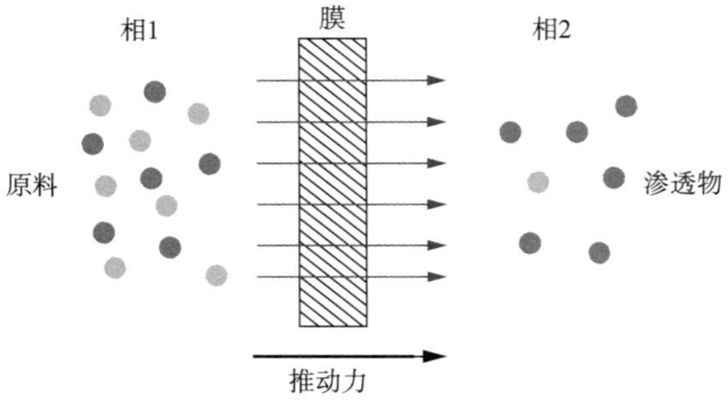

图 4-10　膜分离原理示意图

5 采用膜分离进行气体分离有何局限性?

答 采用膜分离进行气体分离的局限性为：

（1）原料气要求高。为防止液态物质损坏膜芯，需增加过滤和加热设施，要求原料气中烃露点小于 10℃，水含量小于 10×10^{-6} 及入膜温度远高于烃露点。

（2）混合气体中的每种组分均可渗透，产品纯度低。渗透气侧氢气纯度为 90%～93%，无法直接用于加氢催化裂化及费托还原，需配套变压吸附制氢装置一起使用。

（3）渗透气侧压力低，能量损失大。渗透气与原料气压差为 3.5～4.1MPa，渗透气需经压缩机重新升压后送入 PSA 制氢单元。

6 什么叫膜组的反向承压? 如何避免反向承压?

答 膜组的反向承压即渗透气侧压力大于非渗透气侧压力，反向承压会导致膜芯出现不可逆的机械损坏。

膜组停车后需通过渗透气侧进行泄压，如通过非渗透气侧泄压，需打开渗透气侧和非渗透气侧平衡阀，防止膜芯渗透气侧压力大于非渗透气侧压力出现反向承压，造成膜芯损坏。

7 膜分离单元预处理包括哪些部分?

答 膜分离单元预处理包括：

（1）分离过滤部分。该部分通过重力分离器去除原料气中大部分可冷凝的液体；

通过气滚分离器脱除原料气中饱和液体；通过聚结过滤器和精细过滤器聚结原料气中的水分子和油分子，并通过滤芯组件进行过滤，过滤精度可达 0.01μm，使原料气中水含量小于 10×10^{-6}，烃露点小于 10℃。

（2）原料气加热部分。先通过氢气换热器回收渗透气中的热量，再通过蒸汽加热器将原料气加热至远离烃露点，防止气体通过膜分离器时出现烃类冷凝现象，堵塞膜芯。

8 影响膜分离单元氢气回收率的因素有哪些?

答 影响膜分离单元氢气回收率的因素有：

（1）膜的选择透过性。膜针对目标产物氢气的选择透过性越好，而其他杂质气组分越不易透过膜芯，越利于氢气的透过，氢气回收率越高。

（2）膜原料气侧与渗透气侧压差。原料气侧与渗透气侧压差越大，气体推动力越大，越利于氢气的透过，氢气回收率越高。

（3）膜面积。膜芯有效渗透面积越大，处理能力越大，氢气回收率越高，但氢气纯度会有所降低。

9 尾气制氢装置包括哪些单元?

答 尾气处理装置包括膜分离单元、催化转化单元、CO 变换单元、MDEA（氮甲基二乙醇胺）脱碳单元、变压吸附制氢单元。通过渗透气变压吸附制氢和非渗透气催化转化制氢两条工艺路线将合成尾气处理成为纯度大于 99.9% 的氢气，供加氢装置和费托催化剂还原装置使用。尾气制氢装置流程见图 4–11。

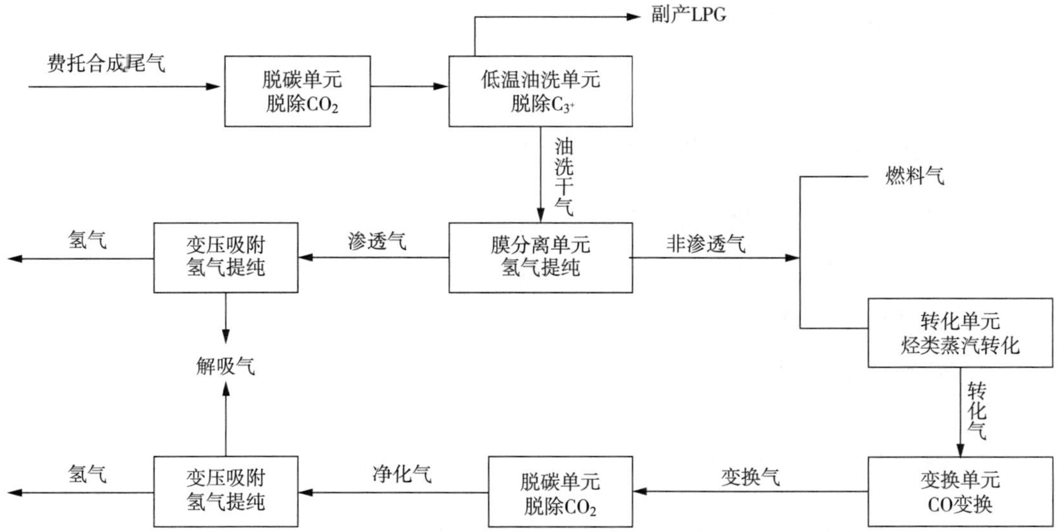

图 4–11 尾气制氢装置流程框图

10 常见的转化制氢技术有哪些?

答 国内外常见的转化制氢技术有：

（1）HYCOR 对流转化技术。该转化技术的主要特点为采用列管式换热型对流转化器，利用转化气的高温余热将一部分进料转化，传热效率高。

（2）两段转化技术。原料先通过预转化炉升温转化，然后与氧化剂（氧气、空气等）发生不完全燃烧反应，加深转化深度并补充反应所需热量。

（3）自热转化技术。采用蒸汽转化反应和部分氧化反应进行耦合，可在一个反应器内实现，设备及热量利用率高。

（4）HTCR 对流转化技术。以对流传热式转化炉代替辐射式转化炉，设备体积小，转化反应所需热量由底部燃烧器提供。

11 尾气自热催化转化有何技术特点?

答 自热催化转化工艺（ATR）将水蒸气重整和非催化部分氧化反应相结合的自热重整新工艺，是甲烷、氧和水蒸气在反应器顶部混合并发生部分氧化反应后，高温混合气再与催化剂接触发生重整反应生成合成气的过程，可实现绝热操作。自热催化转化技术特点有：

（1）利用纯氧为氧化剂，反应迅速，转化率高，出口转化气中甲烷含量可降至0.6%（mol/mol）以下。

（2）利用烃类氧化反应放热作为烃类转化反应吸热，实现了反应耦合，降低了加热炉燃料气消耗。

（3）设置蒸汽发生器回收转化气热量，副产装置所需的5.4MPa饱和蒸汽，经加热炉过热后进入转化炉参与反应。

12 尾气自热催化转化过程主要包括哪些步骤?

答 尾气自热催化转化过程主要步骤如下：

（1）过热蒸汽与工艺尾气按照一定比例进行混合，加热至高于烃类自燃点。

（2）在有氧存在的情况下，工艺尾气中烃类自燃发生不完全氧化反应。

（3）在转化催化剂作用下，工艺尾气中的烃类与蒸汽发生转化反应，生产氢气和一氧化碳。

（4）蒸汽发生器回收高温转化气的余热，副产高压蒸汽。

13 尾气自热催化转化单元的加热炉有何技术特点?

答 加热炉采用了强制式两段辐射共用对流段设计，采用对流段的方箱炉设计，通过合理布置将工艺尾气和蒸汽过热到所需的温度，同时降低排烟温度，保证炉子的整体热效率达 90% 以上；两段辐射室可分别加热装置副产的饱和蒸汽和混合过热蒸汽后的原料气。

14 尾气加热炉点火操作要点是什么？

答 尾气加热炉点火操作要点如下：

（1）燃料气管线必须置换合格（氧气含量小于 0.5%）。

（2）点火前炉膛内必须用氮气或空气进行吹扫置换，取样分析炉膛内可燃气含量小于 0.5%LEL。

（3）点火前需确认炉管通入传热介质，严禁出现干烧炉膛内盘管的现象。

（4）点火时应严格遵守先开点火烧嘴，后开主烧嘴燃料气的操作顺序，不得颠倒。

（5）如果一次点火不成功，那么在第二次点火之前，必须开大烟囱风门，置换炉膛内的可燃气体，再次取样分析可燃气小于 0.5%LEL 才能进行第二次点火。

（6）升温过程中应随时观察炉体表面及炉管膨胀情况、炉壳密封状况和钢结构有无异常并做好记录。

15 过剩空气系数对加热炉操作有何影响？

答 过剩空气系数，即燃烧实际空气量与燃料理论空气量之比。过剩空气系数大，说明入炉内实际空气量多，可以使燃料气燃烧完全，但过剩空气系数过大会造成烟气携带的热量增多，降低加热炉的热效率，且容易引起炉管氧化腐蚀。过剩空气系数过小，燃料气燃烧供氧不足，导致燃烧不完全，燃料气消耗量增加。过剩空气系数对加热炉的燃料消耗和热效率至关重要，一般控制在 1.1 ~ 1.25。

16 什么是尘化腐蚀？

答 尘化腐蚀是指一些金属（如铁、镍、钴及其合金）在高温碳环境（碳氢、碳氧气氛）下碎化为金属碳化物、氧化物、金属和碳等组成的混合物的金属损失行为。尘化腐蚀一般呈坑点状局部腐蚀形态，但有时也会呈均匀减薄形式。尾气加热炉尘化腐蚀的发生工况很复杂，发生温度范围通常在 482 ~ 871℃，有时发生，有时不发生，一旦侵蚀，有可能以极快的速度损耗金属。

国外研究抗金属尘化腐蚀较好的材料有 Inconel693 和 Inconel602CA，但相对材料价格较高，其中 Inconel602CA 高温许用应力很低，不适用高温工况；Inconel693 是一种在 Inconel690 基础上研发的新型合金材料。国内某大型煤制油项目尾气加热炉辐射炉管材质采用 HP+Nb（改良型），遮蔽管材质采用 TP347H，急弯弯管材质采用 Inconel625。

17 转化炉催化剂还原为什么配入水蒸气?

答 催化剂还原配入水蒸气的原因为：

（1）水蒸气能提高催化剂床层内还原气的空速，促使热量均匀分布，对还原有利。

（2）有利于脱除催化剂中的少量石墨（制备过程中的添加剂）。

（3）防止原料泄漏入转化炉导致析炭，且正常运行时有水蒸气存在，便于还原完成后直接引原料开车。

18 转化炉投氧操作有哪些注意事项?

答 转化炉投氧操作的注意事项如下：

（1）投氧前需向纯氧管线通入安全蒸汽，防止工艺尾气倒流进入烧嘴和纯氧气管线。

（2）在投氧开车前，需确认转化炉安全联锁投用。

（3）投氧过程中，应密切关注床层温度变化，若 5min 内床层上涨温度小于 5℃，则判定投氧失败，需执行停车吹扫操作。

（4）转化炉投氧后，床层升温速率不大于 50℃/h。

19 转化炉氧气与工艺尾气摩尔比过大对转化有何影响?

答 转化炉氧气与工艺尾气摩尔比过大对转化的影响如下：

（1）工艺尾气中甲烷、烃、氢气等与氧气发生完全氧化反应全部转化为 CO_2 和水，有效气组分（CO 及 H_2）大幅下降。

（2）工艺尾气中甲烷、烃、氢气等与氧气发生完全氧化反应，产生热量增多，使转化炉床层温度过高，损坏催化剂和设备。

20 蒸汽在转化反应中有何作用? 蒸汽与工艺尾气比值对转化有何影响?

答 蒸汽在转化反应中的作用如下：

（1）参与转化反应，在催化剂作用下与甲烷反应生成氢气和一氧化碳。

（2）蒸汽在高温下与副反应产生的单质碳发生氧化反应生成一氧化碳和氢气，可防止炉管和催化剂积碳。

蒸汽与工艺尾气的比值对转化的影响如下：

（1）比值过低，催化剂床层容易积碳，堵塞催化剂孔道，降低催化剂活性。

（2）比值过高，有利于转化反应的正向进行，但会增加装置能耗，装置运行经济效益下降。

21 如何防止转化炉催化剂积碳?

答 防止转化炉催化剂积碳应做到:

(1)控制好转化炉入口的蒸汽量,确保水碳比不低于2.5。

(2)加负荷过程中,先加蒸汽,后加工艺尾气;减负荷过程中,先减工艺尾气,再减蒸汽。

(3)蒸汽突然中断时,转化单元立即停车,使用氮气吹净设备内残存物料。

22 尾气处理装置变换单元使用哪种催化剂?与气化装置的变换单元有哪些区别?

答 尾气处理装置变换单元采用铁铬系变换催化剂,以 γ-Fe_2O_3 为主,本体含硫低,使用前无需硫化;而气化装置变换单元主要使用钴钼系耐硫变换催化剂,在使用前需要硫化,且造价较高。

23 如何控制变换炉的床层温度?

答 影响变换炉床层温度的因素:变换炉入口温度、水气比、空速和催化剂活性。

为控制变换气中CO含量,需将床层温度控制在320~440℃。若床层温度低,先通过提高变换炉入口温度进行调整,也可以通过增加转化炉入口蒸汽量进行调整。

24 变换气CO超标如何调整?

答 变换气CO含量超标表明变换率低,需提高CO变换率。其主要措施:①提高变换炉入口温度,特别是催化剂末期;②转化单元适当提高蒸汽用量,提高转化气的水气比;③分析转化气中CO含量,若CO含量过高,适当调整转化炉床层温度。

25 MDEA脱碳工艺有何技术特点?

答 MDEA脱碳单元将变换气中 CO_2 通过物理化学吸收的方式进行脱除,脱碳净化气中 CO_2 可降低至 300×10^{-6} 以下,以满足PSA制氢单元对原料气杂质组分的要求。

MDEA脱碳工艺技术特点有:

(1)采用一段吸收、二段再生的流程,充分回收利用再生气热量,从而降低装置蒸汽消耗。

(2)MDEA脱碳技术采用MDEA的水溶液吸收变换气中的酸性气体(二氧化碳),吸收过程中它对非极性气体的溶解度非常低,因此,变换气中的有效组分损失很少。

(3)MDEA溶液具有不发泡、不降解,对碳钢设备无腐蚀等特点。

26 MDEA 脱碳单元脱碳净化气中 CO_2 浓度不合格如何调整?

答 MDEA 脱碳单元脱碳净化气中 CO_2 浓度要求小于 300×10^{-6}。当 CO_2 浓度超标时，应检查系统循环量与负荷是否匹配，相应提高系统循环量；分析贫液再生度是否达标，适当提高再生塔加热蒸汽量，提高贫液再生度。

27 变压吸附气体分离技术原理是什么?

答 变压吸附气体分离工艺的技术原理是利用吸附剂在物理吸附中的两个基本性质。一是对不同组分的吸附能力不同，二是吸附质在吸附剂上的吸附容量随吸附质的分压上升而增加，随吸附温度的上升而下降。利用第一个性质，可利用混合气体中某些组分的优先吸附特性而使其他组分得以提纯；利用第二个性质，可实现吸附剂在低温、高压下吸附而在高温、低压下解吸再生，从而构成吸附剂的吸附与再生循环，达到连续分离气体的目的。

28 变压吸附的吸附剂有哪几种?

答 变压吸附的吸附剂都是具有较大比表面积的固体颗粒，主要有用于吸附原料气中饱和水的活性氧化铝类、用于吸附原料气中的 CO_2 的活性炭类、用于吸附原料气中的水分和重烃的硅胶类和用于吸附原料气中的 CH_4、CO、N_2 及 O_2 的分子筛类吸附剂。

29 变压吸附装置分离系数是什么?

答 分离系数是指吸附剂在达到吸附平衡时，弱吸附组分（如 H_2）在吸附剂床层中残余量和总量的比值与强吸附组分（如 CO、CO_2 等）在吸附剂床层中残余量和总量的比值，分离系数越大，分离越容易。一般而言，变压吸附气体分离装置中的吸附剂分离系数不宜小于 3。

30 变压吸附装置中冲洗和抽真空两种再生方法有哪些特点?

答 变压吸附装置一般通过顺放气冲洗或逆放末期抽真空的方法去除吸附剂中吸附的杂质组分，以达到吸附剂再生的目的。

冲洗是利用纯产品气或者其他适当的气体通过需再生的吸附器，被吸附组分的分压随冲洗气通过而下降，从而达到吸附剂再生的目的。该方法的再生程度取决于冲洗气的用量和纯度，由于通常采用产品气冲洗，装置能耗低，但产品收率不高。

抽真空是吸附器在降到常压后，为了进一步减小吸附组分的分压，可用抽真空的方式来降低吸附器压力，以得到更好的再生效果。该方法再生效率高，所得产品回收率高，但要增加动力消耗和真空泵的投资。

31 什么叫变压吸附的吸附平衡?

答 吸附平衡是指在一定的温度和压力下，吸附剂与吸附质充分接触，最后吸附质在两相中的分布达到平衡的过程。

在实际的吸附过程中，吸附包括两个过程：吸附质分子会不断地碰撞吸附剂表面并被吸附剂表面的分子引力束缚在吸附相中（吸附）；同时吸附相中的吸附质分子又会不断地从吸附剂分子或其他吸附质分子得到能量，从而克服分子引力离开吸附相（解吸）；随着吸附质在吸附剂表面数量的增加，解吸速度逐渐加快，当吸附和解吸速度相当，一定时间内进入吸附相的吸附质分子数和离开吸附相的吸附质分子数相等，从宏观上看，吸附量不再增加时，吸附过程就达到了平衡。

32 影响变压吸附单元氢气回收率的因素有哪些?

答 影响变压吸附单元氢气回收率的因素有：

（1）吸附压力。吸附压力越高，吸附剂对各种杂质的动态吸附量越大。在原料气处理量和产品氢纯度不变的情况下，吸附循环周期越长，单位时间内解吸次数越少，氢气回收率越高。

（2）冲洗过程。由于被吸附的大量杂质是通过产品氢的回流冲洗而解吸，故冲洗时间的长短、冲洗气量的大小、冲洗速度的快慢都将影响氢气的回收率。一般来讲，冲洗时间越长，冲洗过程越均匀，冲洗气量越大，吸附剂的再生越彻底，在纯度不变的情况下，吸附时间越长，氢气回收率越高。但是，由于冲洗气来自均压结束后的顺放过程，如冲洗气量过大，则顺放过程压力降太大，也可能引起部分杂质穿透，反而不利于冲洗。因此应控制合理的冲洗气量。

（3）吸附时间（或吸附循环周期）。在原料气流量和其他工艺参数不变的条件下，延长吸附时间就意味着单位时间内的再生次数减少，再生过程损失的氢气也就越少，氢气回收率越高。但是在同样条件下，吸附时间越长，进入吸附剂床层的杂质量越大，因吸附剂动态吸附量不变，故穿透进入产品氢的杂质量将增大，这势必会使产品氢纯度下降。由此可见，吸附时间的改变将同时影响产品氢的纯度和收率，在 PSA 制氢装置的实际操作过程中，为了提高 PSA 装置运行的经济性，应在保证产品氢中杂质含量不超标的前提下，尽可能地延长吸附时间以提高氢气回收率。

33 PSA 进料为什么不能带水？怎样防止进料带水?

答 由吸附剂对水的吸附特性可知，吸附剂极易吸水，而且脱附困难，同时吸附剂吸水后，对其他分子的吸附能力下降，且吸附剂吸水后机械强度降低容易发生粉化，所以必须对进料气进行严格脱水，防止损害吸附剂。

为了防止进料带水，通常在 PSA 装置进料前设置气水分离器。

34 为什么要限制 PSA 原料气中的大分子烃含量?

答 大分子烃类吸附在吸附剂上容易发生液化，且降压脱附时难于完全脱附出去，久而久之会使吸附剂的吸附能力下降，因此要限制 PSA 进料气中大分子高碳烃的含量，一般要求C_{3^+}的烃类总量不大于 1.0%。

35 原料气中杂质组分对 PSA 有何影响?

答 原料气中氢含量增加时，产氢量和氢收率提高。当氢含量低于设计值时，原料气中杂质组分相对增加，产氢量和氢收率降低。如果原料气中杂质浓度过高，应及时缩短吸附时间（或者降低进料量），否则易造成吸附剂中杂质超载，使产品氢纯度下降，严重时会造成吸附剂床层穿透，产品氢质量不合格。

36 解吸气压力对 PSA 有何影响?

答 解吸气压力越低，吸附剂再生越完全，越有利于氢气回收。反之，不利于氢气回收率提高。但考虑到解吸气要送至燃料气管网回收利用，解吸气压力不宜过低，一般控制在 0.02 ~ 0.05MPa。

37 什么是 PSA 吸附剂杂质超载?

答 在一定的工艺条件下，每个吸附 – 解析循环过程中被吸附剂吸附的杂质量超出最大设计允许吸附量时称为杂质超载。杂质超载不仅使产品纯度下降，而且还会降低吸附剂性能。

38 产品氢气纯度与回收率的关系是什么?

答 产品氢气纯度与回收率呈反比关系，当产品氢气纯度越高，氢气的回收率越低；反之，产品氢气纯度越低，氢气回收率越高。在实际操作中不应片面追求产品氢气纯度，而应结合生产的实际需求调节氢气纯度，以得到较好的氢气回收率。

39 PSA 运行时间调整原则是什么?

答 PSA 运行时间调整原则是：

（1）当需要提高氢气产量时，增加吸附时间，调整时要缓慢，每次调整 1 ~ 2s，并观察 2 个周期。

（2）当产品氢纯度下降时，缩短吸附时间，每次调整 4 ~ 5s，并结合降低气量操作进行调整。

（3）终充时间长，利于平稳运行，产品质量稳定。

（4）原料气量增加或原料气氢含量降低时，要缩短吸附时间，原料气量降低时，要增加吸附时间。

40 PSA 吸附塔切塔步骤是什么？

答 PSA 吸附塔切塔步骤是：

（1）故障塔判断。当某吸附塔的压力异常、程控阀门检查出错（阀门卡死或故障报警等情况）、杂质超标情况时，可认为该塔故障。

（2）依次选择“允许切塔”“选择切塔后运行时序”“选择切塔塔号”，当该塔运行至逆放步骤时切出。

（3）当吸附塔切塔完成后，根据氢气纯度，缩短吸附时间或降低原料气量，保证氢气纯度大于 99.9%。

第六节　低温油洗和合成水处理装置

1 回收费托合成尾气中低碳烃有何方法？

答 回收气相中低碳烃的方法有吸附分离法、深冷分离法及溶剂吸收法。

（1）吸附分离法：利用固体吸附剂对烃类组分吸附能力强弱的差异而实现组分的分离，由于吸附剂吸附能力的容量小、操作运行的间歇性，该方法有一定的局限性。

（2）深冷分离法：利用原料气中各烃类组分冷凝温度的不同，将原料气冷却到一定温度从而将沸点高的烃类冷凝分离出来并经过轻烃精馏制成合格产品。该方法最根本的特点是需要提供较低温位的冷量使原料气降温，具有轻烃回收率高等优点，在轻烃回收技术中处于主流地位。但是该流程由于温度低，需要较多的耐低温合金钢材料，设备投资大，流程比较复杂，小规模装置经济效益低。

（3）溶剂吸收法：是在一定的温度压力下气体在某种溶剂油里的吸收过程。各种气体在液体里都有一定的溶解度，当气体和液体接触时，气体溶于液体中的量逐渐增加到饱和为止。吸收低碳烃类后的吸收剂经过精馏回收液化石油气 LPG（主要为 C_3、C_4）产品，而吸收剂经过再生后则循环使用。

2 低温油洗单元的原理是什么？

答 低温油洗的实质是物理吸收过程，吸收是一种气体分离方法，它利用气体混合物的各组分在某溶剂中的溶解度不同，通过使气液两相充分接触，易溶气体进入溶剂中，从而达到使混合气体中组分分离的目的。易溶气体为吸收质，所用溶剂为吸收剂。吸收过程实质上是气相组分在液相中溶解的过程，各种气体在液体中都有一定的溶解度。当气体和液体接触时，气体溶于液体中的浓度逐渐增加到饱和为止，当溶质（被溶解的气体）在气相中的分压大于它在液相中饱和蒸汽压时，就会发生吸收作用。当差压等于 0 时，过程就达到了平衡，即气体不再溶解于液体，如果条件相反，液质由液相转入气相，即为解吸过程。当溶质在液相中的饱和蒸汽压大于它在气相中的分压，就会发生解吸作用，当两者压差等于 0 时，过程就达到平衡。

3 低温油洗装置有何作用?

答 为降低费托合成器内惰性组分含量，需定量排放部分合成尾气。合成尾气是很好的制氢原料，但其中C_{2+}组分对尾气处理过程中的膜分离影响较大，需将C_{2+}组分分离回收。设置低温油洗装置将费托合成装置副产的脱碳尾气、汽提塔顶压缩机凝液、汽提塔顶轻质石脑油，利用相似相溶以及高压吸收、低压解吸原理将混合气中的C_{2+}以上组分吸收，油洗干气（主要是 $CO+H_2$）送至尾气处理装置制氢，同时副产液化石油气和油洗石脑油。

4 低温油洗装置常用的制冷剂有哪些? 低温吸收较常温吸收有何优点?

答 常用的制冷剂有丙烯、液氨等。低温吸收较常温吸收效果更好，在低温情况下混合气中C_{2+}以上组分在溶剂中的气体平衡分压更低，有利于气体吸收，产品气纯度更高且相同处理量所需系统循环量小。

5 低温油洗工艺有何技术特点?

答 低温油洗工艺技术特点：

（1）采用了低温吸收工艺。与深冷分离工艺相比，低温吸收工艺操作温度为 –20℃，比深冷工艺要求低；低温吸收工艺不需要深度脱 CO_2，工艺过程简单，节约了生产成本，同时可以保证较高的液化气回收率，提高经济效益。

（2）采用高压吸收，低压解吸流程。首先从吸收解吸的原理来看，高压是有利于吸收的；此外，尾气处理装置膜分离单元也是高压操作，油洗单元原料气升压进行高压吸收的经济效益是高于低压吸收后油洗干气再升压工艺的。

（3）所需冷量来自制冷单元，制冷剂为丙烯。原料预处理部分采用逐级冷却利用冷量的方式，大大节约了冷量。

（4）吸收塔和脱吸塔分别设置，实现了高压低温吸收和低压高温解吸。

（5）乙二醇溶液作为防冻剂，防止低温部分因水的结冰堵塞设备，保证系统长周期运行。

（6）设置了吸收剂再生塔，主要目的是脱除吸收剂中部分 $C_5 \sim C_6$，减少干气携带 $C_5 \sim C_6$ 的量。根据相似相溶原理，吸收剂中 $C_5 \sim C_6$ 越多吸收效果越好，但是吸收剂越轻干气中夹带的C_{5+}量就越大，油的损失就越大，经济效益就越低，所以吸收剂的组成需要控制在一个合适的组成范围内，再生塔的设置就是用来实现这一目的的。

6 低温油洗装置的产品有哪些?

答 低温油洗装置的产品有油洗液化石油气、油洗干气、油洗石脑油。其中，油洗液化气烯烃含量高，可作为烯烃聚合的原料；油洗石脑油中烯烃含量高，可作为高碳醇制备的原料。

7 低温油洗装置吸收塔和脱吸塔为什么要单独设置?

答 单独设置低温油洗装置吸收塔和脱吸塔的原因如下：

（1）由于吸收和脱吸操作条件差别大，吸收塔操作条件为高压低温，而脱吸塔操作条件为低压高温，不宜采用单塔流程。

（2）装置规模大，吸收塔和脱吸塔设备尺寸较大，吸收塔和脱吸塔塔高均在 40m 以上，两塔合并设备尺寸会非常大，设备制造和安装难度大。

8 影响低温油洗稳定塔操作的参数有哪些?

答 影响稳定塔操作的参数有稳定塔顶温度、塔顶压力以及回流比。

（1）塔顶温度。塔顶温度高，C_{5+}及以上组分进入塔顶回流罐，产品质量超标；塔顶温度低，液化气产量低，塔底液轻组分超标，导致后系统超压。

（2）塔顶压力。塔顶压力高，导致产品收率低，塔底液轻组分超标，后系统超压；塔顶压力低，造成C_{5+}及以上组分进入塔顶回流罐，产品质量超标。

（3）回流比。回流比大，产品质量高，但装置能耗高；回流比小，装置能耗低，但产品质量下降。

9 低温油洗单元防冻剂系统为什么要设置防冻剂过滤器?

答 防冻剂系统含有有机酸，不仅会腐蚀管道和容器，产生机械杂质，而且防冻剂的循环使用会造成杂质的富集，堵塞混合器和管道。操作时应定期检查过滤装置，密切关注过滤器的压降，当过滤器压降过大，就需要开启副线，对富集杂质的过滤器进行清理。

10 低温油洗稳定塔塔顶压力控制方式有哪些?

答 稳定塔塔顶压力采用冷凝路和热旁路结合控制方式。当塔顶压力下降时，关小稳定塔冷凝路调节阀，减少气相组分冷凝，提高塔顶压力。当冷凝路无调节余地时，压力持续下降，打开稳定塔热旁路；反之，开大冷凝路，降低塔顶压力。

11 低温油洗吸收塔的操作注意事项有哪些?

答 低温油洗吸收塔的操作的注意事项如下：

（1）吸收塔压力控制高，通过塔顶压控阀进行控制，高压有利于吸收混合气中 C_2 及以上组分。

（2）吸收塔进料温度控制低，降低吸收温度，低温有利于吸收混合气中 C_2 及以上组分。

（3）吸收剂循环量合理，提高吸收剂循环量，较大的液气比有利于吸收混合气中 C_2 及以上组分。

12 配置防冻剂溶液的操作注意事项有哪些?

答 配置防冻剂溶液的操作注意事项如下：

（1）按照计算比例首先向防冻剂配置罐中加入乙二醇，然后加入脱盐水，使用氮气搅拌，搅拌均匀后，取样分析浓度，低温油洗装置防冻剂浓度一般要求控制在 70%。

（2）当有杂质存在时，乙二醇容易发泡。在通入氮气搅拌时，应控制搅拌气速，防止乙二醇溶液发泡。

（3）配置乙二醇溶液时，受污染的乙二醇不得使用。

13 合成水处理单元有何作用?

答 费托合成水中富含有机酸类物质、pH 值在 2 ~ 3，直接进行生化处理存在一定的难度，通过合成水处理装置碱液中和及醇分离系统，一方面调整外送合成废水 pH 值至 4.5 ~ 5.5，为生化菌群提供适宜的生存环境，降低污水处理场处理难度，另一方面可以回收废水中富含的醇类物质，进一步提高煤间接液化装置的经济效益。

14 合成水处理的工艺有何技术特点?

答 合成水处理的工艺技术特点如下：

（1）采用预过滤器 + 聚结器的脱油装置，可有效降低合成废水中的油含量。

（2）采用 NaOH 溶液与费托合成水进行酸碱中和，未增加新的离子，降低污水处理难度。

（3）采用醇分离＋萃取精馏工艺，提取出合成水中醇，增加装置运行效益，同时降低污水处理难度。

15 费托合成水产生的机理和典型特点是什么?

答 费托合成反应是CO加氢和碳链增长反应，主反应为烷烃化反应，生产烃类、水、二氧化碳等，反应式见式（1）(2)，副反应有甲烷化反应和积碳反应以及产生醇、醛、酮、酸等含氧化合物的副反应，其中生成醇、醛、酮、酸等含氧有机化合物副反应式见式（3）(4)(5)：

主反应：

$$nCO + 2nH_2 \longrightarrow (-CH_2-)_n + nH_2O \quad (1)$$

副反应：

$$nCO + 2nH_2 \longrightarrow C_nH_{2n+1}OH + (n-1)H_2O \quad (2)$$

$$nCO + (2n-2)H_2 \longrightarrow C_nH_{2n}O_2 + (n-2)H_2O \quad (3)$$

$$(n+1)CO + (2n+1)H_2 \longrightarrow C_nH_{2n+1}CHO + nH_2O \quad (4)$$

由主反应式（1）可以看出费托合成反应副产大量的合成水，水油比约1.2～1.3，即生产1t油品同时副产1.2～1.3t的合成水，而副反应生成的醇、醛、酮、酸溶于合成水中。

费托合成水具有低pH值、高COD、高石油类、富含醇、醛、酮、酸含氧有机化合物（质量分数为1.0%～2.0%）等典型特点。

16 费托合成水的处理工艺是什么?

答 费托合成水因含氧化合物含量高（质量分数在2.5%左右）且组分复杂，精处理工艺复杂。目前工业化应用的处理工艺均采用精馏原理对水中含氧化学物质进行分离，塔顶得到醇、醛、酮的水溶液，塔底含有机酸的水溶液采用生化处理工艺进行处理。塔顶含醇水溶液分离技术略有差异。南非Sasol公司采用萃取精馏、共沸精馏、萃取、连续和间歇精馏进行处理。含醇水溶液先进入醛气提塔，醛气提塔顶馏出物包括醛、酮送溶剂回收系统，塔底液送醇脱水塔，在醇脱水塔内与苯进行共沸蒸馏。醇脱水塔底的脱水醇送加氢反应器，将醇中微量的醛和酮转化为醇。加氢产品送常压乙醇分馏塔，塔顶获得乙醇，塔底C_3的醇送溶剂回收装置回收。溶剂回收装置包括三个部分：第一部分把醛汽提塔顶产品分离成醛、酮、醇；第二部分为醛的加氢；第三部分为甲醇分离。国内有采用包括切割塔、精馏塔、间歇共沸精馏塔、萃取塔、萃取剂回收塔等七个塔分离流程，最终分离出七种有机含氧化合物，包括丙酮、甲醇、乙醇、正丙醇、正丁醇等，所述产物均可达到工业级纯度。

还有一种费托合成水含氧化合物的催化加氢脱除方法目前处于实验室小试阶段。以费托合成水相为原料，在催化剂的作用下，首先采用加氢反应技术将水相中的有机含氧化合物转化为 $C_1 \sim C_4$ 的气相低碳烷烃，然后与水相分离，以脱除水相中的有机含氧化合物。

17 合成水处理的主要工艺流程是什么?

答 合成水处理工艺包括合成废水精馏脱醇工艺和合成废水生化处理工艺。其中，脱醇工艺为费托合成水先送往罐区静置，经储罐静置除油后的合成水，再进入脱油聚结器进行聚结脱油，脱出的污油聚集在聚结器顶部，当油水界位达到一定高度时，切油阀自动打开将污油送往罐区污油罐。脱油后的合成水与 NaOH 碱液在静态混合器内混合后送至中和罐，在中和罐内进行有机酸与碱的中和反应，中和合成水送至醇分离塔进行脱醇，中和水通过共沸 / 萃取精馏等方法分离得到富含醇、酮、醛的含水混醇，合成废水送往污水处理场处理。

生化处理工艺包括两级气浮 + 厌氧系统、A/O 生化系统、高效沉淀、V 型滤池、臭氧接触氧化、BAF 滤池、含盐废水超滤等处理单元。

18 脱油装置对合成水处理有何影响?

答 脱油装置的主要作用是脱除费托合成水中油类，回收污油。首先，当脱油装置无法有效脱除油类时，长时间运行会造成醇分离塔填料堵塞，影响醇分离塔分离效果，造成合成废水 COD 上涨；其次，组分变重造成醇分离塔蒸汽消耗增大，装置运行能耗增加。

19 合成水处理醇提浓工艺原理是什么?

答 合成水处理醇提浓工艺是利用萃取精馏原理，通过向萃取精馏塔中加入乙二醇萃取剂，原有组分在乙二醇中相对溶解度差异分离出轻醇和重醇。萃取精馏要求所加入的萃取剂沸点较原料中各组分沸点高很多，且不与组分形成共沸物，乙二醇萃取剂循环使用，在回收乙二醇时得到重醇产品，同时为了避免乙二醇流失，乙二醇回收过程采用减压操作。

20 合成水处理醇分离塔操作要点有哪些?

答 合成水处理醇分离塔操作要点如下：

（1）醇分离塔塔顶压力控制在 60 ~ 90kPa，通过混醇回流罐压力分程控制进行调节。

（2）醇分离塔顶温度控制在 92 ~ 102℃，通过塔顶回流量控制，当温度低时加大回流量，温度高时降低回流量。

（3）回流比一般控制在 3 ~ 5，加大回流比，产品纯度升高，但装置能耗增大。

21 罐区设置油气回收的目的是什么？

答 罐区设置油气回收的目的：① 回收各储罐因呼吸阀作用呼出的油气，减少 VOCs 排放，实现保护环境的目的；② 储罐呼出的油气，冷凝后凝结渗入保温棉内，存在安全隐患，设置油气回收系统可消除该隐患；③ 储罐呼出的油气经过油气回收系统可实现冷凝回收。

22 油气回收的方法有哪些？

答 常用的油气回收技术从原理上分为四种，即吸收法、冷凝法、吸附法和膜分离法。

（1）吸收法。易挥发油气蒸气从吸收塔的底部进入，与从塔顶进入的向下流或喷淋的吸收液形成对流接触，大多数油气被吸收液吸收，剩余的气体排入大气。这种方法回收效果直接受吸收剂影响。吸收法有两种，即常压常温吸收法和常压冷却吸收法。

（2）冷凝法。当冷凝气的温度低于其露点温度时将发生冷凝，由于易挥发性有机化合物的露点温度高于空气的露点温度，故当对油气蒸气和空气混合物进行冷凝时，大部分油气蒸气会被冷凝成液态而空气则可以通过通风口被排出，从而达到分离的目的。这种方法的优点是操作安全可靠，回收的烃类液体不含杂质；缺点是投资高，操作费用高。

（3）吸附法。是利用活性炭等吸附剂吸附油气中的烃类。目前常用的吸附剂有活性炭、硅胶和分子筛等。吸附法无法单独使用，需配套冷凝法或吸收法使用，吸附剂只能将油气中的烃类吸附下来，到一定程度后需解吸后重新使用，解吸气返回冷凝装置或吸收装置。

（4）膜分离技术。是利用了高分子膜对油气的优先透过性的特点，混合气体在一定的压差推动下经膜的“过滤作用”使混合气中的油气优先透过膜得以“脱除”回收，而氮气则被选择性地截留。

煤制油项目的中间产品罐区一般设置有轻质油罐组、重质油罐组、重柴油罐组、蜡罐组、合成水罐组等，油气组成复杂，单一回收方法无法满足油气回收要求。一般分轻烃和重烃两部分，其中重烃部分采用中重柴油吸收 + 冷凝 + 吸附的处理工艺，轻烃部分采用冷凝 + 膜分离 + 吸附的处理工艺，确保储罐呼出油气满足国家规范要求。

参考文献

[1] 王志魁，向阳，王宇．化工原理（第五版）[M]．北京：化学工业出版社，2018.
[2] 王志魁，向阳，王宇．化工原理（第五版）[M]．北京：化学工业出版社，2018.
[3] 朱世勇．环境与工业气体净化技术 [M]．北京：化学工业出版社，2001.
[4] 黄家鹄，王斌．热钾碱法与变压吸附法脱碳工艺比较 [J]．氮肥技术，2015.
[5] 史开宏．加氢精制装置技术问题 [M]．北京：中国石化出版社，2006.

第五章

费托合成装置的开停车

第一节 费托合成装置

1 催化剂还原系统原始开工前的准备工作和开车步骤有哪些?

答 催化剂还原系统原始开工前要完成系统吹扫、冲洗、气密、置换、联运、仪表调校等准备工作，主要包括：① 设备、管线吹扫、清洗完成；② 系统氮气置换、气密、热紧完成；③ 系统仪表、联锁、阀门调试完成；④ 催化剂卸料、输送系统调试完成；⑤ 汽包蒸煮、水联运完成；⑥ 压缩机、机泵等动设备单试完成；⑦ 系统联运完成，仪表、设备、阀门、安全附件、消气防设施、分析采样设备、消气防设施运行正常。

开车主要步骤包括：① 系统氮气置换、气密、热紧合格；② 汽包建立热水循环；③ 系统建立气体循环；④ 系统引氢气置换、升压；⑤ 反应器建立液位；⑥ 反应器加入费托催化剂；⑦ 反应器升温和催化剂还原；⑧ 还原好的催化剂压入费托反应器；⑨ 催化剂压料管线冲洗、吹扫；⑩ 系统降温、降压备用。

2 汽包原始开工前为什么要进行蒸煮? 有哪些注意事项?

答 汽包及其承压部件在生产建造过程中产生的氧化皮、污垢、杂物、油脂、油漆及其他杂质需要在原始开工前用氢氧化钠和磷酸三钠溶液进行蒸煮去除。主要步骤有：① 汽包及附属管线水冲洗；② 汽包蒸煮药剂配制；③ 汽包液位建立；④ 汽包升温、蒸煮；⑤ 降压、冲洗、排净。

汽包蒸煮过程中应注意：

（1）蒸煮过程中炉水分析项目为磷酸根及碱浓度、水中油脂及铁离子含量，汽包压力稳定后分析频次为 1 次/h，降压、排污换水时 1 次/h。

（2）蒸煮期间，控制炉水 PO_4^{3-} 浓度≥ 500mg/L（或碱度＜ 50mg/L）。

（3）蒸煮期间所排放的蒸汽由汽包放空阀现场排放。

（4）蒸煮时应每 2h 对照一次汽包液位计，并冲洗液位计。

3 还原反应器如何加入催化剂和重质柴油? 注意事项有哪些?

答 一般还原反应器有两种催化剂加入方式，分别是：

（1）还原反应器提前建立液位，费托催化剂自加料罐通过压差以气固输送方式加入。

（2）费托催化剂与重质柴油先进行混合配置，然后压送至还原反应器。催化剂加入时要注意控制压差，防止还原反应器内氢气、重质柴油倒窜至加料系统而发生安全事故。

重质柴油一般是通过泵加压后送至还原反应器内，由于重质柴油含有少量的水，在较高温度下循环气中水蒸气较多会影响催化剂的热稳定性，因此，需在较低温度下（一般为 120℃）恒定一段时间（2～3h），将重质柴油中的水蒸发出去。

4 催化剂还原过程中如何控制升温？恒温过程中的操作要点是什么？

答 一般汽包凝液分为高温开工凝液线与低温开工凝液线，当汽包压力较低时开工凝液外排为低温凝液线流程，目的是将汽包内的较低温凝液排出，有利于反应器升温；当汽包压力较高时开工凝液外排为高温凝液线流程，目的是送往凝液闪蒸罐副产回收蒸汽和控制汽包液位。

升温过程接近恒温温度时，系统放热量明显增加，应适度降低升温速率（5℃/h），保证反应器温度能够平稳升到恒温温度，防止出现飞温，造成催化剂的反应性能和强度下降。

5 催化剂还原系统停车工艺交出的主要步骤及注意事项有哪些？

答 催化剂还原系统停车注意步骤包括：① 催化剂压料管线清洗吹扫；② 系统退气；③ 反应器降温、降压；④ 系统氮气置换交出；⑤ 空气置换交出。

催化剂还原系统停车过程中要密切注意压料管线的吹扫和冲洗，这是因为在压料结束后管道内存留部分催化剂浆料，一旦伴热、保温或其他防冻防凝措施不到位，管线易发生凝堵，同时会造成阀门卡涩无法正常开关，严重影响正常生产，必须要对管线进行冲洗（一般用重质柴油）和工艺气吹扫（2～3 次）。

6 系统气密的原则是什么？

答 气密性试验采取分段气密整体保压的方法，即先对单个设备或单段管线进行气密，所有管线气密完成后进行保压试验，气密过程应遵循以下原则：

（1）为保护非升压监视用压力表，在升压之前，应关闭仪表导压管。

（2）升压时应缓慢进行，气密压力不得超过规定限值。

（3）泄压时应尽可能由低点或死角处的导淋进行排放避免积液。

（4）气密试验按设备、管线的压力等级划分系统。

（5）系统与系统之间的管线用阀门隔离，必要时用盲板隔离。

（6）物料进出装置的管线也必须进行气密试验。

（7）公用工程系统管线尽可能用管线内的介质进行气密试验。

（8）系统气密时安全设备需投用。

（9）系统气密时要时刻监控压力，并做好相关记录。

7 系统置换的目的是什么？

答 系统具备开车条件后，即可对全系统做氮气置换，目的是将系统内的氧气置换出系统，防止系统进净化气后，净化气与系统内的氧气形成爆炸性混合气体，确保系统安全开车。置换过程应注意：

（1）应严格控制置换过程，不留死角。

（2）严格取样分析，样品中氧气体积含量小于0.5%（V）方为合格。

（3）置换过程中注意打开所有旁通管路的阀门及其旁路。

（4）置换过程中气体排放要注意安全，排放点加安全警示标志。

（5）置换分充压置换和流动置换，低压系统先充压泄压3次，泄压点远离充压点，最后一次充压通过盲肠死角低点高点结合排放，直至取样分析合格。

（6）高压系统先充压泄压3次，泄压点远离充压点，最后一次充压通过盲肠死角低点高点结合排放，直至取样分析合格。

8 浆态床费托反应系统开车的主要步骤有哪些？开工前为什么要进行热紧？

答 费托反应系统开车主要步骤包括：① 系统氮气置换；② 系统建立气体循环；③ 汽包建立水汽循环；④ 反吹系统投用；⑤ 反应器建立液位；⑥ 系统升温升压；⑦ 催化剂装填；⑧ 引净化气及提负荷；⑨ 排蜡系统投运；⑩ 合成尾气导入脱碳单元。

由于反应器设备的主体与附件用法兰、螺栓连接，垫片密封之间材质不同，升温过程中，特别是超过200℃（热油区），各部分膨胀不均匀造成法兰面松弛，密封面压比下降，高温时会造成材料的弹性模数下降、变形，机械强度下降，引起法兰产生局部过高的应力，产生塑性变形弹力消失。此时压力对渗透材料影响极大，或使垫片沿法兰面移动，造成泄漏。热紧的目的就在于消除法兰的松弛，使密封面有足够的压比，保证静密封效果。

9 浆态床费托反应系统如何建立气体循环和汽包水汽循环？

答 费托反应系统在投料前需先建立气体（一般为氮气）循环和汽包水汽循环，系统建立氮气循环的主要步骤包括：① 确认系统氮气气密、置换合格；② 确认氮气充压流程畅通，给系统进行充压（一般为0.5MPa），充压速率≤0.5MPa/h；③ 按照操作规程在低压工况下启动循环气压缩机，建立氮气循环。

汽包建立水汽循环的主要步骤包括：① 打开汽包的除氧水补水管线阀门，汽包系统开始注入除氧水；② 当汽包液位达到规定值时，启动汽包循环水泵，建立反应器内部换热管→汽包水循环；③ 当汽包液位稳定后，关闭汽包补水调节阀；④ 投用汽包开工蒸汽，控制反应器升温速率8～10℃/h；⑤ 当汽包液位上涨时，关闭汽包补水调节阀，打开汽包开工凝液阀，汽包液位由开工凝液排放阀控制；⑥ 打开汽包气相放空阀将汽包中不凝气释放。

10 浆态床费托反应器如何建立液位？接收催化剂的条件有哪些？

答 浆态床费托反应器在投料前必须先建立液位和加入催化剂，一般是加入重质柴油建立一定液位，主要步骤包括：① 确认系统氢气置换合格，建立气体循环，具备进重质柴油条件；② 取样确认重质柴油水含量、馏程、硫含量等指标满足要求，自界外引入重质柴油至缓冲罐；③ 启泵向费托反应器加入重质柴油，控制泵出口压力与反应器顶部压力之间压差稳定；④ 费托反应器内液位到达要求值后，先关闭重质柴油进反应器器壁阀门，再停泵，防止反应器高压串至低压缓冲罐。

当反应器建立一定液位后，需检查确认催化剂压料条件，包括：① 费托反应器建立液位至规定值，升温至规定值（一般与催化剂还原恒温的温差越小越好）；② 确认还原反应器与费托反应器压差达到设定值；③ 检查确认催化剂压料流程畅通，具备接受还原结束的催化剂。

11 浆态床费托反应器排蜡系统如何投用？

答 费托反应器排蜡系统投用主要分为反吹系统投用和排蜡过滤组件投用两步，首先按步骤投用反吹系统，主要步骤包括：

（1）确认打开反应器排蜡过滤组件阀门和反吹气阀门。

（2）控制反吹气压差在 0.25 ~ 0.5MPa，设置反吹参数（包括反吹时间、反吹压差报警值及联锁值）。

（3）手动或自动投用排蜡过滤组件反吹系统。

当反吹系统投用正常后投用排蜡过滤组件，主要步骤包括：

（1）当费托反应器液位达到排蜡过滤组件以上时（没过顶部），投用过滤反吹程序。

（2）确认排蜡过滤组件排蜡流程畅通，管线、储罐伴热投用正常。

（3）设定排蜡顺控程序中过滤时间、过滤压差、反吹时间、反吹压差、投用组数等参数。

（4）当费托反应器液位达到规定值时，手动或自动投用排蜡系统，确认排蜡程序投用正常。

12 浆态床费托反应系统停车的主要步骤有哪些？降负荷退气的操作要点是什么？

答 费托反应系统停车的主要步骤包括：① 系统降负荷降液位；② 反应器退气；③ 反应器卸渣蜡；④ 系统氮气置换；⑤ 蒸汽置换及蒸煮；⑥ 系统降温；⑦ 空气置换交出。

降负荷退气的操作要点有：

（1）严格按速率缓慢降负荷，防止反应器压力、液位、温度等参数大幅波动。

（2）降负荷退气过程中，通过排蜡系统尽量降低反应器液位，减少停工卸出量。

（3）当反应器液位降至规定值时（一般排蜡过滤组件顶部位置），停止排蜡，投用反吹程序，防止大量催化剂黏结凝固在过滤组件表面，影响再次开工后使用。

（4）降负荷退气后，尽量维持反应器在较高温度，目的是尽可能将 CO 消耗，防止低温下生成碳堵塞排蜡过滤组件。

13 浆态床费托反应器停车后如何卸料？为什么要及时对含油管线进行扫线？

答 浆态床停车后必须将反应器内的催化剂浆料卸出后才能交出，主要步骤包括：

（1）确认反应器退气结束，反应器液位降至最低，反应器温度降至 160～200℃，检查卸渣蜡浆料流程畅通。

（2）缓慢降低反应器压力，与渣蜡浆料储罐压差达到规定值时，打开卸渣蜡阀门，确认卸料正常。

（3）渣蜡全部排尽后，用重质柴油对反应器底部进行冲洗，并扫线，防止渣蜡凝固堵塞管线阀门。

费托反应系统停车后，轻质油、重质油、重质蜡等物料会残留在管线内，一旦伴热、保温等防冻防凝措施不到位，长时间不流通会堵塞管线。因此，停车后必须及时对易凝物料进行扫线，扫线时必须注意扫线气压力，防止设备或管线超压。

14 浆态床费托反应系统停车交出为什么要用蒸汽进行蒸煮？有哪些注意事项？

答 费托反应系统退气卸料后，设备、管线内壁上会附着或残留少量轻质油、重质油和含有费托催化剂（具有活性）的重质蜡，如果交出不彻底，系统内溶剂汽油、可燃气含量会超标，存在重大安全作业风险，且具有活性的催化剂接触空气会发生自燃。因此，在停车交出过程中，一般用蒸汽进行蒸煮，能有效降低系统内油类物料分压使其蒸煮出去，并对费托催化剂进行氧化，减少自燃风险，但蒸煮温度不能过高，否则容易使催化剂裸露接触空气发生自燃。

蒸煮过程中的注意事项包括：

（1）尽可能从多个给气口通入蒸煮蒸汽，减少蒸煮死角。

（2）严格控制反应系统蒸煮温度，防止过低蒸煮造成油类物料不到位，或过高造成催化剂裸露接触空气发生自燃。

（3）密切监控各分离液罐液位，及时排放至污油系统，排液时要注意取样观察，防止将大量催化剂带至污油系统造成地管堵塞。

（4）系统蒸煮 24h 后，停止蒸煮，通过现场排放口取样分析可燃气、溶剂汽油指标是否合格，如不合格继续蒸煮。

（5）蒸煮结束后，排净各分离器及管线内残液。

15 浆态床费托反应器停车交出过程如何进行快速强制降温和通入空气自然降温？

答 当费托合成反应器温度降至 120℃时，系统温度下降速度随即变得十分缓慢，此时，需将反应器换热列管和汽包中锅炉水全部排净，随后向汽包中注入冷脱盐水可加快费托反应器降温速度。

当反应器降温至规定值（一般为 70℃）以下，准备拆人孔通入空气进行自然降温，主要操作步骤包括：

（1）检查确认系统按照方案完成隔离，反应器温度降至 70℃以下，消防水、长管呼吸器等安全措施到位，具备拆人孔条件。

（2）先拆顶部人孔，作业人员佩戴长管呼吸器从侧面打开人孔，用消防水或生产水（如有条件用除盐水）对内部进行喷洒降温，期间要密切监控反应器各温度测点，如有大幅升温立即关闭人孔。

（3）确认喷水降温正常后，打开底部人孔，依靠“烟囱”效应，自下而上通风降温置换，要注意顶部人孔附近设置警戒线，防止人员氮气窒息。

（4）打开人孔，通风降温期间，要密切监控反应器各温度测点是否有异常，现场定时巡检，一旦出现异常状态，及时封闭人孔，通入氮气。

第二节　蜡过滤装置

1 蜡过滤装置原始试车主流程及开车具备的条件是什么？

答 蜡过滤装置原始试车主流程如图 5-1 所示。

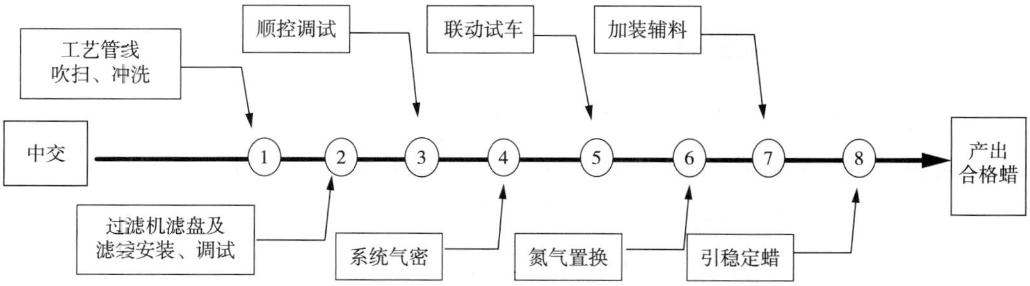

图 5-1　开车程序图

开车前条件确认：

（1）蜡过滤装置内的设备管线按照工艺和仪表图正确安装完成。

（2）装置内的所有运转设备已经单试合格且备用。

（3）装置内的非操作盲板已经拆除。

（4）装置内的安全阀门全部调试合格并已经安装且投用。

（5）装置内的管道吹扫、气密、置换、分析合格。

（6）装置内的保温工作全部结束，伴热系统投用。

（7）公用工程中的水、电、气等各种物料能够正常供应。

（8）电气、仪表及各联锁系统已经调试完毕。

（9）装置内除仪表阀门外，其他阀门处于关闭状态。

（10）操作人员配备上岗及安全作业证件，记录报表齐全。

（11）费托合成单元稳定蜡送至稳定蜡储存罐。

（12）重质柴油罐重质柴油具备往蜡过滤单元输送冲洗液的条件。

（13）罐区具备接受合格蜡的条件。

（14）加氢精制单元具备接受合格蜡的条件。

（15）蜡过滤单元顺控程序调试合格。

（16）油品合成装置的公用工程系统已投用，蜡过滤装置所需蒸汽、氮气、生产水、循环水、仪表风、低压火炬已并入系统。

2 蜡过滤装置投料试车注意事项有哪些?

答 蜡过滤装置物料温度在 160～180℃，如果管线内有积水，水遇到高温的液蜡瞬间汽化，体积突然增大，造成管线设备超压；蜡带水会使过滤机预涂助剂吸水，破坏助剂预涂层，导致蜡中的杂质直接穿过预涂层，造成合格蜡铁含量超标。因此在蜡过滤投料试车时，首先要分段对蜡管线进行吹扫，并在导淋（低点导淋最佳）处取样分析管内露点是否合格（一般要低于 -30℃以下）；其次在蜡过滤单元引稳定蜡时，要确保汽提塔底出料温度在 160℃以上，防止稳定蜡带水。

3 冲洗液的作用及投用方法是什么?

答 由于蜡液中带有大量固体催化剂颗粒，机泵长时间运行时蜡液中的催化剂集聚在机封表面，极易造成机封损坏，因此在机泵运行时一定要将机封冲洗液投用。机封冲洗液一般采用成品的重质柴油或者合格蜡作为原料，对机封密封面进行冲洗，保证密封面干净。机封冲洗液温度太高会损坏机封，温度太低可能导致输送介质凝固，应对冲洗液温度严格监控。

其投用方法：① 打开合格蜡或重质柴油至冲洗液罐手阀，建立液位；② 启动冲洗液泵，并投用冲洗液冷却器，将冲洗液送至各机泵的密封点；③ 如果采用合格蜡作为冲洗液，待蜡过滤单元产出合格蜡后，关闭重质柴油至冲洗液罐进料手阀，打开合格蜡至冲洗液罐手阀，通过冲洗液罐液位调节阀自动控制液位。

4 助剂输送系统如何投用？

答 输送流程如图 5-2 所示，具体输送步骤为：

（1）打开工厂空气入拆包机顶部除尘器管线阀。

（2）打开入助剂加料单元的氮气手阀，投用助剂送料系统阀、反吹气手阀及密封气阀。

（3）投用白土储罐夹套伴热蒸汽。

（4）打开助剂加料系统氮气界区阀，打开脉冲除尘器工厂空气，启动除尘风机。

（5）打开气控单元输送氮气阀，将自力式调节阀调整至设计压力，打开气控单元氮气切断阀。

（6）投用发送罐底部及顶部氮气，将白土搬运至助剂拆袋机上进行自动拆袋，打开拆袋机至发送罐切断阀，打开发送罐气相至拆袋机切断阀，将白土送至发送罐中。

（7）发送罐料位显示高报时关闭拆袋机至发送罐切断阀及气相联通阀，打开发送罐底部切断阀及氮气阀，将白土气力输送至白土储仓。

（8）输送结束后关闭发送罐底部切断阀及氮气阀，打开拆袋机至发送罐切断阀及气相联通阀，用同样的操作将硅藻土送至硅藻土储仓中。

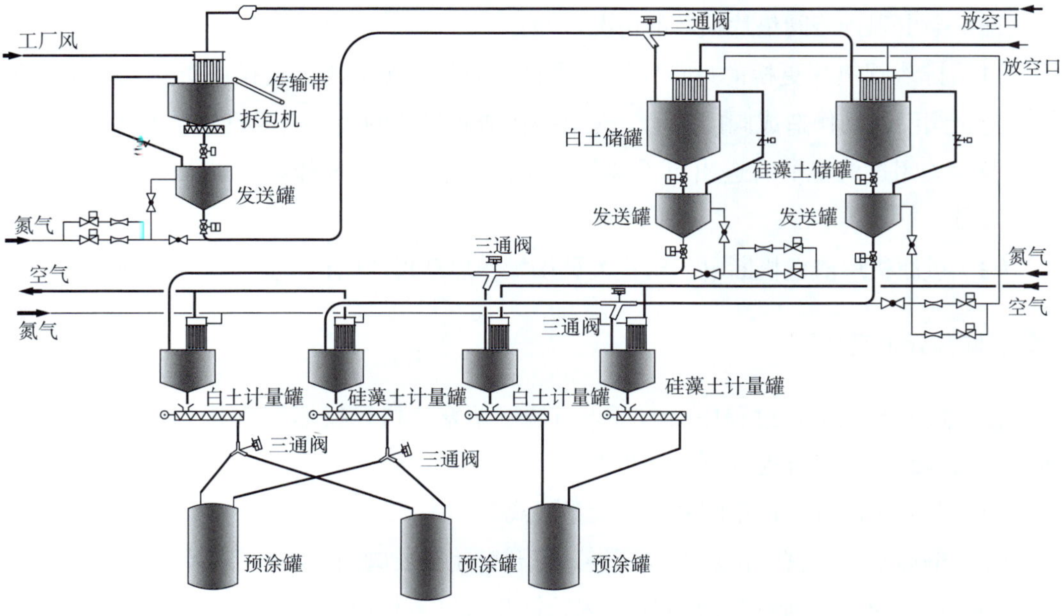

图 5-2 助剂加料流程

5 蜡过滤装置如何开车?

答 蜡过滤装置开车应做到：

（1）打开稳定蜡原料罐入口切断阀，引费托合成单元的稳定蜡进入原料罐。

（2）确认吹饼气分离器、冷却器运行正常。

（3）当工艺具备过滤操作条件时，进行稳定蜡过滤的顺控操作。过滤顺序程序包括助剂加料工序、预涂循环工序、过滤循环工序、过滤工序、退料工序、吹饼工序、排渣工序及清洗工序。

（4）对渣蜡减压罐安全阀进行投用；打开渣蜡减压罐压力氮气调节阀的前后切断阀及入罐手阀，向渣蜡减压罐引氮气充压至设计压力。

（5）费托单元进行催化剂更换时，打开费托合成至渣蜡减压罐管线上的气动阀，自费托合成单元排出的渣蜡进入渣蜡减压罐，闪蒸后的释放气经减压罐释放气冷却器冷却至50℃左右后排放至火炬系统，液相渣蜡冷却至180℃左右以备过滤。

（6）确认渣蜡预过滤循环罐具备投用条件。

（7）打开渣蜡减压罐底出料手阀、入渣蜡预过滤循环罐的气动阀及手阀向渣蜡预过滤循环罐引渣蜡，待罐内液位达到70%左右时，关闭渣蜡减压罐底出料手阀及气动阀。

（8）启动渣蜡预过滤程序：过滤循环工序、过滤工序、退料工序、吹饼工序、排渣工序及清洗工序。

6 过滤机更换排渣阀垫片注意事项有哪些?

答 过滤机长期在高温条件下运行，运行过程中要不断地进行排渣操作，在操作的过程中会出现排渣阀垫片损坏的情况。

（1）排渣阀垫片更换的过程中一定要将排渣阀气源关闭，将排渣阀气缸余压泄至零，防止阀门误动作造成阀门关闭，对更换排渣阀垫片的人员造成机械伤害。

（2）关闭过滤机所有进出料手阀并上锁，防止人员误操作物料进入过滤机内烫伤作业人员。

（3）过滤机甩渣电机断电，防止人员误操作启动甩渣电机，造成人员伤害。

7 过滤泵如何交出?

答 过滤泵在运行过程中会出现入口滤网堵塞、机封损坏等情况，这时需要对泵进行交出检修。交出分为以下几个步骤：

（1）关闭泵的进出口手阀并进行能量隔离。

（2）倒通泵出口密闭排放管线盲板，打开密闭排放阀门。

（3）倒通泵入口管线氮气盲板，然后打开氮气盲板前后手阀，再打开靠近泵入口管线处的球阀（防止蜡液倒流堵塞氮气管线），对泵入口、泵体及出口管线进行扫线。

（4）观察排放罐液位，当液位不在上涨时，退料完成，此时关闭扫线氮气阀门并进行能量隔离，当泵的出口压力表压力显示为零后关闭密闭排放阀门并进行能量隔离。

（5）将泵体伴热及凝液阀门关闭并进行能量隔离。

（6）将泵密闭排放管线及入口扫线氮气盲板导盲。

（7）将泵断电进行能量隔离。

8 蜡过滤装置停车前的准备工作有哪些?

答 蜡过滤装置停车前的准备工作包括：① 冲洗液罐准备好系统清洗所用的冲洗液；② 助剂储仓储备合适的助剂量；③ 蜡过滤系统进行自循环及清洗操作；④ 对装置所有设备进行退料；⑤ 停用所有动设备；⑥ 按照工艺流程对所有蜡油管线及设备进行扫线；⑦ 最后停用所有伴热。

9 蜡过滤装置停车如何清洗?

答 蜡过滤装置停车清洗应做到：

（1）氮气对汽提至蜡过滤装置的管线扫线完毕，关闭稳定蜡进料罐切断阀，装置停止进料。完成最后一批原料蜡的过滤及卸饼和系统的置换工作。

（2）清洗路线：稳定蜡部分→渣蜡一级过滤部分→渣蜡二级过滤部分→稳定蜡过滤部分→精滤部分。

（3）清洗操作：通过冲洗液泵向稳定蜡原料罐、渣蜡储存罐和渣蜡缓冲罐进冲洗液，当液位达到工艺要求后停冲洗液泵，之后按照正常过滤工序进行循环过滤清洗，循环 120min 左右（可根据现场情况确定），过滤机取样合格后，按照正常操作进行出料，完成整个蜡过滤系统的清洗过程。

第三节　尾气脱碳装置

1 热钾碱脱碳装置原始开车的主要步骤有哪些?

答 尾气脱碳开车主要步骤包括：① 化学清洗及系统钝化；② 系统氮气置换；③ 系统建立溶液循环；④ 建立系统热联运；⑤ 导入合成尾气；⑥ 脱碳净化气外送。

2 尾气脱碳装置投料试车前需要进行哪些处理? 如何操作?

答 因脱碳装置所用的吸收剂为碳酸钾溶液，对碳钢设备的腐蚀性较大，在装置投料试车前应先进行化学清洗及防腐处理。化学清洗包括碱洗、酸洗、二次碱洗和脱盐水洗，防腐处理主要是进行系统钒化，在碳钢设备内表面形成一层抗腐蚀的钝化膜。

（1）碱洗过程包括静态碱洗、动态碱洗，碱洗可以除去设备内的油脂，以防溶液起泡。通过地下槽配制质量分数为3%的Na_2CO_3溶液，温度控制在90～95℃。静态碱洗按照贫液闪蒸槽（含活性炭过滤器）→加压再生塔→常压再生塔→CO_2吸收塔、富液闪蒸槽顺序进行。设备充满后进行静态浸泡，时间不少于36h。各设备静态碱洗示意如图5–3～图5–6所示。

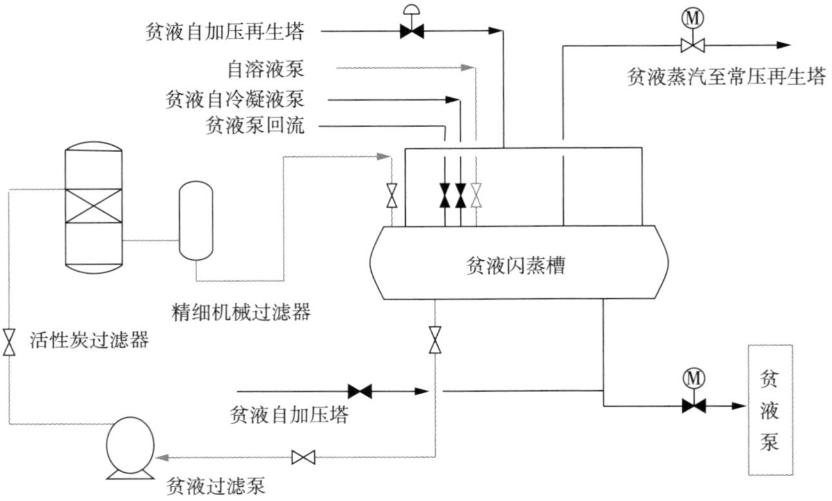

图5–3　贫液闪蒸槽静态碱洗示意图

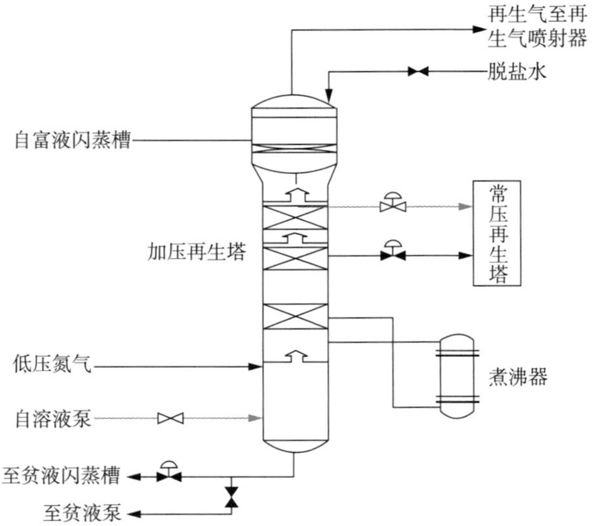

图5–4　加压再生塔静态碱洗示意图

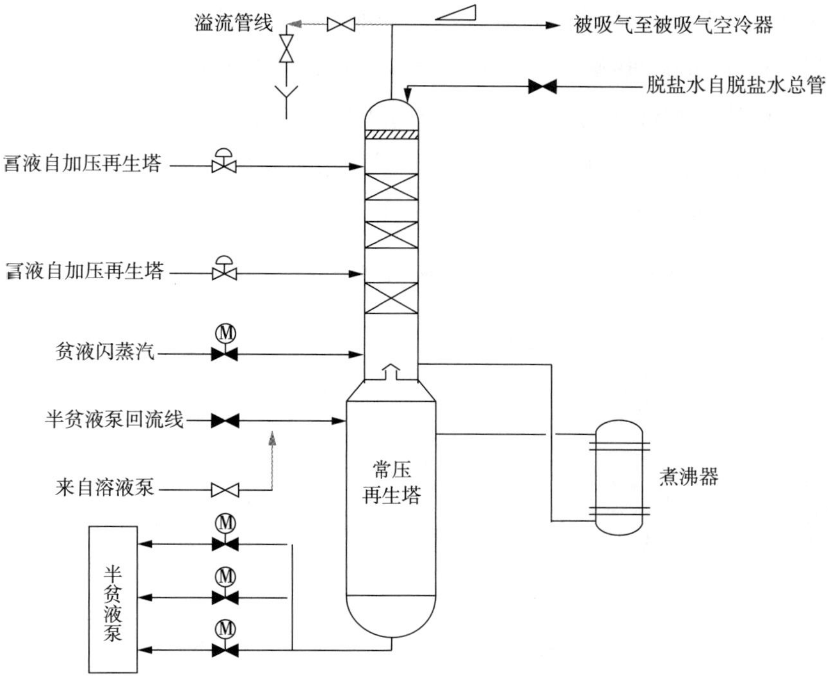

图 5-5　常压再生塔静态碱洗示意图

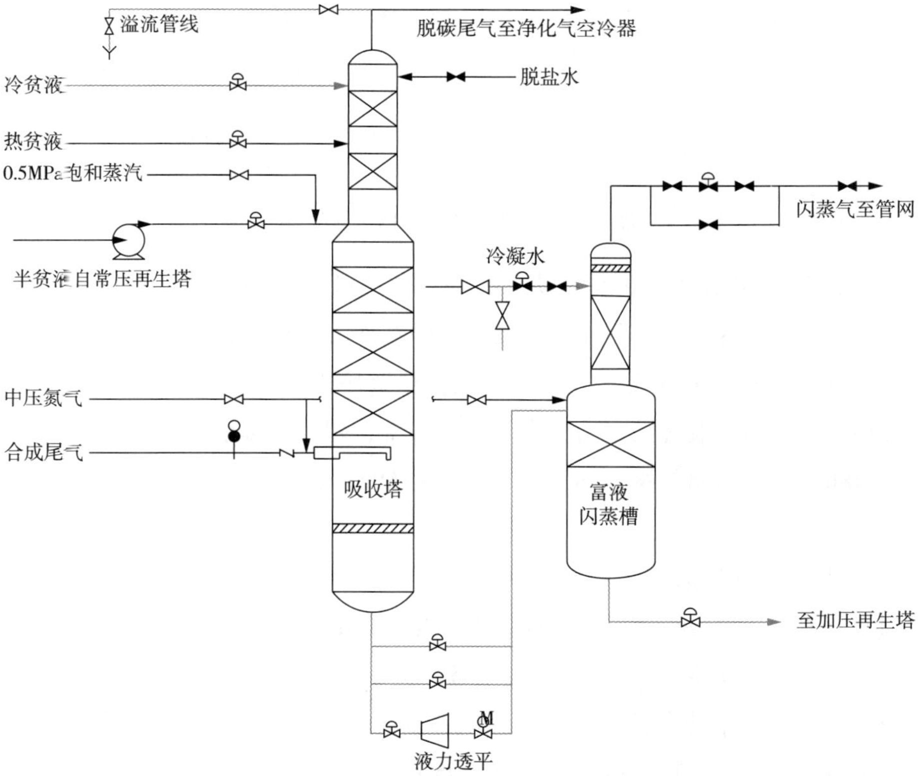

图 5-6　吸收塔、富液闪蒸槽静态碱洗示意图

静态碱洗结束后，进入动态碱洗，建立碱液循环，调节碱液温度在 90～95℃，动态碱洗时间不少于 96h。热碱循环期间，每 4h 进行一次分析化验，分析项目为：溶液碱度、铁离子浓度、清洗水的 pH 值、泡沫高度及消泡时间。溶液浓度与原始碱液浓度相差大于 5% 时，则应补充碱液或者重新配制新碱液循环；当泡沫高度测定至基本不变时，碱洗结束。动态碱洗示意如图 5–7 所示。

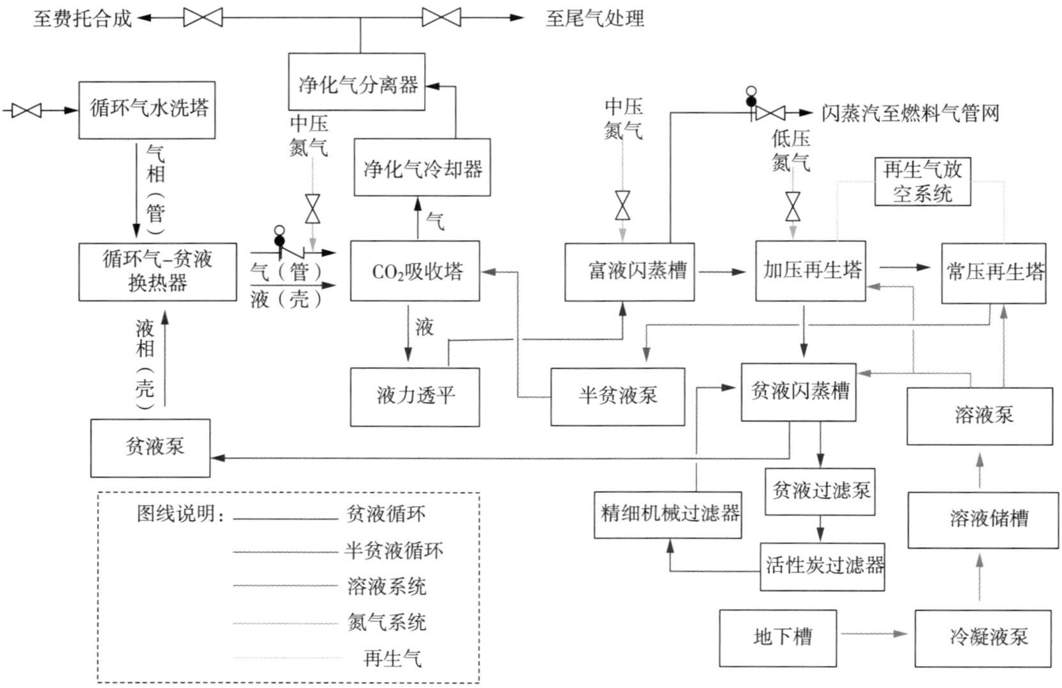

图 5–7　脱碳装置动态碱洗示意图

（2）酸洗过程包括静态酸洗、动态酸洗，酸洗可以除去设备内的铁锈。通过地下槽配制质量分数为 3.3% 的常温草酸溶液，按照贫液闪蒸槽（含活性炭过滤器）→加压再生塔→常压再生塔→ CO_2 吸收塔、富液闪蒸槽顺序进行。设备充满后进行静态浸泡，时间为 24～36h。静态酸洗结束后，进入动态酸洗，建立常温酸液循环，酸洗循环时间约为 40～48h。酸洗合格标准：溶液中 $[Fe^{3+}] \leqslant 50mg/L$，且不再升高，pH 值基本不变为止。

（3）二次碱洗也包括静态碱洗、动态碱洗，目的是为了中和系统酸洗后残存的酸液。通过地下槽配制质量分数为 0.1% 的 Na_2CO_3 溶液，温度控制在 90～95℃，按照贫液闪蒸槽（含活性炭过滤器）→加压再生塔→常压再生塔→ CO_2 吸收塔、富液闪蒸槽顺序进行。设备充满后进行静态浸泡，时间不少于 12h。静态碱洗结束后，进入动态碱洗，建立碱液循环，调节碱液温度在 90～95℃。动态碱洗循环时间不少于 24h，每 4 小时进行一次分析化验，分析项目为：溶液碱度、铁离子浓度、pH 值、泡沫高度及消泡时间。当泡沫高度测定基本不变时，二次碱洗结束。

（4）脱盐水洗主要是为了除去碱洗酸洗后的残液，为系统钒化做准备。系统建立脱盐水循环后，进行循环冲洗不少于 12h。循环冲洗过程中每 4h 对各机泵进行切换冲洗，并分析排出水样，pH 值与新鲜脱盐水范围一致，泡高＜ 30mm，完全消泡时间＜ 5s 为冲洗合格。

（5）钒化过程包括静态钒化和动态钒化。在地下槽配制碳酸钾质量分数为 10% 及五氧化二钒质量分数为 2.2% 的混合溶液，温度控制在 90 ~ 95℃，按照贫液闪蒸槽（含活性炭过滤器）→加压再生塔→常压再生塔→ CO_2 吸收塔、富液闪蒸槽顺序进行钒化。设备充满后进行静态浸泡，时间不少于 100h。静态钒化结束后，进入动态钒化，建立溶液循环，调节溶液温度在 90 ~ 95℃，时间不少于 240h。每 4h 分析一次溶液中碳酸钾、总钒浓度。在钒化过程中，若总钒浓度≤ 2%（wt）（25g/L），则必须补充五氧化二钒。当溶液中 $[Fe^{3+}]$ ≤ 50mg/L，且不再升高，总钒不再降低，系统钒化工作完成。

3 系统钒化过程中钒化液如何配制？

答 脱碳钒化溶液量根据系统内设备的容积确定，按照钒液组分配比配制钒化液，具体如下：

（1）钒化溶液配比 10%（质量分数）碳酸钾，2.2%（质量分数）五氧化二钒。

碳酸钾加入量：

$$m=V\times\rho_{溶液}\times 10\%$$

五氧化二钒加入量：

$$m=V\times\rho_{溶液}\times 2.2\%$$

式中 $\rho_{溶液}$——溶液密度和水密度接近，取水密度即可，kg/m^3；

V——取吸收塔和富液闪蒸槽总容积，m^3。

（2）五氧化二钒在碱性条件下的溶解度大，先配制碳酸钾溶液加热至 70 ~ 80℃，再加入五氧化二钒。

（3）溶液分批配制，溶液装入贮槽备用。

4 CO_2 吸收塔、富液闪蒸槽静态钒化的步骤有哪些？

答 CO_2 吸收塔、富液闪蒸槽静态钒化的步骤如下：

（1）将富液闪蒸槽和吸收塔作为一个系统与其他系统进行隔离。通过半贫液进料线向富液闪蒸槽和 CO_2 吸收塔注入钒化液，当富液闪蒸槽气相管线导淋有液流出时关闭吸收塔和富液闪蒸槽连通阀和闪蒸槽顶部导淋；当吸收塔顶溢流管有液流出，停止进料。

（2）打开蒸汽至吸收塔阀门，将吸收塔内溶液加热到 90 ~ 95℃进行静态钒化，静态钒化时间不少于 100h。

5 系统动态钒化应注意什么？

答 系统动态钒化应注意：

（1）系统压力稳定，循环过程中每 4h 倒换一次备用泵，清理滤网。

（2）总钒浓度 $[V_2O_5] < 20g/L$ 应向系统补钒。

（3）钒化过程后期，根据系统溶液组分变化情况相应补充碱和钒。

（4）合格标准：溶液中 $[Fe^{3+}] < 100mg/L$，且不再升高，总钒不再降低。

（5）钒化结束后，在导入工艺气之前，系统溶液继续循环，以免碳钢表面的钒化膜干燥脱落。溶液循环停止 24h 以上（包括正常生产时的停车），需进行 36h 的补充动态钒化。

6 化洗废液如何退料？

答 化洗废液退料步骤如下：

（1）系统化洗结束后，停止系统循环，调整各塔的入塔氮气量，控制 CO_2 吸收塔、富液闪蒸槽、加压再生塔、常压再生塔压力在 0.05MPa。

（2）导通各塔、槽底部排放导淋盲板。

（3）打开各容器底密闭排放导淋，分批排放至脱碳地下槽。

（4）启动地下槽泵将废液送至污水处理装置。

（5）确认系统废液全部排放干净后，关闭各塔底导淋阀，并将盲板导盲。

（6）打开地下槽脱盐水阀对地下槽进行冲洗。

7 脱碳单元开车步骤是什么？

答 脱碳单元开车步骤如下：

（1）建立溶液循环。

① 投用循环气水洗塔。调节水洗塔液位在 50% 左右，缓慢调节洗涤循环水流量至正常流量。

② 投用净化气分离器。调节净化气分离器液位在 40% 左右，缓慢调节洗涤循环水流量至正常流量。

③ 系统充压。缓慢向系统充压，控制吸收系统压力在 1.0MPa 左右、富液闪蒸槽压力在 0.75MPa 左右。

④ 系统进液。将溶液储槽内溶液通过泵送入贫液闪蒸槽、加压再生塔及常压再生

塔，建立液位。当加压再生塔及常压再生塔液位达到 30% 左右时，投用加压再生塔及常压再生塔煮沸器，使溶液缓慢升温，保持再生塔底部温度 90 ~ 100℃。

⑤ 建立贫液循环。当加压再生塔、贫液闪蒸槽液位达到 80% 左右时，启动贫液泵，CO_2 吸收塔建立液位。并通过吸收塔底液位调节阀，将塔内溶液压送至富液闪蒸槽。保持吸收塔塔底液位在 60% 左右。当富液闪蒸槽液位达到 50% 时，调节富液闪蒸槽压力在 0.85MPa，打开闪蒸槽底部至加压再生塔的液位调节阀，将溶液压送至加压再生塔。当加压再生塔液位超过 80% 时，打开加压再生塔至贫液闪蒸槽调节阀。

⑥ 建立半贫液循环。当常压再生塔液位达到 80% 左右时，启动半贫液泵，将溶液输送至 CO_2 吸收塔，及时调整 CO_2 吸收塔及常压再生塔液位，若常压再生塔液位降低时，调整加压再生塔至常压再生塔富液流量调节阀，同时通过溶液补料泵向常压再生塔底部补液，使常压再生塔底液位维持在 50%。

⑦ 正常的溶液循环建立后，缓慢提高 CO_2 吸收塔的贫液、半贫液量，直至溶液设计循环量的 70%。待系统循环运行稳定后，将水洗塔、净化气分离器洗涤水外送。

（2）系统接气。

① 缓慢打开循环气界区阀，以一定的速率导入循环气，CO_2 吸收塔的压力逐渐升至正常值，逐步调整净化气空冷器、再生气空冷器，保证净化气出口温度合格，净化气送回费托合成单元。

② 缓慢将富液闪蒸槽压力提至 0.93 ~ 0.95MPa，调节液位至正常值，富液闪蒸气送到燃料气管网。

③ 手动控制各塔液位至 50%，液位低时，通过补充脱盐水和新配制的碳酸钾溶液来保持液位。

④ 当负荷超过 30% 时，缓慢打开再生气喷射器动力气入口阀，控制加压再生塔压力小于 0.12MPa，常压再生塔压力在 -10 ~ 2kPa。

⑤ 贫液过滤系统正常投用，压差正常（$<$ 0.2MPa）。

⑥ 脱碳净化气中 CO_2 含量合格后，待费托合成单元操作稳定后逐步提高循环尾气进气量，同时调整溶液循环量和热再生部分煮沸器蒸汽量。

⑦ 联系尾气处理装置接气，同时缓慢关闭脱碳单元放空阀，控制 CO_2 吸收塔压力。

⑧ 联系费托单元根据工况缓慢调整脱碳净化气，通过调整至尾气处理装置气量稳定吸收塔压力。

8 贫液过滤系统如何投用？

答 贫液过滤系统包括活性炭过滤器、精细机械过滤器和贫液过滤泵。

（1）打开贫液闪蒸槽至贫液过滤泵进出口阀门，确认活性炭过滤器气液相导淋关闭，具备投用条件。打开活性炭过滤器入口阀门，再打开活性炭过滤器出口阀门。确认活性炭过滤器压差正常（<0.2MPa），活性炭过滤器投用完毕。

（2）确认精细机械过滤器排液阀关闭，排气阀关闭。打开过滤器入口阀，缓慢打开过滤器顶部排气阀进行排气。待排气阀有液排出后，关闭排气阀，缓慢打开过滤器出口阀。确认精细机械过滤器压差正常（<0.2MPa），精细机械过滤器投用完毕。

（3）启动贫液过滤泵，确认贫液过滤泵电流和出口压力正常，通过强制循环过滤，提高脱碳溶液的洁净度。

9 再生气系统如何投用?

答 脱碳系统建立循环前，确认被吸气分离器、喷射气分离器、再生气分离器密闭排液管线阀门关闭，盲板导盲，分离器至地下槽直通管线阀门关闭，避免分离器液位拉空发生窜气现象。系统溶液循环建立后，及时调整被吸气、再生气冷却器后温度，对被吸气分离器、喷射气分离器、再生气分离器建立液位。系统接气提温后，随着加压再生塔、常压再生塔蒸汽流量增加，被吸气分离器、喷射气分离器、再生气分离器液位也会随之上涨，正常情况下，各分离器液位通过分离液管线 π 型弯，防止空液位现象发生。分离器液位过高会造成分离器液击现象发生，若液位过高，则稍开分离液至地下槽直通阀门，控制各分离器液位在 20% ~ 80%。

10 液力透平如何投用?

答 液力透平投用应做到：

（1）检查透平前后轴承箱油视镜、离合器箱油位在 1/2 ~ 2/3 处，油位低时，及时补充同类牌号的润滑油。

（2）打开联轴器防护罩进行盘车 2 ~ 3 周，确认转动灵活无卡涩。

（3）投用密封罐冷却水，添加脱盐水将密封罐充压至 2.3MPa 左右，确认脱盐水加压泵正常运行，打开进液力透平脱盐水手阀，投用机封水，调节机封水流量。

（4）全开液力透平出口电动阀，打开液力透平顶部排气阀，进行排气。

（5）确认吸收塔压力大于 2.2MPa，富液闪蒸槽压力在 0.93 ~ 0.95MPa。

（6）半贫液泵同时使用液力透平和电机作为原动机驱动，液力透平采用液力耦合器与泵轴相连。确认半贫液泵运行正常，缓慢打开液力透平液位调节阀，同时缓慢关闭液力透平旁路阀，监控吸收塔液位变化，控制液位稳定并检测液力透平振动变化。

（7）液力透平转速调节时，调整半贫液泵负荷。当液力透平转速达到额定转速时，液力透平通过液力耦合器与半贫液泵自动贴合，观测半贫液泵电流变化，同时，通过液力透平调节阀调节透平负荷。

11 尾气脱碳停车前的准备工作有哪些?

答 尾气脱碳停车前的准备工作有：

（1）保持吸收塔、加压再生塔、常压再生塔各塔液位正常，贫液、半贫液泵正常运转。

（2）水洗塔中压氮气管线盲板已导通，具备使用条件。

（3）溶液储槽、地下槽已倒空，具备接收溶液退料条件。

（4）前后工段已做好停气准备。

（5）公用工程具备停车条件。

12 尾气脱碳单元退气如何操作?

答 尾气脱碳单元退气操作如下：

（1）确认吸收系统充压氮气盲板导通。

（2）随着合成尾气气量降低及时降低脱碳净化气至费托合成装置及尾气处理装置气量，维持吸收塔压力稳定，根据脱碳净化气冷却器后温度，及时调整脱碳净化气冷却器负荷。

（3）先关闭富液闪蒸气至管网阀门，随即打开富液闪蒸气至火炬阀门，将富液闪蒸气送火炬排放。控制富液闪蒸槽压力在0.93～0.95MPa。

（4）根据系统温度及时减少再生系统加热蒸汽量，调整再生气冷却器负荷。

（5）根据脱碳系统负荷，逐渐降低贫液、半贫液流量，直至设计流量的70%左右。

（6）退气完成后，关闭合成尾气进气阀门、脱碳净化气至费托合成装置及尾气处理装置阀门，系统溶液继续循环，控制溶液温度在95～100℃。

（7）保持吸收塔压力稳定，控制在2.1～2.3MPa，若压力下降，则补充中压氮气维持吸收塔压力。

13 尾气脱碳单元如何停循环退液?

答 尾气脱碳单元停循环退液操作如下：

（1）确认系统退气完毕，碳酸钾溶液再生度低于1.22，再生合格，溶液降温至90～95℃。

（2）停贫液过滤泵，贫液过滤系统停止运行。

（3）停贫液泵，关闭泵出口阀及贫液流量调节阀，关闭贫液闪蒸槽进料阀门。

（4）停液力透平及半贫液泵，关闭泵出口阀及半贫液流量调节阀，关闭常压再生塔进料阀门。

（5）关闭吸收塔、富液闪蒸槽液位调节阀，停净化气空冷器、被吸气空冷器、再生气空冷器。

（6）保持再生系统放空畅通，系统保温保压。

（7）调节水洗塔脱盐水量，将水洗塔液位降至15%，继续补充脱盐水至30%，对水洗塔冲洗置换，目的是将水洗塔内的重油等烃类物质进行清除。冲洗置换完成后停脱盐水，停洗涤水循环泵，将水洗塔液位降到10%时，为防止高压窜低压，关闭洗涤水外送阀门。

（8）调节净化气分离器脱盐水量，将净化气分离器液位降至15%，继续补充脱盐水至30%，对净化气分离器冲洗置换，目的是将净化气分离器中的轻质油类进行清除。冲洗置换完成后停脱盐水，停净化气水洗泵，当净化气分离器液位降到10%时，为防止高压窜低压，关闭分离液外送阀门。

（9）因洗涤水内含油量较高，排液时不能排至地下槽，避免污染溶液，导致地下槽可燃气超标。控制水洗塔、净化气分离器压力在0.5MPa左右，打开塔底洗涤水外送阀门，将塔内洗涤水尽量外送，剩余的少量残液通过氮气压入洗涤水外送接收设备，确认各导淋无液体排出时，关闭导淋阀并导盲。

（10）脱碳系统降压至微正压，分批次打开各塔罐低点排放导淋，将设备管线内溶液排至地下槽，并经泵送入溶液储槽储存。

（11）打开被吸气分离器、喷射气分离器、再生气分离器至密闭管线手阀，将被吸气、再生气分离器内凝液排至地下槽，确认各导淋无液体流出时，关闭各导淋阀并导盲。

第四节 加氢装置

1 加氢装置开车使用的开工原料油种类及指标要求有哪些？

答 加氢装置开车使用的开工原料油一般为低氮直馏轻柴油，指标要求氮含量≤100×10^{-6}、干点≤350℃、含水量≤0.01%。

2 加氢装置开车主要包含哪些步骤？

答 加氢装置开车主要步骤为：① 系统氮气气密、置换，建立氮气循环；② 反应系统引氢气置换，系统氢气循环，高压氢气气密；③ 分馏系统引开工油，建立分馏系统短循环；④ 反应系统引开工油，建立反应系统短循环；⑤ 催化剂硫化；⑥ 硫化完成后反应器降温，退硫化油；⑦ 建立反应系统、分馏系统长循环；⑧ 切新鲜进料；⑨ 升温，调整产品合格。

3 加氢反应系统如何建立氢气循环?

答 加氢反应系统建立氢气循环操作为：① 系统高压氮气气密合格；② 系统泄压至循环氢压缩机允许启动压力；③ 打通循环氢压缩机流程，启动循环氢压缩机；④ 启动高压分离器空冷，控制循环氢压缩机入口温度；⑤ 点燃反应进料加热炉，系统升温热紧；⑥ 启动新氢压缩机；⑦ 反应系统引氢气置换，建立氢气循环；⑧ 系统升压，并做氢气高压气密。

4 加氢催化剂湿法硫化步骤是什么?

答 加氢催化剂湿法硫化步骤如下：

（1）反应系统氢气气密合格，系统稳定后以不大于 20℃/h 的速度升温至 175℃，向反应系统注硫化剂。

（2）开始注硫 4h 后，定时检测循环氢纯度，保证氢气纯度不小于 85%。

（3）待催化剂床层温度稳定后，以不大于 10℃/h 的速度平稳提升反应器入口温度至 220℃。

（4）在硫化剂穿透催化剂床层前，不允许反应器内的任何温度点超过 230℃，若超过就应降低反应器入口温度。

（5）随着硫化的进行，当循环氢中氢气纯度低于 85%（V）时，排放一部分废氢，并补充新氢，保持系统压力不变。

（6）在循环氢硫化氢浓度达到 0.1%（V），即可认为硫化氢已穿透反应器。

（7）调整硫化剂的注入速率，继续以不大于 10℃/h 的速度平稳提升反应器入口温度至 230℃，恒温硫化至少 8h。恒温期间，循环氢中硫化氢浓度应维持在 0.1% ~ 0.5%（V）。

（8）230℃恒温硫化结束后，调整硫化剂的注入速率，使循环氢中硫化氢浓度达到 0.5% ~ 1.0%（V）。

（9）以不大于 8℃/h 的速度提升反应器入口温度至 290℃，恒温 6h。在提温过程中，若硫化氢浓度小于 0.5%（V），则停止升温，提高硫化剂的注入速率，直到硫化氢浓度达到要求，保持硫化氢浓度 0.5% ~ 1.0%（V）。

（10）290℃恒温结束后，以不大于 6℃/h 的速度将反应器入口温度提升至 310℃，同时调整硫化剂的注入速率，使循环氢中硫化氢浓度达到 1.0% ~ 1.5%（V），恒温 2h。

（11）若反应器床层总温升超过 30℃，则停止升温，并且保持反应器进口温度不变直至温升降到小于 30℃。

（12）提高反应器温度和提高硫化剂注入量不得同时进行。

（13）如果循环氢中硫化氢含量超过 1.5%（V），停止注入硫化剂，直到开始消耗硫化氢时为止。

（14）在 310℃恒温 2h，硫化结束。

（15）恒温结束后，核算实际生成水量与理论生成水量接近，且循环氢中硫化氢浓度不降低即为硫化合格，生成水量根据冷高分液位差计算。

（16）硫化合格后，以小于 20℃/h 将反应器入口温度降至 260℃，恒温并使各催化剂床层温度稳定，准备切换新鲜进料。

图 5-8 是湿法硫化升温曲线。

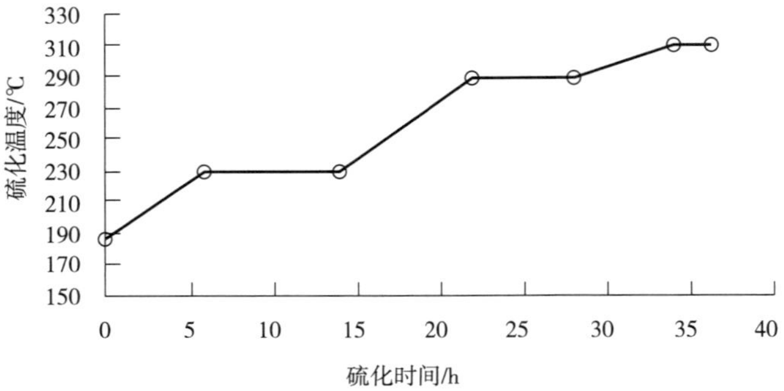

图 5-8　湿法硫化升温曲线图

5 加氢催化剂干法硫化步骤是什么?

答 加氢催化剂干法硫化步骤如下：

（1）以不大于 20℃/h 的速率平稳提升反应器入口温度至 175℃，向反应器中注硫化剂。

（2）观察催化剂床层温升情况，大约会有 15～30℃的温升，这个温波通过反应器大约用 1～2h，温波通过后方可按不大于 3℃/h 的速度升温硫化。

（3）随着硫化的进行会不断有甲烷生成，为了保持循环氢中氢纯度大于 85%（V），需排放废氢，补充新氢。

（4）开始注硫 4h 后，定时分析循环氢中硫化氢浓度。

（5）确认硫化氢穿透反应器各床层之后，调整硫化剂的注入速度，维持循环氢中硫化氢的浓度在 0.1%～0.5%（V），并继续以不大于 3℃/h 的速度将反应器的入口温度平稳升到 230℃。

（6）反应器的入口温度达到 230℃，保持恒温 8h，循环氢中硫化氢的浓度在 0.1%～0.5%（V），并视催化剂床层温升情况决定是否延长恒温时间。

（7）硫化开始后，绘制温度和生成水曲线、硫化剂注入速度和生成水关系曲线等。

（8）完成230℃恒温后，调整硫化剂注入速度，使反应器出口循环氢中的硫化氢浓度在0.5%～1.0%（V），并继续保持此范围。

（9）以不大于4℃/h的速度将反应器入口温度升至290℃。

（10）当温度达到290℃时，控制注硫速度保持反应器出口的硫化氢浓度在0.5%～1.0%（V），并在290℃恒温2h，并视催化剂硫化情况决定是否延长恒温时间。

（11）290℃恒温结束后，以不大于6℃/h的速度将反应器入口温度升至370℃。

（12）当反应器入口温度达到370℃后，保持硫化氢浓度在1.0%～2.0%（V），同时尽量使各反应器床层温度均接近370℃，然后在上述条件下至少恒温8h。

（13）当反应器出入口气体中的硫化氢浓度基本相同，高压分离器基本无水继续生成，可认为硫化合格，然后在该条件下继续恒温2～4h。

（14）硫化结束后逐步降低直至停止注入硫化剂，并保持系统内硫化氢浓度不大于0.1%（V）。以小于20℃/h的速率降低反应器入口温度至200℃以下，并使各催化剂床层温度稳定，等待接新鲜原料。

（15）在提高反应器入口温度时，若催化剂床层最高温度超过入口温度25℃时，则停止提高入口温度；若最高温度继续升高，超过35℃，则停注硫化剂并把入口温度降低30℃，但不允许循环氢中的硫化氢浓度小于2.0%（V）。如果反应器温度不能靠降低加热炉温度来控制，且反应器内任一点温度已超过400℃，此时应启动0.7MPa/min泄压系统，并将加热炉熄火，降压后引入氮气冷却反应器（氮气纯度在99.9%以上）。

图5–9是干法硫化升温曲线。

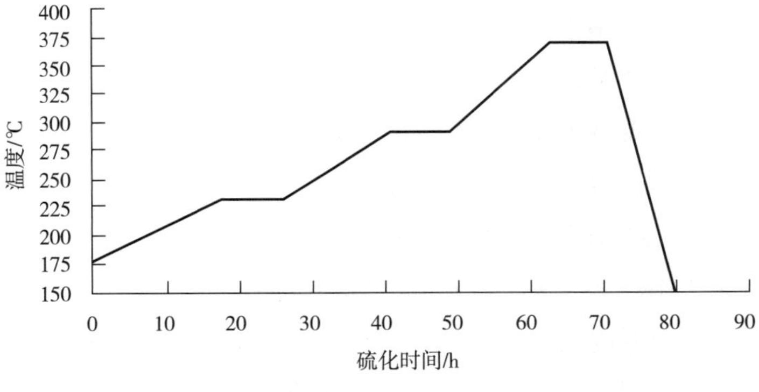

图5–9 干法硫化升温曲线图

6 硫化终止的标志是什么?

答 硫化终止的标志为：①反应器出入口循环氢中的硫化氢浓度相同；②高压分离器界位不在上涨；③生成的水量和理论水量基本相同。

7 催化剂开工硫化时为何不用原料油？硫化油选择的依据是什么？

答 一方面催化剂在硫化时活性增强，如直接用原料油有可能发生剧烈反应，加速催化剂结焦，妨碍硫化的进行；另一方面原料油中有大量的不饱和烃类，会消耗大量氢气使循环氢纯度降低，也会影响硫化的进行。因此一般不选择直接用原料油进行硫化。

不同的硫化油对催化剂硫化效果有一定的影响。一般要求硫化油安定性好，不含烯烃，氮含量低于100g/g，干点低于350℃，在硫化条件下不易导致催化剂积碳结焦失活。通常选择低氮直馏煤油或直馏柴油作为加氢裂化催化剂开工用硫化油。硫化油使用前充分脱水，保证其游离水含量低于10μg/g，避免水对催化剂强度、活性的影响。

8 分馏系统如何建立短循环？

答 分馏系统建立短循环如下：

（1）引开工油至分馏塔进料闪蒸罐建立液位。

（2）启动分馏塔进料泵，分馏塔建立液位，打通分馏塔底开工油线至分馏塔侧线汽提塔流程，建立液位。

（3）打通开工石脑油至分馏塔顶回流罐流程并建立液位。

（4）打通分馏塔至减压塔流程，启动分馏塔底泵，减压塔建立液位。

（5）打通减压塔至分馏进料闪蒸罐流程，启动减压塔底泵，分馏系统冷油运。

9 分馏系统如何进行热油运？

答 分馏系统进行热油运如下：

（1）分馏系统冷油运结束，静置脱水完成。

（2）点分馏进料加热炉，分馏系统开始升温。

（3）当分馏炉出口温度大于230℃时投用塔底汽提蒸汽。

（4）启动分馏塔顶回流泵，建立分馏塔回流。

（5）打开分馏塔侧线采出建立分馏短循环。

（6）启动分馏塔中段回流泵，建立分馏塔中段循环。

（7）当减压塔进料温度大于230℃时投用减压塔塔底汽提蒸汽。

（8）减压塔各侧线建立液位，启动减一线冷回流空冷器，并启动减一线泵建立减压塔顶回流。

（9）投用减压塔顶抽真空系统。

10 如何建立反应—分馏长循环？

答 建立反应—分馏长循环步骤为：①反应系统硫化结束，分馏系统恒温热油运完成；② 打通减压塔至反应系统原料缓冲罐流程；③ 减底油全部改至原料缓冲罐；④ 打通高、低分至分馏系统流程，建立反应—分馏长循环。

11 加氢精制开车切原料油步骤是什么？

答 加氢精制开车切原料油步骤为：① 建立反应—分馏长循环；② 系统降温至 260℃（低于开工油反应温度）；③ 反应系统切换至新鲜进料，逐步降低循环油量；④ 缓慢提高精制反应器入口温度；⑤ 分馏系统各侧线采出至不合格储罐；⑥ 调整各侧线产品，合格后送至产品储罐；⑦ 各侧线产品合格后，逐步提高负荷。

12 加氢裂化开车切原料油操作步骤是什么？

答 加氢裂化开车切原料油操作步骤为：① 建立反应—分馏长循环；② 系统降温至 260℃；③ 引裂化原料油提负荷，引降凝原料提负荷；④ 提高裂化反应器和降凝反应器入口温度；⑤ 分馏系统各个侧线采出送至不合格储罐；⑥ 调整侧线产品，合格后送至产品储罐；⑦ 各侧线产品合格后，逐步提高负荷。

13 催化剂装填的质量对加氢装置运行的影响有哪些？

答 加氢装置多采用固定床反应器，催化剂在反应器中的装填情况至关重要。催化剂的装填质量将直接影响催化剂床层的物料分布和压降，甚至影响催化剂的反应性能和使用寿命。如果催化剂装填不当，则会造成催化剂装量不足、装填密度不均，导致催化剂床层压降不均、产生沟流、出现床层反应温度分布不均和无法控制的超温点，使催化剂使用性能恶化，影响产品分布和产品质量，严重时还会导致催化剂床层结焦堵塞，致使装置被迫停工。此外，如瓷球粒度与催化剂粒度搭配不当，还可能造成催化剂的迁移。

14 加氢催化剂装填的步骤是什么？

答 加氢催化剂装填的步骤如下：

（1）催化剂的装填很重要，不仅影响催化剂装填量，而且对油气分布影响很大，应由专业催化剂装填队伍实施。

（2）将装剂漏斗固定在反应器入口，并接好专用带隔板的钢制导流管和帆布导流管，以便将催化剂引入反应器内。

（3）根据催化剂装填图，按照顺序装填不同规格的瓷球和催化剂。

（4）装填底部瓷球时，依次将 Φ13cm、Φ6cm 及 Φ3cm 等瓷球吊入反应器内。根据反应器内做好的标记，准确装入瓷球，每装完一层，应平整瓷球表层。装填高度按照催化剂装填图，并由专人记录好装入的各种瓷球数量，其中 Φ13cm 瓷球装填高度通常应超过出口收集器上表面 200mm，卸料管内装入 Φ6cm 瓷球。

（5）装催化剂时一定要缓慢，勿让催化剂散溢和破碎。

（6）在催化剂的装填过程中，根据情况随时检查催化剂料面平整和疏密程度，测量催化剂床层高度，计算装填密度，控制催化剂的装填质量，确保催化剂装填均匀。

（7）当采用普通布袋法装填催化剂时，保证催化剂料面平整均匀上升。当采用特殊密相装填设备装填催化剂时，更要注意按规程细心操作，保证催化剂料面尽量平整均匀上升，避免催化剂料面出现“倾斜”（一边高一边低）、“锅底”（周边高中间低）或“瓶底”（中间高周边低）等现象。

（8）反应器每一床层催化剂和瓷球装填结束后，将分配盘、冷氢箱及其他内构件严格按设计要求复位。在封分配盘和冷氢箱人孔前，彻底清扫分配盘和冷氢箱中残留的催化剂和瓷球，用吸尘器进行吸尘。

（9）按照催化剂装填图顺序装填每一床层催化剂和瓷球。催化剂装填工作结束后，立即安装分配盘和油气入口分配器等顶部构件，并封上反应器顶盖。反应器内用氮气保护。

（10）清查、核实反应器内实际装入的催化剂重量和体积。

15 加氢装置开工前催化剂干燥的目的及干燥结束的标准是什么?

答 含氧化铝、含硅氧化铝分子筛的加氢催化剂具有很强的吸水性，催化剂吸水受潮不仅会影响其强度，而且会影响其硫化效果和活性。因此，装置开工前要对催化剂进行干燥脱水。在催化剂床层最低点温度不小于 250℃条件下，恒温干燥直至冷高分和热高分生成水位无明显上升，且连续 2h 高分生成水量小于催化剂装填重量的 0.01%，即可认为催化剂干燥结束。

16 加热炉为什么要烘炉?

答 烘炉的目的是以缓慢升温的方法，脱尽炉体内耐火砖、衬里材料所含的自然水、结晶水，烧结增强材料强度和延长使用寿命。通过烘炉考验炉体钢结构、火嘴、阀门等的安装是否合格，仪表系统是否调试正常，考核加热炉、空气预热器系统的性能。

17 急冷氢试验目的是什么?

答 急冷氢试验目的为：① 校验急冷氢系统仪表的指示情况及急冷氢控制阀的操作性能、开度与冷氢流量的对应关系；② 检查冷氢量对床层温度的影响及急冷氢的分布状况；③ 确保急冷氢系统畅通。

18 加氢装置进行急冷氢试验前的条件是什么?

答 加氢装置进行急冷氢试验前的条件是：① 反应器已装催化剂；② 系统高压氢气气密合格；③ 反应器入口温度在 140℃左右，床层温度不大于 150℃，以防止催化剂被氢气还原；④ 循环氢压缩机全量循环，氢气纯度大于 95%。

19 加氢装置分馏系统开工程序是什么?

答 加氢装置分馏系统开工程序如下：

（1）加热炉已具备点火条件，系统气密合格，火炬系统已投用，不合格产品罐及轻、重污油系统具备收油条件，所有仪表控制系统调试合格并投用正常。

（2）建立系统冷油循环，调节各塔压力，引开工油建立液位，脱水，建立分馏系统循环。

（3）建立系统热油循环，点炉升温，投用相关空冷、水冷，建立回流，脱水、热紧。

（4）建立分馏—反应长循环，开工油切换为原料油。

（5）分馏、反应系统相应操作调整，产品合格后改线。

20 分馏热油运的目的是什么?

答 分馏热油运的目的为：① 热油运是为了冲洗未进行水联运的管线及设备内残留的杂物，检查系统有无漏点，考察设备、仪表的运行情况；② 通过热油运，分馏系统建立稳定的油循环，反应系统进料时可直接切换为长循环，缩短开工时间。

21 加氢分馏装置接反应生成油需要达到什么条件?

答 加氢分馏装置接反应生成油需要条件为：① 分馏系统热油运完成；② 确认反应—分馏长循环及冷低分、热低分至分馏进料闪蒸罐流程；③ 维持分馏加热炉出口温度、减压塔加热炉出口温度在指标范围内；④ 各塔罐液位平稳，仪表系统投用正常；⑤ 罐区具备接收产品的条件。

22 加热炉主火嘴点火原则是什么?

答 加热炉主火嘴点火原则如下：

（1）点主火嘴前，投用火检冷却空气。

（2）按照炉管分布特点，优先间隔点燃中间主烧嘴，然后“之”字形间隔点燃两侧主火嘴。

（3）根据升温要求，尽可能多地点燃主火嘴，将各主火嘴火焰高度控制在 50cm 左右。

（4）初期升温时，以点燃主火嘴的方式进行升温，当全部主火嘴点燃后，通过手动调节主火嘴燃料气阀，调整火焰高度控制升温速率。

23 紧急泄压实验步骤是什么？

答 紧急泄压实验步骤如下：

（1）确认系统压力高压气密合格，冷氢试验完毕。

（2）确认高压火炬系统具备泄压条件。

（3）确认紧急泄压阀及联锁系统调校完毕。

（4）循环氢压缩机、新氢压缩机运行正常，循环氢压缩机全量循环，反应系统进料加热炉主火嘴及长明灯点燃。

（5）反应系统升压至工作压力，循环氢纯度≥ 95%，反应器入口温度控制在140℃左右。

（6）打开 0.7MPa 紧急泄压系统切断阀，以 0.7MPa/min 泄压 3min，手动关闭切断阀，详细检查高压火炬压力变化情况。

（7）向系统内补充新氢，逐步恢复系统压力至工作压力，打开 0.7MPa 紧急泄压系统切断阀 10min 后，关闭切断阀，记录一次系统压力及火炬压力。

（8）以同方式试验 1.4MPa 紧急泄压系统。

（9）试验完毕后检查两个泄压阀的情况，如泄漏较严重及时处理。

（10）分析记录数据，计算出降压速度与阀开度的关系，画出曲线，进行泄压孔板的计算及调校。

24 开工时为什么要热紧？

答 开工前设备管线的螺栓是在常温冷态下紧固的，而设备正常生产时，在较高的温度下进行，随着温度的升高，管线、法兰、螺栓将发生热膨胀，螺栓受热膨胀系数与设备、法兰不一致，部分法兰的紧固螺栓会松动或由于热膨胀螺栓紧力不够，法兰密封会泄漏，为防止易燃易爆有毒有害介质泄漏，保证装置安全生产，装置开工时要对设备及管道进行热紧。

25 冷换设备在开工过程中为何要热紧？

答 装置开工时，冷换设备的主体与附件用法兰、螺栓连接，垫片密封。由于它们之间材质不同，升温过程中，特别是超过 200℃（热油区），各部分膨胀不均匀造成法兰面松弛，密封面压比下降。高温时会造成材料的弹性模量下降、变形，机械强度下降，引起法兰产生局部过高的应力，产生塑性变形弹力消失。此时，压力对渗透材料影响极大，或使垫片沿法兰面移动，造成泄漏。热紧的目的就在于消除法兰的松弛，使密封面有足够的压比保证静密封效果。

26 开工过程中各塔底泵为什么要切换?

答 开工过程中对各塔底备用泵用预热方法进行顶水和赶空气，但是往往不能将水和空气全部带走，必须切换备用泵，使存水和空气随机泵的运转而带走。当分馏炉出口温度在90℃时，各塔底泵切换一次；恒温脱水阶段后期，各塔底泵要切换一次；250℃恒温热紧时，各塔底泵要切换一次。以上各阶段切换机泵时，必须特别注意双进出的备用泵，一定要将所有进出口相互置换，确保存水和空气全部带走，也可让两台泵同时运转一段时间，切换后的机泵要进行预热。

27 加氢装置停车的步骤是什么?

答 加氢装置停车的步骤为：① 引停工柴油置换；② 切断新鲜进料；③ 系统热氢循环带油；④ 氮气脱氢；⑤ 系统降温；⑥ 停循环氢压缩机；⑦ 系统退油，扫线。

28 加氢系统停工时如何柴油置换?

答 加氢系统停工时柴油置换操作为：① 反应系统原料缓冲罐液位降至低液位；② 原料油缓冲罐引停工柴油；③ 停新鲜进料，反应系统进料全部切换为柴油，系统进行柴油置换；④ 对不常用的管线、阀门、机泵、取样点、换热器旁路等进行柴油置换；⑤ 取样分析减压塔底油馏程，为柴油时视为置换合格；⑥ 切断停工柴油。

29 加氢系统停工时如何热氢带油?

答 加氢系统停工时热氢带油操作如下：

（1）柴油置换结束后，维持反应器床层温度在280℃左右，反应器入口压力维持正常操作压力，系统进行氢气循环，热氢带油时间不少于24h。

（2）将热高压分离器、热低压分离器、冷高压分离器、冷低压分离器油退至分馏塔进料闪蒸罐。

（3）当热高压分离器、热低压分离器、冷高压分离器、冷低压分离器液位不再上涨时，热氢带油合格，关闭各分离器液位调节阀，防止高压串低压。

30 加氢系统停工时如何脱氢?

答 加氢系统停工时脱氢操作为：① 反应器床层温度降低至275℃左右恒温12h；② 降温时系统压力降低至4.5MPa左右；③ 系统引入高压氮气进行置换；④ 降温至

250℃左右恒温 24h；⑤ 降温至 225℃左右恒温 12h；⑥ 循环氢中可燃气含量合格时停止氮气置换，脱氢结束。

31 加氢催化剂为什么要进行无氧筛分?

答 由于合格蜡中带有费托铁基催化剂，进入加氢反应器中吸附催化剂表面，铁粉遇到空气易发生自燃，会直接导致催化剂失活及发生着火事故，所以在催化剂筛分过程中，必须保证无氧环境。

32 加氢催化剂无氧筛分注意事项有哪些?

答 加氢催化剂无氧筛分注意事项为：① 反应器必须进行盲板隔离；② 反应器温度必须降低至 50℃以下；③ 反应器中必须通低压氮气，保持微正压，防止空气进入；④ 准备好足够的干冰，用于催化剂降温；⑤ 筛分的催化剂应使用铁桶密闭储存。

33 反应器开大盖时的安全措施有哪些?

答 反应器开大盖时的安全措施有：

（1）起重设备必须检验合格，起吊反应器大盖必须由专业起重人员进行吊装作业。

（2）作业人员经过安全教育，在打开大盖时应佩戴防尘口罩。

（3）反应器温度已降至 50℃以下，反应器已完成隔离。

（4）反应器内通入氮气保持微正压。

（5）反应器大盖打开后，应从顶部通入临时氮气管线，同时做好防雨措施。

（6）对反应器床层温度和氮气压力进行监视并做好记录。

（7）现场用便携式气体检测仪进行监测。

（8）现场放置空气呼吸器紧急备用。

34 停工过程中加热炉熄火注意事项有哪些?

答 停工过程中当分馏炉出口温度降至 250℃，减压炉出口温度降至 300℃时，加热炉开始熄火。装置可根据情况保留 2～3 个火嘴，以保持炉膛温度，方便管线吹扫；熄灭的火嘴要及时吹扫，加热炉全部熄火后，要及时扫燃料气管线；加热炉熄火后根据炉膛温度下降情况，关小烟道挡板，一、二次风门。

35 加氢在停工时，为什么氢气要全量循环?

答 加氢在停工时，氢气要全量循环原因为：① 缩短带油时间；② 降温速度快；③ 吹扫催化剂。

第五节　尾气处理装置

1 膜分离单元预处理部分开车正常的指标有哪些?

答 膜分离单元预处理部分主要作用为去除原料气中可冷凝的烃类，降低水含量，同时提高原料气温度，远离烃露点，防止原料气在经过膜分离器时烃类冷凝堵塞膜芯。膜分离单元预处理部分在接气后达到以下指标即认为开车正常。

（1）蒸汽加热器出口原料气的温度稳定在 65℃ ± 5℃。

（2）精细过滤器出口原料气的烃露点低于 10℃且水含量在 10×10^{-6} 以下。

2 膜分离单元开车步骤是什么?

答 膜分离单元开车步骤如下：

（1）确认预处理部分阀门在开车状态。

（2）打开油洗干气界区旁路阀给预处理部分升压，升压速率控制在 0.2 ~ 0.5MPa/min。

（3）升压完毕后打开油洗干气界区阀，通过调节放空阀开度建立油洗干气流量。

（4）投用蒸汽加热器，将油洗干气加热至 65℃ ± 5℃。

（5）打开膜组均压阀，给膜分离器均压，均压速率不大于 0.3MPa/min，直至膜组压差小于 0.1MPa。

（6）按下“氢回收系统开车”按钮，油洗干气进入膜分离器，经膜组非渗透气侧放空。

（7）通过调节渗透气压缩机入口缓冲罐放空阀，建立渗透气流量。

（8）缓慢调整渗透气流量，直至膜组压差至正常值。

3 膜分离单元停车步骤是什么?

答 膜分离单元停车步骤如下：

（1）联系上下游工段，膜分离单元准备停车。

（2）按照一定的速率，膜分离单元降负荷至 50% 以内。

（3）按下“氢回收停车”按钮，确认膜分离器进出口切断阀关闭，原料气经膜分离器旁路放空。

（4）关闭蒸汽加热器蒸汽手阀，停用蒸汽加热器。

（5）关闭原料气界区阀，调节放空阀开度控制泄压速率不大于 0.3MPa/min。

（6）稍开渗透气安全阀旁路阀膜分离器泄压，泄压速率不大于 0.3MPa/min。

4 膜分离单元开车注意事项有哪些?

答 膜分离单元开车注意事项如下：

（1）原料气烃露点大于 10℃，不得进入膜分离器。烃露点低表明原料气中携带烃类较多，在经过膜芯时会聚集堵塞膜芯孔道，降低膜的分离效果，且重烃的影响是不可恢复的。

（2）原料气中水含量大于 10×10^{-6}，不得进入膜分离器。因原料气中带水过多，会堵塞膜芯孔道，降低膜的分离效果。

（3）原料气入膜温度需控制在 55 ~ 70℃，过高的温度可造成膜芯机械强度下降，损坏膜芯；过低的温度造成原料气中重烃组分冷凝，堵塞膜芯孔道，降低膜的分离效果。

5 燃料气管线的投用步骤是什么?

答 燃料气管线的投用步骤如下：

（1）检查燃料气管线是否完好，关闭燃料气管线上的放空阀及排凝阀。

（2）引氮气置换燃料气管线，取样分析氧气含量小于 0.5% 即为合格，关闭氮气阀并倒盲氮气盲板。

（3）缓慢打开燃料气界区阀，从末端火炬线放空置换燃料气主管中的氮气，并取样分析合格。

6 转化单元开车步骤是什么?

答 转化单元开车步骤如下：

（1）打开汽水分离器和转化炉水夹套上水阀，汽水分离器和水夹套建立液位至 50%。

（2）按单体操作规程启动烧嘴冷却水泵，调节泵出口手阀控制烧嘴冷却水循环量至正常值，建立烧嘴冷却水循环，备用泵“投自动”。

（3）按照低压氮气→加热炉→转化炉→蒸汽发生器→变换炉→中压蒸汽发生器→低压蒸汽发生器→空冷器→水冷器→火炬的顺序建立氮气放空流程，调节火炬放空阀控制系统压力为 0.2 ~ 0.5MPa。

（4）按操作规程点燃加热炉，按照一定的升温速率，将转化催化剂和变换催化剂升温至要求的温度。

（5）打开工艺尾气管线上的氢气手阀，配入氢气进行催化剂还原，配氢量根据床层温度变化进行调整，当进出口氢气浓度不变时，视为还原结束。

（6）将低压氮气切换至工艺尾气。

（7）转化炉投氧，观察床层温升情况，5min 内温升大于 5℃，即视为投氧成功。

（8）按照先加蒸汽、再加工艺尾气、最后加氧气的顺序，调整转化单元负荷。

7 转化炉投氧操作注意事项有哪些?

答 转化炉投氧操作注意事项如下：

（1）确认转化炉床层温度大于600℃，变换炉床层温度大于280℃。

（2）确认工艺尾气流量为正常负荷的15%。

（3）确认进转化炉的5.4MPa过热蒸汽流量为正常负荷的15%。

（4）确认加热炉出口工艺尾气温度不低于烃类自燃点。

（5）氧气管线均压后引氧放空，调节加热蒸汽量将氧气预热至250℃以上。

（6）打开氧气切断阀，关闭放空阀，转化炉投氧，观察转化炉床层温度上涨情况，5min内上涨5℃以上，视为投氧成功，反之投氧失败，立即切断氧气、工艺尾气并进行氮气吹扫。

8 转化变换单元长期停车主要步骤是什么?

答 转化变换单元长期停车主要步骤如下：

（1）联系上下游工段，转化变换单元准备停车。

（2）按照先减氧气、再降工艺尾气、最后降蒸汽的顺序，转化变换单元降负荷至50%，调整氧气与工艺尾气比值，逐渐降低转化炉床层温度。

（3）关闭纯氧流量调节阀，触发氧气系统安全联锁，确认联锁动作正常。

（4）关闭工艺尾气流量调节阀，触发转化炉安全联锁，确认联锁动作正常。

（5）确认过热蒸汽已引入界区，加热炉炉管均有保护介质流动。

（6）调节变换单元火炬放空阀，系统泄压至0.5MPa，泄压速率控制在0.05MPa/min。

（7）转化变换单元降温，降温速率不大于50℃/h，当转化炉出口温度至280℃后，将蒸汽切换至氮气继续降温。

（8）当转化炉出口温度降至50℃后，关闭置换氮气手阀和放空阀，系统氮气保压。

（9）停用转化炉夹套冷却水系统。

9 变换催化剂升温注意事项有哪些?

答 变换催化剂升温注意事项如下：

（1）催化剂的升温介质采用氮气+过热蒸汽。

（2）使用氮气+过热蒸汽升温时，注意氮气升温阶段不宜过高，同时注意床层下段温度要高于蒸汽露点温度，防止水汽在催化剂上冷凝。

（3）当末层温度升至120℃时恒温，使催化剂脱除物理水，并拉平各床层之间的温差。

（4）升温速率及恒温时间必须严格遵守方案要求。

（5）升温至250℃时恒温数小时，缩小床层温差，做好催化剂还原的准备工作。

10 变换催化剂还原注意事项有哪些?

答 变换催化剂还原注意事项如下：

（1）催化剂还原使用工艺尾气或氢气作为还原气，当使用工艺尾气作为还原气时，应控制还原气中水碳比值为5～7。

（2）在配气还原操作中，$CO+H_2$浓度按照每次增加0.5%的幅度，根据床层温度上涨情况缓慢增加，同时增加变换气分析次数指导还原操作。

（3）配还原气时注意阀门的开度，严格控制还原气加入量，防止床层温度猛涨，若遇此情况，应立即切断还原气，待床层温度正常后，重新配入还原气进行还原。

（4）在还原过程中，床层温度逐渐上升，床层最高温度必须低于正常操作的最高温度，还原温度一般控制在440℃以下，保持8h，待温度平稳后分析变换气进出口氢气浓度一致，即可认为还原完毕。

11 尾气处理变换单元开车步骤是什么?

答 尾气处理变换单元开车步骤如下：

（1）确认变换炉床层温度大于230℃，若温度低于230℃，需重新进行升温。

（2）确认各蒸汽发生器液位不低于50%，副产蒸汽放空阀稍开。

（3）稍开变换炉入口阀，变换炉缓慢接气，根据床层温度变化情况，调整入口温度和接气速率，控制床层温度不大于450℃。

（4）当蒸汽发生器压力达到外送蒸汽压力后，打开蒸汽并网阀，关闭蒸汽放空阀，蒸汽并网。

12 尾气处理变换单元短期停车步骤是什么?

答 尾气处理变换单元短期停车步骤为：① 关闭系统进出口阀，系统保温保压；② 关闭蒸汽发生器上水阀和副产蒸汽阀门，蒸汽发生器保压；③ 关闭蒸汽发生器连续排污手阀，停用蒸汽发生器加药系统；④ 停变换气空冷器。

13 MDEA脱碳单元开车步骤是什么?

答 MDEA单元开车步骤如下：

（1）建立MDEA溶液循环。吸收塔充压至1.5MPa，闪蒸塔充压至0.8MPa，以保证溶液循环的压力降，启动贫液泵、半贫液泵，建立MDEA溶液→再生塔下塔→贫液泵→吸收塔→闪蒸塔→再生塔上塔→半贫液泵→再生塔下塔的溶液循环，循环量控制正常负荷的20%。

（2）投用 MDEA 溶液过滤系统，降低溶液中铁含量和油含量。

（3）投用再生塔蒸汽重沸器，溶液升温至 100℃以上。

（4）打开变换气界区阀，引变换气至正常负荷的 10%，调节火炬放空阀，系统缓慢升压至正常操作压力。

（5）按照一定的速率提负荷，溶液循环量按比例增加。

（6）取样分析脱碳净化气 CO_2 小于 300×10^{-6} 后送至 PSA 单元制氢。

14 MDEA 脱碳单元短期停车步骤是什么?

答 MDEA 脱碳单元短期停车步骤如下：

（1）逐渐关小原料气进口阀，直至全关。

（2）维持系统中溶液自身循环，将循环液量调至约正常值的 20%，维持再沸器加热蒸汽和变换气冷却器，控制 CO_2 放空气量，维持整个系统的压力平衡。

（3）系统压力不能维持平衡时，向系统中充入氮气保压。

15 PSA 单元氮气联运的目的是什么?

答 PSA 单元引气开车前需进行氮气联运，确保运行程序和程控阀动作正常，满足引气开车要求，终充阀、冲洗阀参数设置合理，同时氮气联运期间可实现系统的整体置换。PSA 单元氮气联运一般要求不少于 8h，引气量不少于 $10000Nm^3/h$。

16 PSA 单元氮气联运停车步骤是什么?

答 PSA 单元氮气联运停车步骤如下：

（1）装置氮气联运结束时，先将控制程序置为“手动”“自检”“暂停”状态，再将各调节阀改为手动控制模式，阀门开度设为 0。

（2）关氮气至 PSA 单元进口阀，关氢气管线至高压火炬放空阀，装置停止运行。

（3）利用吸附器顶部的充压阀和底部的泄压阀，对压力低的吸附器进行充压，对压力高的吸附器进行泄压，最终将各吸附器内的压力调整到 0.1MPa，系统氮气保压或待引气开车。

17 PSA 吸附剂使用注意事项有哪些?

答 PSA 吸附剂使用注意事项如下：

（1）开车期间引气、提气量与提压力时要缓慢，升压速率不大于 0.01MPa/min，防止提压过快造成吸附剂粉碎。

（2）运行期间严格控制进料气中以下指标：$C_{2^+}\leqslant 2\%$，H_2S 含量小于 0.5×10^{-6}、

H_2O 为 0、进料温度不大于 40℃。

（3）停工期间系统充氮气保证微正压，防止空气（水分）进塔内损坏吸附剂。

（4）吸附剂装填及运输过程中要保持干燥，不得与雨水等接触，装填应在晴天进行。

18 PSA 主要开车步骤是什么？

答 PSA 主要开车步骤为：① 确认 PSA 单元氮气联运结束，程序继续运行；② 系统通过氢气放空阀泄压至 0.05MPa；③ 稍开原料气手阀，系统缓慢升压，升压速率为 0.1MPa/min；④ 当压力升至 3.4MPa 后，联系中化分析氢气纯度，当氢气纯度大于 99.9% 后氢气并网。

19 PSA 单元紧急停车步骤是什么？

答 PSA 单元紧急停车步骤为：① 将系统置为“手动”“暂停”“自检”状态，确认运行程序停止；② 将原料气放空，防止上游超压；③ 缓慢关闭界区原料气进口阀，切断原料气，系统保压；④ 记录下停车时所处的分周期、步位及各塔状态、压力。

第六节　低温油洗和合成水处理装置

1 低温油洗单元原始开车主要操作步骤是什么？

答 低温油洗单元原始开车主要操作步骤如下：

（1）确认各等级蒸汽、仪表风、工厂风、高低压氮气、低压锅炉给水等公用工程介质引至各用户前。

（2）系统引开工石脑油建立吸收、解吸、稳定及再生四塔油循环。

（3）配置乙二醇溶液，建立防冻剂循环。

（4）启动压缩机建立气路循环。

（5）投用脱吸塔、稳定塔塔底重沸器，系统升温至 150℃，系统热油循环。

（6）引丙烯系统降温，控制吸收剂冷后温度正常。

（7）引脱碳净化气、压缩机凝液及轻质石脑油，调整产品质量。

（8）调整 LPG 中 C_3、C_4 组分含量大于 95%，C_{5^+}组分含量小于 3%，产品合格后外送。

2 低温油洗单元冷油运的目的和步骤是什么？

答 冷油运的目的是进一步检查开车流程是否畅通，各机泵温度、压力、振值正常，各液位、压力、温度等仪表测点指示正常，自控回路 PID 参数设置合理，自动调节正常。

其步骤为：① 各塔通氮气充压，建立各塔压力降；② 装置引开工石脑油，再生塔塔顶回流罐建立液位至 60%；③ 启动吸收剂循环泵，吸收剂缓冲罐建立液位；④ 启动吸收剂泵，吸收塔建立液位；⑤ 打开吸收塔液位调节阀，脱吸塔顶油气分离器建立液位；⑥ 启动脱吸塔进料泵，脱吸塔建立液位；⑦ 依次打开脱吸塔、稳定塔液位调节阀，稳定塔和再生塔液位控制在 60% 左右；⑧ 缓慢调节系统循环量至正常循环量，冷油运建立完成。

3 低温油洗热油运步骤是什么？

答 低温油洗热油运步骤为：① 确认蒸汽在进入各重沸器前排凝正常；② 依次投用脱吸塔重沸器、稳定塔重沸器、再生塔重沸器蒸汽，系统缓慢升温至 150℃；③ 注意各油水分离器水包液位上涨情况，及时脱水并记录；④ 热油运过程中检查系统是否有漏点并进行热紧。

4 低温油洗单元引脱碳尾气步骤是什么？

答 低温油洗单元引脱碳尾气步骤为：① 低温油洗建立热油循环，脱吸、稳定塔塔底温度达到 200℃以上，再生塔塔底温度达到 110℃以上；② 原料气压缩机启机运行正常，气路循环建立；③ 防冻剂循环和丙烯制冷系统正常投用；④ 确认脱碳尾气进料流程畅通，按 2000Nm^3/min 速率进行引气，同时通过油洗干气至火炬阀门调节系统压力。

5 低温油洗原料制冷系统投用步骤是什么？

答 低温油洗原料制冷系统投用步骤如下：

（1）确认低温油洗气路循环已建立，防止系统存在超低温区域。

（2）确认防冻剂循环已建立。

（3）确认上游装置可以连续供应丙烯，丙烯引至急冷器调节阀前。

（4）缓慢打开急冷器液位调节阀，引丙烯至急冷器，稍开急冷器安全阀旁路阀，系统丙烯置换直至取样分析急冷器气相出口丙烯含量大于 95%。

（5）缓慢关小急冷器压力调节阀，控制吸收剂冷后温度在适当温度，打开液位调节阀，建立急冷器液位至 60% 左右。

6 如何建立防冻剂循环？

答 建立防冻剂循环操作为：① 配置质量分数为 70% 的乙二醇溶液，存储至防冻剂缓冲罐；② 确认防冻剂至混合器及分离器凝液至防冻剂塔的流程畅通；③ 启动防冻泵，调节防冻剂至混合器手阀开度，控制流量。

7 低温油洗单元停车退气的步骤是什么?

答 低温油洗单元停车退气步骤如下：

（1）联系费托合成单元、脱碳单元和尾气处理单元做好油洗停工准备。

（2）当稳定塔回流罐液位低于 20% 时，停止外送。稳定塔改为全回流操作，适当提高塔顶温度至 80℃。

（3）关闭轻质石脑油、压缩机凝液、脱碳净化气界区阀，停原料气压缩机，系统保压循环。

（4）关闭丙烯急冷器液相调节阀，待丙烯急冷器无液位后关闭气相丙烯切断阀。

（5）关小脱吸塔、稳定塔、再生塔底重沸器蒸汽调节阀，降温速度控制 50℃/h。

（6）系统压力通过氮气维持稳定，调整各塔罐液位平稳。

8 低温油洗不合格 LPG 回炼线的作用是什么?

答 开工过程中，因气量低与吸收剂循环量不匹配，造成脱吸塔解吸效果差，LPG 中 C_2 组分超标，无法外送。此时可投用不合格 LPG 回炼线，将不合格 LPG 重新送至脱吸塔顶油气分离器进行再次解吸，缩短了产品调整时间，同时还可避免 LPG 产品质量调整期间的放空损失。

9 合成水处理单元水联运建立水循环的步骤是什么?

答 合成水处理单元水联运建立水循环步骤为：① 确认合成水罐→合成水泵→脱油装置→中和水罐→中和水泵→板式换热器→醇分离塔→合成废水泵→不合格合成水至合成水罐流程畅通；② 依次启动合成水泵、中和合成水泵、合成废水泵，建立系统水循环；③ 投用醇分离塔塔底重沸器，系统缓慢升温至 110℃以上；④ 联系仪表对调节阀、仪表测点及自控回路 PID 参数进行调校。

10 合成水处理单元开车步骤是什么?

答 合成水处理单元开车步骤为：① 确认合成水与中间罐区循环已建立，循环量不低于 250t/h；② 调节重沸器蒸汽量，建立稳定的塔顶回流，控制顶温 92 ~ 102℃；③ 启动碱液系统，控制合成废水 pH 值在 4.5 ~ 5.5；④ 联系质检进行取样分析，当指标合格后，将合成废水和混醇送至污水处理场和成品罐区。

11 合成水脱油装置投用步骤是什么?

答 合成水脱油装置投用步骤为：① 确认预过滤器、聚结器手阀打开；② 稍开预过滤器、聚结器顶部放空阀，气体排净后关闭；③ 投用聚结器顶部油包，当界位低于50% 时，排至轻污油罐。

12 合成水处理单元醇分离塔压力控制的注意事项有哪些?

答 醇分离塔的操作压力通过塔顶回流罐的罐顶压力分程控制来实现的。调节过程中补氮阀和放空阀分程动作。当压力升高时，先逐渐关闭补氮阀，若补氮阀全关后压力仍高，则逐渐打开放空阀；当压力降低时，先逐渐关闭放空阀，若放空阀全关闭后压力还继续下降，则逐渐打开补氮阀。

13 油气回收装置开车主要包含哪些步骤?

答 油气回收装置开车主要包含步骤为：① 确认油气回收系统氮气气密、置换合格；② 建立重烃吸收循环；③ 启动制冷载冷循环，调整压缩机转速控制载冷剂温箱温度；④ 启动吸附模块顺控，确认阀门动作正常；⑤ 打开管道吹扫氮气启动风机，调整管道压力至 0.5 ~ 1.35kPa；⑥ 打开罐顶油气排放阀，逐步关闭氮气手阀，调整风机频率控制管道压力至 0.6kPa。

第六章

费托合成装置的事故处理

第一节　费托合成装置

1 费托循环气压缩机跳车如何处理?

答 费托循环气压缩机跳车处理操作如下：

（1）循环气压缩机故障停机时，关闭费托净化气、氢气、脱碳净化气、合成尾气至脱碳单元的切断阀，反应系统保压。

（2）打开费托反应器分布器保护氮气，防止分布器发生堵塞，对反应器内催化剂鼓泡，防止催化剂沉降。费托反应器温度通过汽包压力调节阀调节，必要时投用开工蒸汽。

（3）循环气压缩机停机，如果短时故障得到排除，可重新启动压缩机。机组运行平稳后，反应系统引合成气，系统压力通过放火炬调节阀控制正常后，打开尾气至脱碳调节阀，恢复正常生产。

（4）如果压缩机出现严重故障需长时间交出检修，对反应器进行降温、降压，卸出渣蜡，氮气置换交出。

2 释放气压缩机跳车的处理步骤是什么?

答 释放气压缩机跳车后处理步骤如下：

（1）根据汽提塔和油水分离器压力调节压缩机入口分液罐至火炬放空阀，避免释放气压缩机跳车后影响汽提塔操作压力，导致中间产品抽出馏程波动。

（2）减小循环气至释放气补气量，防止释放气压缩机压力调整不及时导致油水分离器超压。

（3）启动备用压缩机，待机组运行正常后缓慢关闭放火炬压力控制阀。

3 还原循环压缩机跳车处理程序是什么?

答 还原循环压缩机跳车后导致催化剂还原中断，主要处理措施如下：

（1）调整汽包的压控阀，保证还原反应器的温度。

（2）调整还原反应系统出口压控阀，必要时投手动，保持还原反应器压力。

（3）关闭净化气切断阀和调节阀，提高氢气量，防止分布器堵塞。

（4）压缩机无法短时间启机且催化剂恒温时间大于18h，催化剂进行正常压料。如恒温时间小于18h，系统降温至180℃，保持纯氢环境，氢气流量大于8000m^3/h，防止分布器堵塞，等待压缩机重启。

4 循环气压缩机透平空冷风机跳停后如何处理?

答 费托循环气压缩机空冷风机故障将直接影响机组运行真空值，真空值持续下降触发联锁后会导致生产中断，主要处理方法有：① 调整运行空冷风机转速，保持透平真空度不再大幅下降；② 如果在夏季，降低压缩机转速；③ 投用透平空冷喷淋水进行降温；④ 打开脱盐水至凝结水罐手阀，利用脱盐水对热井凝结水进行降温，降低空冷负荷；⑤ 对跳停空冷风机进行处理，处理正常后立即投用，恢复正常操作。

5 还原反应器氢气中断如何处理?

答 还原反应器氢气中断处理操作如下：

（1）立即关闭氢气、净化气切断阀。

（2）调节还原系统的压力调节阀，系统尽量保压，循环压缩机保持正常运行。

（3）调节汽包压力，维持还原反应器内的温度在 200℃左右（恒温阶段），必要时启动汽包加热系统。

（4）若氢气短时间恢复，打开氢气切断阀，引入氢气，系统稳定后缓慢调整还原系统氢碳比。

（5）若氢气短时间无法恢复，还原系统引入氮气进行置换，保持低压氮气循环。

6 净化气中断时费托反应单元如何处理?

答 当费托净化气中断时，关闭费托净化气切断阀、氢气切断阀、脱碳净化气切断阀及合成尾气至脱碳单元的切断阀，对反应系统进行保压。调节上下段汽包压力，维持费托反应器温度在 200～220℃，必要时启动汽包加热系统，费托反应器保温。

如果费托净化气在短时间内恢复，待费托净化气恢复时，可以缓慢开启费托净化气调节阀对系统进行置换、打开脱碳净化气调节阀及氢气调节阀，系统压力由放火炬管线的调节阀控制。系统压力正常后，缓慢开启合成尾气至脱碳单元的调节阀，合成尾气送入脱碳单元。如果净化气短时间无法恢复供应，通入高压氮气对系统进行置换，防止催化剂表面积碳，费托反应器降温、降压处理。

7 催化剂还原结束后费托反应器不具备接料条件如何处理?

答 催化剂还原结束后，如果短期内（8h 内）无法送至费托反应器，还原反应器温度 265℃恒温；如果时间过长（8h 以上），还原反应器退出合成气，保持纯氢氛围，还原反应器降温至 180℃，待费托反应器具备压料条件后，还原反应器按照升温速率将温度提高至 240℃以上向费托反应器压送催化剂浆料。

8 油气空冷器后温度超温如何处理?

答 油气空冷器后温度偏高，一般有两种情况，一是空冷堵塞；二是空冷负荷过高。冷后温度过高导致费托轻质油分离不充分，合成尾气量增加；循环气温度高导致各分离器气相夹带增加，除沫器压差上涨，系统阻力降上升；高温油气进入压缩机干气密封系统，导致压缩机干气密封运行不稳定，存在跳车风险；循环气温度高导致压缩机入口温度超温，压缩比降低，运行功耗增加。主要解决方法有：① 空冷器管束部分堵塞，采用交替暖通的方法处理；② 启用备用空冷，降低冷后温度；③ 提高空冷空气湿度；④ 调整循环换热分离器热侧出口温度，降低油气空冷负荷。

9 费托反应器超温应急处置措施有哪些?

答 费托反应器温度是影响反应进行的重要参数，温度偏高不利于化学反应向正方向进行，当反应温度太高时，会导致催化剂出现积碳现象而失活。温度出现超温时处理方法为：① 按照一定退气速率，降低费托反应器净化气量；② 控制汽包液位正常，防止出现汽包液位过高或过低造成汽包干锅事故；③ 适当降低汽包压力，控制费托反应器温度；④ 如果超温比较严重，立即切断进费托反应器的净化气。

10 还原反应器压力异常原因及处理措施有哪些?

答 还原反应器压力异常的原因有：还原尾气的压力调节阀故障、进气调节阀故障、反应器分布器堵塞。

其处理方法为：① 尾气压力调节阀检查并排除故障；② 对进气调节阀检查并排除故障；③ 分布器轻微堵塞，还原循环压缩机本身的压差余量可克服堵塞的压降，维持正常还原；如果堵塞严重，需要停车检修。

11 油水分离器水中带油原因及处理措施有哪些?

答 油水分离器水中带油将导致合成水 COD 上升，废水处理单元菌种失活等后果，主要原因有：① 油水分离器水中带油说明油水界面不清，或者油水界位指示器故障，导致油侧液位控制高于水侧液位；② 聚结器损坏；③ 隔板腐蚀、损坏导致油水互窜；④ 油水分离器进料重油含量高导致油水乳化，无法有效分离。

其处理方法为：① 对照油、水两侧液位，确认现场油侧液位低于水侧液位，调校界位计；② 聚结器故障时，控制油水两侧低液位运行，必要时停车检查处理；③ 装置停车对聚结器和隔板等内件进行检查和处理；④ 降低油水分离器进料中的重油组分。

12 还原恒温阶段尾气中 CO 过低时如何处理?

答 费托合成催化剂主要活性相为碳化铁，为保证还原过程中活性相物种的生成，在催化剂恒温过程中控制尾气中 CO 适当过剩。在还原恒温阶段，保证还原系统循环气量满足要求，当尾气中的 CO 含量低于 0.06%（mol）时，通过调节净化气调节阀将入塔气中 CO 含量提高 0.1% ~ 0.3%（mol）。控制尾气含量中的 CO 值高于 0.06%（mol），保证催化剂还原条件。

13 费托反应器液位过高时如何处理?

答 反应器液位过高容易导致费托反应器催化剂随高温油气带出，造成反应器顶部旋风分离器堵塞、循环换热分离器板换堵塞、稳定蜡铁含量上升等严重后果。当费托反应器液位过高时处理如下：

（1）当费托反应器液位超过液位控制高报时，降低费托反应器进气量，减少反应器浆态床气容率来降低反应器液位。

（2）适当打开循环气压缩机防喘振阀，降低费托反应器循环气量。

（3）增加过滤管组数，提高反应器出蜡量，降低费托反应器液位。

（4）适当将费托反应器温度提高 3 ~ 5℃，改变产物组成。

（5）适当提高费托反应器入塔气氢碳比，改变产物组成。

14 汽提塔塔底温度过低如何处理?

答 汽提塔底温度过低，容易引起合格蜡带水，造成合格蜡泵气蚀损坏、蜡罐突沸事故。

（1）提高费托反应器出蜡量，提高汽提塔底温度。

（2）重质油加热器提高蒸汽用量，提高重质油入塔温度。

（3）控制汽提塔压力控制稳定，避免压力过高导致进料组分中的部分水分冷凝带入塔底，引起塔底温度下降。

（4）提高轻质油入塔温度。

（5）在保证石脑油指标的前提下，适当提高汽提塔顶温度。

第二节 蜡过滤装置

1 蜡过滤装置稳定蜡中断如何处理?

答 蜡过滤装置稳定蜡中断处理如下：

（1）首先确认稳定蜡原料罐液位是否正常，防止因原料中断导致过滤泵低液位联锁停泵。根据稳定蜡原料罐液位情况，及时调整过滤器出料。

（2）稳定蜡中断要及时对停运蜡管线的保温伴热工作检查，防止因蜡管线凝固；稳定蜡长时间中断，应将停用管线中的蜡用热氮气吹扫干净。

2 蜡过滤装置伴热蒸汽中断如何处理?

答 蜡过滤装置伴热蒸汽中断处理如下：

（1）蒸汽系统故障引起蒸汽管网压力下降时，蒸汽短时间中断时过滤机可以继续过滤操作，并根据稳定蜡原料罐液位调整过滤器的进料负荷。如果蒸汽长时间中断时要及时将蜡管线中的蜡油用氮气进行吹净，防止蜡温度低凝固堵塞管线。

（2）如果因蒸汽管网泄漏，局部停蒸汽，蜡过滤器保持正常过滤，并根据稳定蜡原料罐液位调整过滤器负荷。及时对蒸汽管线进行消漏并投用。

（3）冬季蒸汽中断，需排净蒸汽并且用空气或氮气吹扫蒸汽、冷凝液管线，防止蒸汽凝液凝固损坏设备。

3 蜡过滤装置停电如何处理?

答 蜡过滤装置停电处理如下：

（1）将所有动设备打至手动位置，防止设备在突然受电时自启。

（2）通过 DCS 画面对装置各储罐液面、压力进行监控，并与现场表校对。

（3）停白土、硅藻土加料系统。

（4）短时间停电，将过滤程序切至手动状态，停过滤机，关闭过滤机进出阀门，维持现状。关闭合格蜡外送手阀。

（5）长时间停电无法恢复，过滤机执行退料、吹饼、排渣工序，各蜡管线用热氮将蜡吹扫干净防止蜡凝固，等待开车。

（6）渣蜡罐因停电搅拌器无法启动，注意催化剂下沉堵塞出料管线，可以在渣蜡罐出料口向渣蜡罐通低压氮气吹扫搅动渣蜡罐。

4 蜡过滤装置停循环水如何处理?

答 蜡过滤装置停循环水处理如下：

（1）确认阀门状态，循环水系统故障时及时恢复。

（2）吹饼气冷却器停止吹饼操作，或减少吹饼操作时间。

（3）若渣蜡减压罐、渣蜡储存罐正在卸料时渣蜡停循环水，应停止卸料操作，防止罐顶释放气冷却器因停循环水导致蜡油带入火炬管线。

（4）过滤机使用机封冷却水的，冬季低温下是可以继续排渣操作。

（5）蜡泵循环水中断，应及时监控机封温度，如果温度高时，做停泵处理，防止烧坏机封。

5 蜡泄漏如何处理?

答 蜡闪点较高，泄漏后不容易出现爆炸、着火等情况。但是蜡油会渗入保温棉中接触高温伴热管线，蜡在高温保温棉中与空气接触极易着火。其处理措施如下：

（1）泄漏点的物料第一时间切断，人员应穿好可靠的劳保用品后消漏。

（2）在蜡泄漏时应及时将被蜡油污染的管线伴热关闭，拆除被蜡油污染的保温棉，并浇水降温，防止含蜡保温棉自燃。

（3）将泄漏点周围的地下排污口封闭，防止蜡流入地下管网，堵塞、污染地下管网。

第三节　尾气脱碳装置

1 脱碳系统溶液泄漏如何处理?

答 脱碳系统退气，停贫液泵、半贫液泵。根据泄漏具体情况进行退液，如果吸收部分泄漏，将吸收塔、富液闪蒸槽内溶液全部或部分压至再生塔，溶液由再生塔退入贮槽；如果再生部分泄漏，将再生塔、贫液闪蒸槽内溶液视具体情况全部或部分退入溶液储槽，然后系统卸压至常压，根据漏点大小将相应泄漏点处交出处理。

2 脱碳单元突然停电如何处理?

答 突然停电后，半贫液泵、贫液泵、洗涤水循环泵、净化气水洗泵、空冷器等动设备全部处于停止状态。

停止合成尾气进料，关闭进出界区阀，保持再生气放空畅通；关闭停止泵进出口阀门；关闭吸收塔、富液闪蒸槽液位控制阀，防止系统串压；关小加压再生塔和常压再生塔蒸汽流量，保持溶液温度在 90～95℃。

3 合成尾气中断如何处理?

答 合成尾气中断处理如下：

（1）合成尾气进料中断，尽快关闭进出界区阀，吸收塔保压，保持再生气放空畅通，溶液继续再生循环。

（2）吸收塔压力下降不足以维持溶液循环时，可用中压氮气补压，维持系统压力在 2.1～2.3MPa。

（3）停气后，溶液应充分再生，当溶液再生度达到 1.22 ~ 1.26 后，逐步减少煮沸器蒸汽量，保持溶液温度在 90 ~ 95℃。

4 吸收塔压差高如何处理？

答 正常操作时吸收塔全塔压降值约为 10kPa，当全塔压降达到 25kPa 时，加适量消泡剂进行处理。达到 30kPa 时，降低进气量，降低吸收塔负荷；吸收塔上段压降为 5kPa，压降达到 10kPa 时，加适量消泡剂；压降达到 20kPa 时，降低吸收塔负荷。

5 脱碳装置停蒸汽处理步骤是什么？

答 脱碳装置停蒸汽处理步骤如下：

（1）停 0.5MPa 蒸汽。再生塔塔底煮沸器没有热源，塔底温度下降，溶液无法再生。

（2）处理措施：切断合成尾气进料，关闭进出界区阀，保持再生气放空畅通；贫液、半贫液泵继续运转，溶液继续循环，待系统恢复。

（3）停 2.3MPa 蒸汽的处理措施：启用备用贫液泵，停透平贫液泵。

6 半贫液泵跳车如何处理？

答 脱碳装置设置三台半贫液泵，若运行泵发生故障，则立即启动备用泵。及时关闭跳车泵出口阀，防止倒流；对吸收塔压差进行监控，压差上涨及时加入消泡剂处理；检查机泵跳车原因，若备用泵不能使用，三台半贫液泵只要有一台能运行即可维持系统循环。在这种情况下，脱碳系统减负荷运行，待故障泵修好投运后，系统负荷恢复正常。

7 脱碳吸收塔气相带液有何危害？

答 吸收塔气相带液影响脱碳吸收效果，同时液体随脱碳净化气进入费托循环气压缩机入口分离罐和尾气处理装置。若液体未及时排出，会造成费托循环气压缩机和尾气处理装置带液，严重影响费托循环气压缩机和尾气处理装置的安全运行。同时带入的溶液易结晶，会堵塞管线阀门，影响装置稳定运行。

8 脱碳单元发生高压串低压事故的原因及处理措施有哪些？

答 脱碳单元发生高压串低压事故的原因为：① 吸收塔、富液闪蒸槽液位调节阀故障，液位调节失控；② 吸收塔、富液闪蒸槽远传液位计假显示，造成高压串低压。

其处理措施为：① 现场关闭吸收塔故障调节阀前后手阀，排液交出，通过其他支路调节阀控制液位，检修故障调节阀；富液闪蒸槽液位调节阀无切断阀，若液位调节失控，则脱碳系统停车处理。② 及时处理远传液位计，利用就地液位计参考调整液位。

9 脱碳装置循环水中断的处理步骤是什么?

答 脱碳装置循环水中断的处理步骤为：① 确认循环水中断原因及恢复时间；② 脱碳系统停车处理；③ 关闭合成尾气进脱碳阀门，关闭脱碳净化气去费托合成、尾气处理装置阀门，吸收塔保压，保持再生气放空畅通，溶液循环停止。

10 脱碳装置 DCS 黑屏如何处理?

答 DCS 虽然黑屏，但各回路控制系统仍然正常运行，装置各参数不会发生大的变化，暂不进行调整，维持原有运行状态，密切观察和手动控制以下关键参数在正常操作范围内：CO_2 吸收塔压力，贫液、半贫液泵运行状况，贫液闪蒸槽液位，富液闪蒸槽液位、压力，加压再生塔、常压再生塔液位、温度、压力。如 30min 内故障无法排除，按紧急停车处理。

11 贫液泵跳车如何处理?

答 关闭加压再生塔至贫液闪蒸槽液位调节阀，及时启动备用泵，并调节系统液位；及时关闭跳车泵出口阀，防止倒流；对吸收塔压差进行监控，压差上涨及时加入消泡剂处理；检查机泵跳车原因。若短时间无法启动，系统降负荷处理。

12 冷凝液泵跳车如何处理?

答 立即启动备用泵；调节系统液位；对地下槽液位进行监控，适当降低再生塔蒸汽，打开再生气分离器就地排液导淋，控制地下槽液位，防止冒罐；及时查明机泵跳车原因并处理。

13 蒸汽凝液泵跳车如何处理?

答 立即启动备用泵；关闭机泵出口阀，防止倒流；监控蒸汽凝液罐液位，蒸汽凝液罐液位过高时打开泵体及出口调节阀导淋控制液位，防止冒罐；及时查明机泵跳车原因并处理。

14 加压再生塔超压如何处理?

答 加压再生塔的操作压力为 0.08 ~ 0.11MPa，当压力高报时进行降压办法为：① 开大压力调节阀进行降压；② 开大再生气喷射器旋钮阀；③ 适当降低加压再生塔煮沸器蒸汽量。

15 富液闪蒸槽超压如何处理?

答 富液闪蒸槽正常工作压力为 0.85 ~ 1.3MPa，当压力高报时进行降压方法为：

① 开大富液闪蒸气至火炬阀门进行泄压；② 适当降低富液闪蒸槽液位；③ 打开安全阀副线手阀进行紧急泄压。

16 再生气中一氧化碳超标如何处理?

答 当再生气中一氧化碳超标时，可适当降低富液闪蒸槽压力，使一氧化碳尽可能在富液闪蒸槽进行闪蒸，从而降低进入再生气中一氧化碳含量。同时，应调整吸收塔循环量，减少碳酸钾溶液对一氧化碳的吸收，从而降低再生气中一氧化碳含量。

17 脱碳装置吸收塔压力高如何处理?

答 合成尾气中氢气、惰性气含量偏高、合成尾气量大、吸收塔压力调节阀故障等都会造成吸收塔压力升高，具体处理方法如下：

（1）联系前系统降低氢碳比。

（2）加大脱碳净化气至尾气处理装置气量，或联系前系统降低合成气中惰性气含量，从而降低合成尾气中惰性气含量。

（3）在保证费托入塔气氢碳比的前提下，适当降低脱碳净化气至费托合成的流量，从而降低合成尾气量；如果吸收塔压力仍偏高，则脱碳系统降负荷处理。

（4）及时处理压力调节阀，压力调节改为旁路手动控制。

18 喷射气分离器液击如何处理?

答 在脱碳装置开车过程中，当加压再生塔压力突然为负压时，会导致加压再生塔溶液瞬间汽化，在喷射气分离器内冷凝后，造成喷射气分离器满液位发生液击。当发生液击时，检查喷射气分离器液位。打开分离器至密闭系统阀门，尽快降低分离器液位。控制再生塔温度及压力，适当降低再生塔加热蒸汽量。当分离器液位恢复正常时，缓慢关闭分离器排液阀，恢复正常操作。同时，为避免发生液击现象，加压再生塔压力应保持正压操作，开车过程中可充入低压氮气进行保压。

19 脱碳系统溶液固体杂质含量高如何处理?

答 脱碳溶液中杂质含量高可能是由于以下几种情况导致：

（1）原始开车过程中吹扫冲洗不彻底，部分固体杂质残留在系统中。

（2）脱碳系统钒化效果不好，钒化膜脱落进入溶液。

（3）活性炭在运行过程中，会发生粉化，若活性炭长时间未更换，大量活性炭粉末进入溶液。

（4）脱碳系统存在腐蚀，造成铁含量高，铁与钒生成钒铁共淀物进入溶液。

其处理措施如下：

（1）加强溶液过滤，两台精细机械过滤器同时投用，提高溶液过滤量，过滤器压差高时及时更换滤芯。

（2）增加活性炭过滤器更换频次，防止活性炭粉化严重造成杂质含量上升。

（3）溶液钒含量偏低时及时补充五氧化二钒。对系统进行补充钒化。

（4）排查脱碳系统腐蚀点，加强监控，及时更换腐蚀的设备管线。

20 脱碳溶液总钒含量下降过快如何处理?

答 总钒浓度下降过快，说明系统铁离子含量偏高，钒与铁反应生成钒铁共淀物。不仅造成脱碳装置杂质含量升高，也对装置防腐不利，当脱碳溶液总钒含量下降过快时，应采取措施为：① 排查脱碳装置铁含量偏高原因，降低系统铁含量；② 及时补加五氧化二钒，提高系统总钒含量。

21 吸收塔液泛如何处理?

答 吸收塔发生液泛时，吸收塔压差会快速上涨，吸收塔液位出现不受控的波动，伴随净化气分离器液位快速上涨，应采取的措施如下：

（1）脱碳装置立即降负荷处理，监控费托合成循环气压缩机和尾气处理压缩机入口分液罐液位。

（2）监控净化气分离器液位变化，液位持续上涨时，打开净化气分离器至密闭排放导淋阀，将系统溶液排放至地下槽，控制净化气分离器液位在 30%～45%。

（3）对净化气空冷后温度进行重点监控，防止温度过高损坏上下游装置压缩机，若尾气处理压缩机入口温度持续上涨，将脱碳净化气暂时放火炬处理，避免压缩机温度过高损坏设备。

（4）若吸收塔压差仍有上涨趋势，向系统中加入 20～30kg 消泡剂。

（5）注意贫液闪蒸槽、常压再生塔液位，当系统液泛严重时，及时降低贫液、半贫液入吸收塔流量，贫液调整时，先调整冷贫液量再调整热贫液量，确保贫液闪蒸槽、常压再生塔液位在 50% 以上。

（6）确认吸收塔压差开始降低，且净化气分离器液位不在升高时，打开入净化气分离器脱盐水阀进行净化气分离器水置换，现场取样观测水样清澈后关闭净化气分离器至密闭排放导淋阀。

（7）系统运行稳定后，缓慢调整入吸收塔贫液、半贫液量，使系统恢复至正常操作流量。

22 再生气非甲烷总烃超标如何处理?

答 再生气非甲烷总烃超标处理操作如下:

(1)适当降低富液闪蒸槽压力，增加富液闪蒸系统有效气回收率，从而降低再生气中非甲烷总烃含量。

(2)在保证脱碳净化气 CO_2 合格的条件下，适当降低贫液、半贫液循环量，减少合成尾气中烃类物质的吸收，从而降低再生气中非甲烷总烃含量。

(3)增设尾气处理装置。采用热氧化法，通过加热达到燃烧温度使烃类物质与氧气发生氧化反应，生成 CO_2 和 H_2O 等小分子物质，降低再生气中非甲烷总烃含量；采用催化氧化法，利用催化剂的选择性及活性，降低烃类物质气体反应活化能并将其分解为无污染的 CO_2 和 H_2O 等小分子物质，降低再生气中非甲烷总烃含量。

第四节 加氢装置

1 发生哪些异常工况，加氢装置必须进行紧急停车处理?

答 在加氢装置运行中发生以下异常工况，必须进行紧急泄压及停车。

(1)循环氢压缩机停运。

(2)催化剂床层超温或飞温。

(3)装置发生火灾等重大事故，经多方处理不能及时消除，影响正常安全生产。

(4)反应部分发生高压管线、设备大量泄漏或原因不明的突然爆炸。

(5)进料泵等设备故障，无法修复或启动，无法维持正常生产。

(6)装置发生停电，动力蒸汽、高压氮气等公用工程长时间中断等。

(7)原料中断或新氢中断，无法恢复供应等。

(8)相邻装置发生事故，严重威胁本装置运行。

2 加氢事故处理遵循的原则及注意事项有哪些?

答 加氢事故处理遵循的原则如下:

(1)事故处理应坚持以人为本，任何时候均应保证操作人员人身安全。

(2)加氢装置处在高温、高压、临氢环境，事故处理尽可能减少设备损坏。

(3)催化剂是加氢技术的核心，事故处理应保护好催化剂。

(4)加氢装置事故处理应防止泄露造成环境污染。

(5)加氢装置事故发生扩散速度快，紧急处理应及时准确，避免延误。

注意事项如下：

（1）启动紧急泄压系统后，应循环检查联锁系统是否动作，如联锁失效，应紧急手动打开。

（2）紧急泄压系统自启动后，中途不得关闭泄压阀。如 1.4MPa 紧急泄压系统启动后，系统压力泄至 0.05MPa 时方可关闭。

（3）因反应系统压力、分离系统、分馏系统压力等级相差较大，事故处理过程中控制高分、低分液位，防止高压串低压。

（4）高压换热器事故处理中要防止单程受压。

（5）使用氮气置换时，要确保补充的氮气压力超过系统压力。

（6）反应系统泄压时，反应压力低于设计压力 20% 时，必须切断进料，防止催化剂结焦。

（7）加热炉熄火后，重新点炉前必须做可燃气分析。

3 加氢精制原料合格蜡中断如何处理?

答 加氢精制原料合格蜡中断处理如下：

（1）将加氢精制部分尾油改至长循环，进入原料蜡缓冲罐，维持原料蜡泵出口流量在正常操作范围内。

（2）加氢裂化降负荷，减少产品采出量，并通过控制反应器温升控制各塔罐液位稳定。

（3）通过提高重质油量，回炼重质柴油、重污油方式，维持精制反应器进料量，必要时降低加氢精制的负荷。

（4）尽快查明合格蜡中断原因，及时恢复合格蜡进料。

4 加氢裂化进料泵故障导致新鲜进料中断如何处理?

答 加氢裂化进料泵故障导致新鲜进料中断处理如下：

（1）进料泵停车将联锁关闭加热炉主燃料气切断阀，如果联锁未触发应立即手动关闭加热炉燃料气切断阀，通过调节冷氢量快速将反应器温度降低至比正常操作温度低 28℃以下。

（2）停止裂化反应器的循环油进料。

（3）如果裂化催化剂开工时间小于 30 天，应把系统压力、温度降低至新催化剂开工前的状态后，方可重新启泵进料。

（4）如果裂化催化剂使用期已超过 30 天，进料泵可立即重新启动，恢复操作。

（5）严密监控所有反应器温度测点，如果温度超过正常温度 15℃，立即启动 0.7MPa/min 紧急泄压系统。

（6）如反应器温度继续上涨，且超过正常值 28℃或已达到 425℃，则启动 1.4MPa/min 紧急泄压系统。

（7）监控循环氢压缩机，维持循环氢压缩机的正常运转。

（8）分馏加热炉，逐步降温至 200～250℃，产品改入不合格线。

5 加氢裂化循环油中断如何处理？

答 加氢裂化循环油中断处理如下：

（1）把加氢裂化反应器温度降低至比正常操作温度低 15℃。

（2）若加氢裂化反应器中任一点温度超过正常操作温度 15℃，全开冷氢仍无好转，应启动 0.7MPa/min 紧急泄压系统，装置切断进料。

（3）若反应器任一点温度超过正常状态 28℃，则启动 1.4MPa/min 紧急泄压系统，装置紧急停工。

6 新氢中断如何处理？

答 新氢部分中断时，由于新氢减少，反应系统压力会下降，应及时调整反应进料和反应温度，根据系统压力的变化，将进料量调整到和供氢量平衡状态，维持低负荷操作。如果补充氢气大量减少，当氢耗大于补充氢能力时，压力会迅速下降。随着系统压力的下降，循环氢压缩机的能力将降低，反应温度的控制将变得更加困难，此时必须立即停止进料。其具体处理方法如下：

（1）如果部分中断，降低反应器温度以降低转化率和氢耗，尽快恢复反应压力，在压力恢复正常后，根据可利用的氢气量调节反应温度以获得合适的转化率。降低系统进料量，维持反应系统压力。

（2）如果补充氢完全中断，则必须做停车处理。降低裂化反应器入口温度 30℃，降低精制反应器入口温度 15℃，停反应进料，降低系统压力，维持循环氢压缩机运行。分馏系统根据情况将产品改至不合格储罐。

（3）如新氢压缩机停机，但压缩机能立即重新启动，则装置不必停车；尽快降低温度和原料量，使氢耗最小；重启新氢压缩机，尽快恢复系统压力，压力恢复后，反应系统恢复进料。

（4）如果在压缩机重启前高压分离器的压力降至正常压力的 70% 以下，装置必须停车，以避免造成催化剂的过度结焦和失活。

7 原料油大量带水系统有何现象？如何调整？

答 原料油大量带水会出现的现象为：① 加热炉负荷增大；② 系统压力上升且波

动；③ 冷高压分离器界面上升；④ 原料换热器出口温度降低；⑤ 反应器床层温度大幅度下降；⑥ 进料泵出现气蚀振动。

处理措施为：① 原料油供料系统切罐，并加强脱水；② 平稳反应压力、温度，尽量减小原料带水造成的影响；③ 如果原料含水大于 300×10^{-6}，且操作上波动大，则应立即切断进料，系统改至长循环；④ 待原料水含量达标后，恢复进料。

8 引起加氢裂化循环氢压缩机停机原因及处理措施有哪些?

答 循环氢压缩机停机的原因为：① 透平蒸汽中断；② 循环氢入口分液罐或冷高压分离器液位高联锁；③ 循环氢压缩机机组本身出现故障。

加氢反应产生的热量主要由进入反应器的循环氢带出，循环氢压缩机停机，反应热将不能被及时带走，会导致加氢催化剂飞温。为了大幅度减缓反应器内的反应速度并限制放热，须迅速降低反应器温度。其处理措施如下：

（1）切断反应器加热炉所有主火嘴的燃料气，启动 0.7MPa/min 紧急泄压系统。

（2）当压缩机转速已经降至安全转速以下时，联锁切断压缩机进出口阀及防喘振阀。

（3）改长循环，切断新鲜进料，维持好各容器液面。

（4）将进料—产物换热器旁路全开，降低反应器入口物料温度。

（5）密切监视反应器温度，如果反应器的温度升高较快，视情况紧急程度判断是否开始启动 1.4MPa/min 紧急泄压系统，如反应器温度仍得不到控制，停止油进料，继续降压至 0.7MPa，从循环氢压缩机出口补入事故氮气至 1.0MPa 再排放，多次置换。

（6）当系统压力降低后，如果热高压分离器或冷高压分离器难以把油压送到低压分离器时，降低低压分离器压力，将高分油压入低压分离器中。

（7）减压塔底油 100% 循环，各产品改送到不合格储罐中。

（8）当反应器温度降低至 260℃以下时，停反应进料泵。

（9）保持反应系统内补充新氢的吹扫，直到循环氢压缩机重新启动。

（10）根据情况重新启动循氢压缩机，恢复工况。

9 循环氢带液的原因及处理措施有哪些?

答 循环氢带液会导致循环氢压缩机震动及故障停机，循环氢带液的原因有：① 高压空冷故障，冷后温度过高；② 高分液面过高或除沫器故障，冷高分分离效果差，导致循环氢带油；③ 系统压力急剧下降，造成循环氢中带油。

其处理措施为：① 及时通过调整高压空冷运行数量、空冷叶片角度等方式调整空冷后温度；② 及时通过循环氢压缩机入口分液罐至冷低分的排油线调整分液罐液位，必要时可降低冷低分压力；③ 如除沫器故障，应进行紧急停车，对除沫器进行检修。

10 导致加氢反应器飞温原因及处理措施有哪些?

答 导致加氢反应器飞温的原因为：① 反应加热炉异常导致出口温度超高，反应器进料温度高；② 原料流量及性质突变，不饱和烃类含量偏高，加氢反应剧烈；③ 新氢中 CO、CO_2 含量突增；④ 循环氢流量大幅度降低导致氢油比急剧下降或氢气中断；⑤ 急冷氢调节阀故障关闭。

其处理措施如下：

（1）反应器内任一温度测点出现异常上升时，均须及时调节反应加热炉出口温度及相应床层急冷氢阀开度，使其回到正常控制范围内，避免飞温事故发生。

（2）如果反应器内任一温度测点超过正常温度 15℃，则立即关闭加热炉部分主火嘴燃料气手阀，并利用急冷氢尽快将各催化剂床层入口和床层温度冷却至正常温度范围内。

（3）如加热炉火嘴全部熄灭，温度继续上涨，则应打开 0.7MPa/min 紧急泄压阀进行泄压，控制床层温度继续上涨。

（4）如 0.7MPa/min 紧急泄压阀打开后，床层温度继续上涨且超过正常值 28℃或达到 425℃，应立即启动 1.4MPa/min 放空，按紧急泄压程序处理。

11 加氢催化剂在湿法硫化过程中超温处理措施有哪些?

答 加氢催化剂注入硫化剂后，催化剂床层将产生 10℃左右的温波。此时，应控制好反应器的入口温度，并密切关注催化剂床层温度变化。其处理措施如下：

（1）当催化剂床层温波大于 30℃时，可短期停止注入硫化剂。

（2）如停止硫化剂注入后催化剂床层温度仍得不到有效控制，则应立即降低反应器入口温度，以防止催化剂因异常高温而结焦积碳失活，并避免催化剂上的活性金属氧化物在未被硫化剂正常硫化成活性金属硫化物前就被高温氢气还原成为低加氢活性、高氢解能力的金属态。

12 高压空冷管束穿孔如何处理?

答 高压空冷管束穿孔处理操作如下：

（1）立即关闭该台空冷器进出口阀。

（2）如果超过循环氢压缩机入口最高允许温度，应立即停压缩机，装置做紧急停工处理。

（3）若空冷器出现泄漏，切勿停运风机，防止泄漏气体向下蔓延。

（4）如果发现空冷器出现大量的喷漏导致失火或可能导致失火的情况而影响到人身和设备安全时，装置做紧急停工处理。

（5）如高压空冷没有进出口手阀，无法切除，装置做紧急停工处理。

13 高压分离器与低压分离器发生串压如何处理？

答 高压分离器与低压分离器发生串压处理操作如下：

（1）迅速关闭高压分离器排液切断阀，高分液位调节阀改手动调节，建立高分液位到正常范围内。

（2）手动打开低分放火炬系统调节阀，将低分压力降低至 1.8 ~ 2.0MPa 正常操作范围内。

（3）高压分离器液位、低压分离器压力正常后，检查设备完好后恢复正常操作。

（4）分馏系统控制好各塔液位、压力，做出相应调整，保证产品质量。

（5）如遇到低分安全阀全部起跳且不能复位，按照正常停工进行处理。

14 燃料气压力低及中断处理措施有哪些？

答 燃料气压力低及中断处理措施如下：

（1）加热炉燃料气中断，联锁停炉，如短期不能恢复，反应系统降温，分馏塔底油改至长循环进入原料缓冲罐，切断进料，系统循环，待燃料气恢复供应后重新升温。

（2）发现燃料气压力低，关闭加热炉主火嘴，反应系统降量，维持低负荷运行，通过给燃料气系统补充开工净化气等方式提高燃料气管网压力，恢复燃料气供应。

15 反应系统加热炉熄火处理措施有哪些？

答 反应系统加热炉熄火的原因为：① 紧急泄压系统启动；② 反应器入口温度超高；③ 加热炉燃料气压力低；④ 烟道挡板调节不当，开度过大；⑤ 燃料气中窜入氮气回火。

其处理措施为：

（1）如紧急泄压系统启动造成加热炉熄火，按照停车进行处理。

（2）如反应器入口温度超高造成熄火，按照催化剂床层超温进行处理。

（3）如燃料气压力低或中断造成，待燃料气恢复正常后重新点火。

（4）如烟道挡板调节问题引起，则切断燃料气，重新调节烟道挡板，重新点火。

（5）如燃料气中窜入氮气，则将燃料气进行泄压一段时间后重新投用，重新点炉。

16 加热炉炉管破裂如何处理？

答 加热炉的炉管破裂导致氢和烃类在高压下泄漏，可能导致火灾爆炸事故发生。其紧急处理措施为：

（1）启用 1.4MPa/min 紧急泄放系统。

（2）立即切断加入炉燃料气，并向炉膛通入灭火蒸汽。

（3）全开加热炉烟道挡板，并停鼓风机、引风机。

（4）切断补充氢气，停循环氢压缩机、反应器进料泵。

（5）通氮气至破裂炉管处对其进行吹扫，以避免空气从破裂处反窜至系统内形成烃类的爆炸性混合物。

17 加热炉炉膛出现正压的原因及处理措施有哪些?

答 加热炉炉膛出现正压的原因如下：

（1）当炉膛内充满可燃气时，一旦点火，可燃气爆燃，体积骤然膨胀，出现正压并闪爆。

（2）当炉膛燃烧不充分时，烟气不能及时排出，则炉膛负压就渐渐地变成正压，使空气无法进入，燃烧无法正常进行。

（3）加热炉超负荷。

（4）燃料气带液，在加热炉汽化并爆燃。

（5）烟道挡板或风门开度过小，造成抽力不够。

（6）燃料气中惰性气体组分增加，在加热炉中积累。

其处理措施如下：

（1）点火前要分析炉膛内可燃气含量，合格后方可点火。

（2）控制炉膛负压在正常范围内，并控制炉顶残氧含量在 3% ~4% 范围内，保证燃料气充分燃烧。

（3）控制好加热炉运行负荷，避免加热炉超负荷运行。

（4）及时对燃料气分液罐进行排液，防止燃料气带液。

（5）如由于烟道挡板开度小或炉子超负荷运转而使炉膛出现正压时，应及时开大烟道挡板，使负压值达到标准。

（6）对燃料气进行分析，惰性气体含量增加时，及时调整燃料气系统。

18 分馏塔底泵密封泄漏及着火应急处理措施有哪些?

答 塔底一般都是热油泵，工作介质温度高，如发生密封大量泄漏，就可能发生火灾爆炸，严重威胁装置安全。塔底泵如发生轻度泄漏，马上采用蒸汽掩护，切换备用泵，停运行泵并更换密封。如果塔底泵大量泄漏着火，则按以下方法处理：

（1）采用蒸汽灭火，第一时间停运行泵，同时启动备用泵，如有必要，马上降低加热炉温度，防止炉管结焦。

（2）如果火势较大，现场不能停运行泵，则电气远程停泵。

（3）如两台泵都发生泄漏，无法维持生产，则立即熄灭分馏炉，反应系统改为短循环，分馏系统停车退油。

（4）塔底泵处理好后恢复生产。

19 发现液化气大量泄漏如何处理?

答 发现液化气大量泄漏进行处理操作如下：

（1）发生液化气大量泄漏时应立即切断液化气来料。

（2）通过放空线将液化气排到火炬系统 .

（3）控制着火源，严禁使用非防爆设备，以防产生火花。

（4）使用消防水稀释，控制周围火源，切断周围车辆来往，做好周围警戒。

（5）如泄漏的液化气已经着火，采用泡沫、二氧化碳、水蒸气灭火，对着火设备，用消防水冷却。

20 氢气大量泄漏或发生火灾事故如何处理?

答 氢气大量泄漏或发生火灾事故处理操作如下：

（1）迅速查清发生泄漏的部位。

（2）氢气泄漏易发生火灾、爆炸事故，应立即疏散无关人员撤离现场，防止事态进一步扩大，现场警戒，要求应急人员严禁使用非防爆或容易产生静电的工具。

（3）立即启动紧急泄压系统降低系统压力，减少氢气的泄漏量，同时切断进料并紧急停加热炉。

（4）采取紧急泄压的同时，若是氢气泄漏没有引起着火，为防止氢气聚集，应用蒸汽掩护，防止火灾事故的发生。

（5）导通循环压缩机入口高压氮气盲板，向系统内充入氮气置换，置换合格后对漏点进行消漏。

21 高压反应系统泄漏处理措施有哪些?

答 高压反应系统泄漏处理措施如下：

（1）停反应进料加热炉，切断反应系统进料。

（2）关闭反应系统的补充氢调节阀，切断进入反应器系统的补充氢。

（3）打开反应器系统的紧急泄压阀，开始从高压反应器系统向放空系统泄压。

（4）控制高、低分液位，防止高压串低压。

（5）分馏系统改短循环。

（6）系统压力低于氮气总管压力时，向反应系统通入氮气。

（7）泄漏部位用蒸汽掩护，并准备好消防水，防止着火。

第五节　尾气处理装置

1 尾气加热炉压力增高时如何处理？

答 造成加热炉炉膛内压力增高的主要原因有：① 调节风门开度过大，进空气量多；② 烟道挡板调节不当；③ 引风机故障等。

可以通过调节加热炉烟道挡板或烟道气引风机入口挡板的开度来调整炉膛负压。炉膛压力一般控制在 –50 ~ –10kPa。

2 尾气加热炉烟囱冒黑烟如何处理？

答 加热炉烟囱冒黑烟的主要原因有：① 炉管烧穿，炉管内介质泄漏，燃烧不完全；② 烟道挡板、一、二次风门或蝶阀开度不当造成炉膛氧含量低，燃料气燃烧不完全。

其处理措施为：① 炉管烧穿如果不严重，则按正常停工处理；如果严重烧穿，则按紧急停工处理；② 根据燃烧火焰情况和加热炉炉膛氧气含量、负压，调节烟道挡板、风门及蝶阀开度。

3 MDEA 脱碳单元原料气中断如何处理？

答 MDEA 脱碳单元原料气中断处理操作如下：

（1）关闭原料气进口阀和脱碳净化气至 PSA 手阀，脱碳单元保压。

（2）调节吸收塔贫液流量调节阀，减小系统的循环量至正常循环量的 20%。

（3）调节各塔、罐液位，维持系统溶液循环。

（4）调节蒸汽再沸器蒸汽量和酸气放空量，控制系统热量平衡和压力平衡。

4 副产蒸汽带水如何处理？

答 副产蒸汽带水的危害为：① 降低了自产蒸汽的品质，蒸汽温度低，蒸汽用户无法继续使用；② 引起蒸汽管道水击造成管线及阀门损坏。

其处理方法为：① 中控关小蒸汽发生器液位调节阀，控制蒸汽发生器液位在 50% ± 5%；② 打开蒸汽发生器定期排污阀，同时加大补水，改善炉水水质；③ 检查蒸汽管道疏水器疏水正常。

5 PSA 装置发生泄漏后如何进行工艺应急处理?

答 PSA 装置发生泄漏后进行工艺应急处理如下：

（1）发生泄漏后，确定具体泄漏位置和泄漏量。

（2）如泄漏量较小，根据泄漏位置切出泄漏设备，并通过放火炬系统进行泄压，同时引入氮气对设备进行置换。

（3）可燃气分析合格后，进行消漏处理。

（4）若泄漏量较大或者无法对泄漏设备进行切出和隔离，装置进行紧急停车处理。

6 PSA 单元产品氢气质量不合格应如何调整?

答 PSA 单元产品氢气质量不合格调整如下：

（1）缩短吸附时间，一般运行时序不低于 47s，以保证逆放过程和终充过程所需的最少时间。

（2）若氢气纯度下降较快，降低原料气量，系统维持低负荷运转。

（3）取消第八次均压以获取更多的顺放气用于再生，但任何状态下顺放结束的压力不得低于 0.1MPa。

7 PSA 装置程控阀内漏如何判断?

答 吸附塔压力曲线在每一次均压有向上或向下痕迹，表明该吸附塔程控阀存在内漏现象，向上说明“高一级”的压力向塔里漏，向下说明“该级压力”向低压力漏，根据均压线判断内漏程控阀。将内漏程控阀所在吸附塔整体切出，将程控阀交出检修。

8 PSA 单元程控阀内漏的处理方法有哪些?

答 PSA 单元程控阀内漏的原因有：① 阀门密封面上有异物；② 阀门密封面损坏；③ 阀座密封面损坏。

其处理办法：将内漏阀门所在吸附塔进行工艺切出，阀门交出后下线清理异物，更换密封材料或维修阀体。

9 尾气加热炉出口的过热蒸汽和工艺尾气温度波动如何处理?

答 加热炉出口的过热蒸汽和工艺尾气温度波动的原因有：① 燃料气调节阀故障波动；② 串级调节 PID 参数不合理；③ 燃料气主管压力波动或组分波动。

其主要处理措施为：① 联系仪表处理燃料气调节阀；② 对串级控制 PID 参数进行调整；③ 控制燃料气管网压力、组分稳定。

10 尾气处理变换炉床层温度上涨过快如何处理?

答 变换炉温度上涨过快的原因有：① 原料气中 CO 含量突然增高；② 变换炉入口温度上涨过快。

其处理措施为：① 调整转化单元氧气与工艺尾气的比值，降低进变换炉原料气中 CO 含量，同时维持水气比稳定；② 降低变换炉入口温度。

11 MDEA 脱碳单元贫液再生效果差的原因有哪些?

答 MDEA 脱碳单元贫液再生效果差的原因如下：

（1）再生塔操作温度低，MDEA 溶液中 CO_2 未完全脱除，溶液再生不彻底。

（2）再生塔液位控制过高，超过气相返塔线，造成蒸汽再沸器气相出口不畅，上升气流减少。

（3）MDEA 溶液发泡，气液传质效果变差，溶液再生不彻底。

（4）贫富液换热器泄漏，富液泄漏至贫液中，导致贫液再生度低。

12 蒸汽发生器发生汽水共沸如何处理?

答 正常生产过程中，蒸汽发生器汽包出现液位大幅度波动，可判定蒸汽发生器发生汽水共沸现象，可通过以下措施进行调整：

（1）降低蒸汽发生器负荷，即减少蒸汽发生器的产汽量。

（2）加强定期排污和连续排污，同时增加锅炉给水补水量，防止水位过低造成缺水，维持蒸汽发生器液位在 50% ± 5%。

（3）加强炉水分析，根据分析结果加大排污量，改善炉水水质。

13 转化炉出口转化气指标不合格如何处理?

答 转化气中 CH_4 含量对转化单元的运行效能影响较大，转化气中 CH_4 高说明转化反应不完全，系统产氢量降低，当转化气中 CH_4 含量大于 0.6% 时即视为不合格。需适当提高氧气与工艺尾气的比值，提高进转化炉的氧气流量，从而提高转化炉床层温度，进而提高转化反应效率，也可以适当增加蒸汽流量进行调整。

14 转化炉设置烧嘴冷却水进出口流量差值高高联锁的目的是什么?

答 转化炉烧嘴设计了一个独立的闭路循环冷却水系统，且冷却水采用质量等级较高的锅炉给水，同时设置了进出口流量计用于判断烧嘴是否被烧穿。当烧嘴被烧穿时，触发烧嘴冷却水进出口流量差值高高联锁，转化单元联锁停车，烧嘴冷却水切至开路循环，防止因冷却水中断出现恶性事故。

15 MDEA 溶液泄漏如何处理?

答 MDEA 溶液泄漏处理如下:

（1）疏散泄漏污染区人员至安全区，禁止无关人员进入污染区，切断火源。

（2）应急处理人员戴好防毒面具，穿好防化服，不要直接接触泄漏物，在确保安全情况下堵漏，用沙土或其他惰性材料吸收，然后收集至废物处理场所处置。

（3）可以用大量水冲洗，经稀释的冲洗水分析合格可排入废水系统。如大量泄漏，需回收集中处理。

16 蒸汽发生器干锅如何处理?

答 造成干锅的原因为除氧水中断或调节阀故障，上水不及时造成液位逐渐减低。当蒸汽发生器液位低至 25% 时，触发转化单元紧急停车联锁，装置停车保压。当蒸汽发生器液位为 0% 时，禁止直接向蒸汽发生器补水，需缓慢向蒸汽发生器通入高温蒸汽进行降温，待温度降至正常后，再给蒸汽发生器补水。

17 PSA 系统产氢压力持续降低如何处理?

答 PSA 系统产氢压力持续降低的原因有：① 加氢精制、裂化及催化剂还原等氢气用户用量增加，超出氢气供应量；② 上游原料气流量降低或氢气组分降低。

其处理措施为：① 联系确认各氢气用户用氢情况，根据管网压力情况，提升原料气负荷，增加产品氢气供应；② 联系上游装置，提高原料气流量和稳定氢气组分；③ 如氢气管网压力持续下降，联系费托合成和还原岗位降低氢气用量，优先保证加氢装置氢气供应。

18 尾气处理装置蒸汽中断的主要应急处理措施有哪些?

答 尾气处理装置蒸汽中断导致蒸汽加热器、再沸器、压缩机透平停止运行，主要应急处理措施如下：

（1）膜分离单元蒸汽加热器停止运行，膜分离器入口温度降低，触发膜分离器入口温度低低联锁，膜分离器进出口切断阀关闭，原料气放空至火炬。

（2）转化、变换单元因触发工艺尾气流量低低联锁停车。

（3）MDEA 脱碳单元关闭进出口阀，系统保压并维持溶液循环。

（4）PSA 制氢单元切至开工净化气制氢，以保证氢气供应。

第六节　低温油洗和合成水装置

1 低温油洗单元原料气压缩机跳车的处理措施有哪些?

答 低温油洗单元原料气压缩机跳车的处理措施如下：

（1）通知上、下游装置，低温油洗单元紧急停车退气。

（2）关闭脱碳净化气界区阀和油洗干气界区阀，系统保压。

（3）轻质石脑油、压缩凝液正常接收，维持系统油循环。

（4）排查压缩机跳车原因，排除故障后启机。

2 液化石油气中C_{5+}含量超标如何调整?

答 液化气中C_{5+}超标现象为：① 稳定塔顶温度持续上升大于75℃；② 稳定塔压力持续下降，冷凝路阀门持续开大。

其控制措施如下：

（1）塔顶温度高，可适当增加稳定塔塔顶回流，降低塔顶温度；

（2）稳定塔顶压力低，适当开大热旁路调节阀提高稳定塔压力并保持平稳。

（3）稳定塔进料温度高，进料口偏上，精馏段效果差，液化气中C_{5+}含量高。降低进料温度，切换进料口位置，选择下进料口，增加精馏段塔板数。

（4）稳定塔冲塔，液态烃会带较多石脑油。稳定塔冲塔要及时降低塔的气液相负荷，适当提高塔的压力。

（5）仪表失灵，立即改副线控制并及时联系仪表处理。

3 液化石油气中C_{2-}含量超标如何调整?

答 液化气中C_{2-}含量超标的现象：① 脱吸塔灵敏板持续下降；② 稳定塔压力持续上涨，塔顶温度下降，回流减小。

其控制措施为：

（1）重沸器热源不足时，降低脱吸塔顶压力，增加脱吸能力。

（2）由于吸收塔压力高，液气比大，塔内温度低，吸收过度时，降低脱吸塔顶压和吸收剂循环量，提高吸收塔的吸收温度。

（3）操作温度低，富吸收剂量大，适当调整原料预处理部分的操作，在保证吸收塔液位稳定的情况下提高脱吸塔顶油气分离器操作温度。

4 LPG 泄漏如何处理?

答 LPG 泄漏处理如下：

（1）立即停止周围一切作业，根据泄漏的情况，划出隔离区，设置醒目的标志并派专人警戒，未经批准任何人不得进入隔离区。

（2）根据泄漏情况装置降负荷或停工处理，就近关闭物料切断阀。

（3）采用蒸汽、氮气对泄漏点进行稀释，防止 LPG 积聚。

（4）根据泄漏点大小和处理难度，联系消防车到场支援。

5 低温油洗丙烯短期中断如何处理?

答 低温油洗丙烯短期中断处理如下：

（1）联系净化装置确认丙烯中断的原因和恢复供应时间。

（2）提高吸收剂循环量，增强吸收效果，保证油洗干气C_2浓度小于 4%。

（3）若尾气处理装置膜分离单元分离器液位上涨过快，低温油洗降负荷或停车处理。

6 合成水进料中断如何处理?

答 合成水进料中断处理如下：

（1）查明合成水中断原因，尽快恢复合成水进料。

（2）如果进料全部中断，降低各塔釜再沸器负荷，分系统维持水循环。

（3）合成水恢复供应后，调整各塔操作至指标正常。

（4）合成水无法恢复时，按停车处理。

7 合成废水外送温度高如何处理?

答 合成废水外送温度高处理如下：

（1）合成水单元降负荷运行，确保外送温度不大于 40℃。

（2）现场检查空冷器有无皮带断裂等异常现象并及时处理。

（3）现场检查水冷器有无气阻等异常现象，如有打开高点排气导淋排气。

（4）中控确认板式换热器、蒸汽用量、循环水进出温度、循环水进出口压差有无异常并及时调整。

8 费托合成水中油含量超标如何处理?

答 费托合成水中油含量超标处理如下：

（1）检查费托合成装置及低温油洗单元控制油水分离器的界位是否正常，确保油水分离效果。

（2）延长合成水罐静置时间，提高脱油效果。

（3）降低合成水装置进水量，系统低负荷运行，保证脱油效果。

9 蜡罐突沸的工艺应急处理措施有哪些?

答 蜡罐突沸的工艺应急处理措施为：① 立即远程切断储罐的收付料；② 打开罐顶紧急泄放阀，防止储罐超压；③ 切断蜡罐组蒸汽伴热，储罐进行自然降温。

10 如何防止蜡罐突沸?

答 防止蜡罐突沸措施如下：

（1）加强对蜡罐压力、温度监控，发现温度大幅波动或罐底温度低于 100℃，及时停止收付料。

（2）所有停车检修过程中蒸煮过的管线，必须对管线进行憋压吹扫，分析排放口露点和氧含量，露点必须小于 −35℃，氧含量小于 0.5%。

（3）蜡罐检修或隔离后初次进料前，投用盘管伴热，罐底五点式温度必须大于 120℃，方可进料。

（4）蜡罐初次进料后，液位小于 2% 时，观察罐底温度，如罐底温度小于 100℃且不上升，立即停止进料。

（5）蜡罐首次出料时，必须关闭出料手阀，中控先打开出料气动阀，现场缓慢打开手阀，防止出料集合管超压，瞬间泄放对蜡罐进行扰动。

（6）蜡罐收付料过程中，出现压力大幅波动、蜡泵气蚀的情况，停止该储罐收付料，现场排查原因。

（7）发现蜡罐出现压力波动、温度、液位波动、呼吸人孔起跳大量排气等突沸征兆时，中控操作人员立即停止收付料，禁止人员进入蜡罐围堰，禁止上罐顶，并在蜡罐组围堰 20m 外设人员警戒，防止无关人员进入。

第七章

安全环保

1 氢气具有哪些危险性质？如何预防？

答 氢气是极易燃气体，能与空气形成爆炸性混合物，高浓度能引起快速窒息。其预防措施如下：

（1）远离热源、火花、明火、热表面，工作场所禁止吸烟。

（2）使用防爆型的通风系统和设备。

（3）使用不产生火花的工具。

（4）在传送过程中，容器必须接地和跨接，防止产生静电。

（5）防止气体泄漏到工作场所空气中。

2 一氧化碳具有哪些危险性质？如何预防？

答 一氧化碳是一种易燃易爆气体，与空气混合能形成爆炸性混合物，遇明火、高热能引起燃烧爆炸。一氧化碳在血中与血红蛋白结合而造成组织缺氧，重度患者深度昏迷、瞳孔缩小、肌张力增强、频繁抽搐、大小便失禁、休克、肺水肿、严重心肌损害等。其预防措施如下：

（1）远离热源、火花、明火、热表面，工作场所禁止吸烟。

（2）保持容器密闭，采取防静电措施，使用防爆电器、通风、照明、设备，容器和接收设备接地连接，只能使用不产生火花的工具。

（3）按要求使用个体防护装备，戴防护手套，穿防护服。

（4）避免吸入烟气、气体、烟雾、蒸汽、喷雾，操作后彻底清洗，操作现场不得进食、饮水。

（5）禁止排入环境[1]。

3 丙烯具有哪些危险性质？如何预防？

答 丙烯易燃，与空气混合能形成爆炸性混合物，遇热源和明火有燃烧爆炸的危险。其预防措施是远离热源、火花、明火、热表面，工作场所禁止吸烟。

4 液化石油气具有哪些危险性质？如何预防？

答 液化石油气是极易燃气体，有麻醉作用，急性轻度中毒主要表现为头昏、头痛、咳嗽、食欲减退、乏力、失眠等；重者失去知觉、小便失禁、呼吸变浅变慢。在限制性空间内，高浓度可引起窒息。可致癌，可能引起生殖缺陷。

其预防措施为：① 远离热源、火花、明火、热表面，工作场所禁止吸烟；② 戴防护手套，穿防护服，戴防护眼罩，戴防护面具。

5 油品火灾有什么特点?

答 燃烧速度快；火焰温度高，辐射热量大；容易发生爆炸，火势极易蔓延；含水油品容易发生突沸，不利于扑灭火灾；火灾猛烈阶段，扑救比较困难。

6 被蜡油污染的保温棉具有哪些燃烧特性?

答 被蜡油污染的保温棉在遇到明火、高温热源时，在低氧环境中可能发生闷燃、冒烟现象，遇空气火势迅速扩大。在氧气充足的环境中燃烧具有火势猛烈、燃烧速度快的特性。

7 废催化剂有哪些燃烧特性?

答 未被氧化或未被蜡油、白土等介质包裹的废催化剂，遇空气会发生自燃，遇明火或高温热源会燃烧，燃烧温度高，燃烧持续时间长，扑救比较困难。

8 油品储运过程中静电的产生与积聚有哪些特点?

答 油品储运过程中静电的产生与积聚的特点如下：

（1）与油品在管线中的流速有关。流速越快，摩擦越剧烈，产生的静电电压越高。

（2）与油品的灌装方式有关。进出油管与油面距离越大，油品与空气摩擦越剧烈，油面的搅动和冲击越厉害，产生的静电电压也越高。

（3）与管道的材质有关。非金属管道如橡胶、塑料管道比金属管道更容易产生静电。

（4）与大气温度和湿度有关。大气温度较高时，空气显得干燥，相对湿度则较低，此时更容易产生静电。

（5）与油的含水量和导电性有关。含水油料比不含水的纯净油料产生的电压要高，也就是说油的导电性越好，产生的静电电压就越高。

（6）管道内壁越粗糙，油品流经的弯头、阀门越多，产生的静电电压越高[2]。

9 轻质油泄漏存在哪些安全隐患?

答 轻质油泄漏存在安全隐患为：① 遇明火、高温热源发生火灾；② 环境中可燃气含量超标；③ 进入雨水系统可能造成环保指标超标。

10 管线内油品冻凝如何处理?

答 对冻凝无保温的管线可用蒸汽直接加热解冻；如属伴热线不通而冻凝时，先设法处理、投用伴热线；保温管线若局部冻凝可把蒸汽管线插入保温层加热解冻；保温管线若是长距离冻凝应分段处理。

11 用汽油或轻质油品擦洗设备、工器具、衣物有哪些危害?

答 汽油或轻质油品闪点低，易挥发并与空气形成爆炸性混合气体，如遇火源则易发生爆炸；汽油或轻质油品在受到震动、碰撞、冲击、摩擦时会产生静电，达到一定值时会放电，将汽油或轻质油品挥发蒸气引燃、引爆。

12 被蜡油污染的保温棉在更换时有哪些安全注意事项?

答 被蜡油污染的保温棉在更换时有如下安全注意事项：

（1）更换前准备灭火器、消防蒸汽、消防水等灭火措施。

（2）关闭设备或管线的伴热管线，切断热源。

（3）先拆开少量保温铁皮，观察被污染保温棉有无冒烟、着火情况发生，若无异常可继续更换。

（4）若被污染保温棉已发生冒烟或着火现象，严禁拆开保温铁皮，将消防蒸汽或消防水插入保温棉内灭火、降温，待无冒烟或着火现象时缓慢拆开保温铁皮进行更换。

（5）已拆除的污染保温棉用水浇透后安全处理，防止引发二次火灾。

13 常压蜡罐发生冒罐时有哪些安全注意事项?

答 常压蜡罐发生冒罐时有如下安全注意事项：

（1）停止周围一切作业，撤离周围所有人员。

（2）储罐立即停止进料，迅速倒空罐内物料。

（3）封堵储罐周围地沟、窨井和雨水篦子，使用沙土设立围堰，防止蜡扩散。

（4）确认周围无明火，切断可能接触到蜡的高温热源，防止引发火灾。

（5）清理溢出的蜡，更换被蜡污染的保温铁皮及保温棉。

（6）若发生火灾，使用消防水进行灭火，同时避免消防水从罐顶呼吸阀或放空口进入蜡罐内，造成蜡突沸，罐体超压。

14 蜡过滤装置排渣过程中有哪些安全注意事项?

答 蜡过滤装置排渣过程中有如下安全注意事项：

（1）排渣设备开启、关闭正常。

（2）渣蜡小车运行正常，具有足够的盛装空间。

（3）排渣前确认过滤机及渣蜡小车周围无人员作业。

（4）渣蜡排出后温度较高，降温时间较长，期间严禁触摸或踩踏。

（5）渣蜡较干时要及时进行工艺调整，防止废催化自燃。

（6）对较干的渣蜡要使用沙土覆盖，通水降温。

15 脱碳地下槽配置五氧化二钒过程中有哪些安全注意事项?

答 脱碳地下槽配置五氧化二钒过程中有如下安全注意事项：

（1）作业人员及监护人员必须佩戴合格的防尘口罩、护目镜、防护手套。

（2）设立警戒区域，无关人员禁止入内。

（3）封堵作业点周围地沟、窨井和雨水篦子，雨天禁止作业。

（4）及时清理地面遗留的物料，严禁用水冲洗造成环境污染。

16 蜡油类常压储罐呼吸阀及放空口有哪些安全注意事项?

答 蜡油类常压储罐呼吸阀及放空口有如下安全注意事项：

（1）设置放空口时，优先考虑下方空旷的方位。

（2）呼吸阀、放空口下方应设置接油器具，防止污染保温或地面。

（3）定期检查呼吸阀、放空口，及时清理蜡油，防止堵塞。

（4）定期检查呼吸阀、放空口及下方管线保温，更换被污染保温，防止发生火灾。

17 蜡过滤装置精细机械过滤器废布袋存放时有哪些安全注意事项?

答 蜡过滤装置精细机械过滤器废布袋存放时有如下安全注意事项：

（1）刚取出的废布袋温度较高，应收集存放在专用容器内，防止人员烫伤。

（2）观察废布袋有无自燃现象，用水降温，严禁随意丢弃。

（3）使用铁桶回收废布袋，灌水封存，按照危废处理程序进行处理。

18 费托反应器内部检修有哪些安全管控措施?

答 费托反应器内部检修有如下安全管控措施：

（1）反应器内部空间体积大，上、中、下部取样，确保反应器内各点气体分析合格，各个人孔处使用风机强制通风置换。

（2）作业人员佩戴防尘口罩、安全绳、安全带、便携式四合一检测仪等防护用品。

（3）反应器内残留的渣蜡清理完成后再进行动火作业。

（4）分层隔离，动火作业面跳板满铺后，先使用铁皮满铺，后使用防火布、石棉布满铺，封堵严密。

（5）用电设备使用安全电压，配置漏电保护器、安全电压隔离器，每日检查确认。

19 重质蜡带水可能造成哪些危害?

答 重质蜡带水可能造成危害有：① 造成汽提塔塔底温度低，汽提塔工艺参数异常；② 造成稳定重质油及后系统带水，影响正常操作；③ 造成稳定蜡带水，引起稳定蜡原料罐、蜡过滤机、蜡罐超压。

20 蜡罐带水发生突沸时有哪些现象?

答 蜡罐带水发生突沸时产生的现象为：① 储罐压力超压并急剧波动；② 储罐液位大幅度波动；③ 罐顶呼吸阀有大量蒸汽冒出；④ 严重时造成罐顶撕裂。

21 油罐切水时有哪些安全注意事项?

答 油罐切水时安全注意事项为：① 油罐切水前必须静置 4h，不准边收边转边切水；② 切水要控制阀门开度，防止漩涡带油，发现水中带油应立即停止切水；③ 切水作业必须有人现场监护，无监护人严禁切水。

22 加氢装置硫化取样监护注意事项有哪些?

答 加氢装置硫化取样监护注意事项有：① 取样作业过程中取样人与监护人必须穿戴正压式空气呼吸器；② 现场至少配备 2 个备用气瓶；③ 现场无监护人或未佩戴空气呼吸器严禁作业；④ 监护人必须站在上风向；⑤ 持有毒可燃气检测仪对周围环境监测时，必须佩戴空气呼吸器。

23 工艺管线及设备泄漏着火的主要原因有哪些?

答 工艺管线及设备泄漏着火的原因主要是：① 管线、设备密封面安装质量差；② 管线、设备腐蚀泄漏；③ 施工质量差，焊缝发生漏油；④ 操作变化大或超负荷造成设备、管线法兰泄漏。

由于以上原因导致发生泄漏，均可发生自燃着火、静电着火、火源引燃着火。

24 工艺管线及设备泄漏着火处理原则是什么?

答 工艺管线及设备泄漏着火处理原则如下：

（1）漏油不严重，发生着火，灭火后应立即组织堵漏抢修，验收合格后继续维持正常生产。

（2）漏油严重，发生着火，属地运行部无力扑灭，应立即通知专职消防队与调度，并安排做紧急停车或局部停车，灭火后进行堵漏抢修。

（3）工艺管线及设备着火要判断正确，准确查找着火部位。严重时，要立即切断油源，设备、管线内存油要尽量倒空，并向设备内通入蒸汽，但不得超压。

25 油管道火灾的扑救方法有哪些?

答 油管道火灾的扑救方法如下：

（1）油管道泄漏，喷油遇到热源起火，应立即关闭阀门，隔绝油源或设法用挡板改变漏油喷射方向，不使其持续喷向火焰和热源。

（2）使用泡沫、干粉等灭火器扑救或用石棉布覆盖灭火，大面积火灾可用蒸汽隔离灭火，用消防水对周围容器、框架冷却降温，地面上着火可用砂土覆盖灭火。附近电缆沟、管沟有可能受到火势蔓延的危险时，应迅速用砂子或土封堵，防止火势扩大，造成流淌火。

26 蜡油窜入地井系统或轻、重污油地管发生腐蚀泄漏有哪些危害?

答 蜡油窜入地井系统或轻、重污油地管发生腐蚀泄漏危害为：① 可燃介质泄漏，遇明火、高温热源发生火灾；② 造成地面、清洁雨水系统等环境污染；③ 污染地井系统，可能造成环保指标超标；④ 重质油、蜡凝固后堵塞管道；⑤ 蜡油内轻组分挥发，造成地井系统内可燃气超标，存在火灾爆炸风险；⑥ 蜡油内有毒成分挥发，造成地井系统内有毒气体超标，存在人员中毒风险。

27 脱碳碱液窜入地井系统有哪些危害?

答 脱碳碱液窜入地井系统危害为：① 污染地井系统，可能造成 pH 值、COD 等环保指标超标；② 碱液具有腐蚀性，浓度过高可能造成人身伤害；③ 碱液内有少量轻油，造成地井系统内可燃气超标，存在火灾爆炸风险。

28 费托装置停车检修时地井系统有哪些安全防范措施?

答 费托装置停车检修时地井系统安全防范措施如下：

（1）对装置区内地沟、窨井、雨水篦子进行分析检测，排查可燃气有无超标现象。

（2）用水或凝液对超标点进行冲洗，直至合格。

（3）用防火布等封堵所有地沟、窨井、雨水篦子、地漏。

（4）每日抽查具有代表性的窨井，发现可燃气超标立即进行排查、冲洗，合格后方可进行动火作业。

29 区域大气环境质量超标的主要原因有哪些?

答 区域大气环境质量超标的主要原因有：① 区域工业企业废气烟（粉）尘的排放；② 建筑工地施工扬尘、渣土运输车辆引起的扬尘导致 PM10 的增加；③ 沙尘天气的影响导致 PM10、PM2.5 浓度增加。

30 目前 VOCs 较为彻底的处理技术主要有哪些？

答 目前 VOCs 较为彻底的处理技术主要有热氧化法、催化氧化法、蓄热催化氧化法等。

（1）热氧化法的基本原理是通过加热达到燃烧温度使 VOCs 与氧气发生氧化反应，生成 CO_2 和 H_2O 等小分子物质，一般操作温度 760～800℃，适用 VOCs 浓度范围 1～25g/m^3，常用蓄热式热氧化（RTO）；该技术的优点是对污染物的去除较为彻底。

（2）催化氧化法是利用催化剂的选择性及活性，降低 VOCs 气体反应活化能并将其分解为无污染的 CO_2 和 H_2O 等小分子物质，该技术需要在一定的温度、空速、并在催化剂存在的条件下进行，是典型的气—固相催化反应。适用于高温或高浓度的有机废气。

（3）蓄热催化氧化法采用先进的热交换设计技术、高效催化剂和新型陶瓷蓄热材料，高效换热系统保证了燃烧热量的有效回收，一般操作温度 300～550℃，适用 VOCs 浓度范围 0.5～2g/m^3。蓄热催化氧化技术是气体预热、催化燃烧和热量回收三个部分高效地集成在一套设备内，是几种方法中能耗较小、操作简单、优点较为突出的一种方法，热损失低，运行费用低，可以不补充燃料，在大流量、低浓度有机废气净化领域具有很大的优势。

31 尾气脱碳装置 CO_2 尾气治理为何选用蓄热催化氧化法（RCO）？

答 尾气脱碳装置 CO_2 尾气治理选用蓄热催化氧化法（RCO）原因如下：

（1）尾气脱碳装置 CO_2 尾气治理改造工程装置受装置内位置限制，只能布置在尾气脱碳单元内部循环气水洗塔附近且要求采用非明火处理技术。

（2）CO_2 尾气特点是流量大，主要组分为 CO_2，温度较常温略高，同时含有大量饱和水蒸气。因此从投资和运行成本考虑，蓄热催化氧化比较适宜。

（3）蓄热催化氧化反应条件温和，属于无焰氧化，安全性好，无二次污染，节能效果好。因此本项目选用带电加热器的蓄热式催化氧化（RCO）技术。

32 中间罐区油气回收装置的主要工艺有哪些？

答 中间罐区油气回收装置的主要工艺如下：

（1）吸收撬块（吸收工艺）。由三个罐组（重质油罐组、重柴油罐组、蜡罐组）来的重质油气首先经过吸收塔的三级柴油喷淋来吸收油气中的大量重组分油气。

（2）重烃冷凝撬块（冷凝＋吸附工艺）。经过吸收后的油气由一台离心风机抽入重烃冷凝撬块，经过冷凝撬块的二级冷凝将大部分油气冷凝成液态油。然后经过油气分离器将油气中液滴分离出，再进入后端吸附装置吸附剩余有机气体。最后，吸附装置释放出的尾气排入烟囱。

（3）轻烃冷凝撬块（冷凝 + 膜 + 吸附工艺）。轻烃撬块处理的是由轻质油罐组、合成水罐组、中间产品罐组三个罐组挥发出的油气。采用离心风机和罗茨风机并联的方式抽送轻烃撬块的油气。风机出口油气首先经过水冷换热器冷却，再经过冷凝撬块的二级冷凝将大部分油气冷凝成液态油。冷凝出来的剩余油气先经过一套膜分离装置分离出油气中的部分有机气体，以减轻吸附橇块的油气处理负荷，再经过尾端的吸附装置吸附尾气中的剩余有机气体。最后，由吸附装置排出的尾气排入烟囱。

33 油品合成装置的主要固体污染物有哪些？如何处理？

答 油品合成装置的主要固体污染物及处理方式如下：

（1）粗蜡过滤单元排放的滤渣，热解析或送危废焚烧炉焚。

（2）尾气脱碳单元的废活性炭，送危废焚烧炉焚烧。

（3）精脱硫单元的废脱硫剂，交有相应资质的单位回收处理。

（4）少量的包装袋、包装桶，V_2O_5 包装桶和消泡剂包装桶送厂家回收利用，其余包装袋回收利用或送至焚烧炉焚烧。

（5）精脱硫单元废瓷球，送危废填埋场填埋。

参考文献

[1] 刘景良．化工安全技术 [M]．北京：化学工业出版社，2008.
[2] 智恒平．化工安全与环保 [M]．北京：化学工业出版社，2008.

第八章

仪表与自动化

第一节　自控专业设计、选型

1 自控专业设计、选型原则是什么?

答 自控专业设计统一管理规定涵盖了仪表控制系统、成套设备、仪表报警管理规定、过程分析仪表及分析小屋、仪表控制阀门、金属密封耐磨球阀、装置机柜间设计等各类仪表设备的设计、选型大原则，规定了各工艺装置用于操作、维护和停车用仪表的最低限度的强制性技术要求，本着方便操作和维护的原则进行仪表设计。应能提供足够的性能以处理特殊设计工况和其他可预见的由于工艺扰动、操作失败等所导致的全部事件。同时应按装置连续运行方式进行设计。现场仪表及系统的部件应当设计和配置成可以在装置运行模式下进行维修或更换且不会造成装置停车。现场仪表立足于国内市场，优先选用国外引进生产线或合资厂制造的、技术先进、质量可靠、成熟，能满足性能要求的产品，能保证工艺装置的长期、安全生产和操作。另外，项目初期，为满足各个项目部由于承担不同工艺流程特点及加强项目部与仪表专业的沟通，仪表部门给各个项目部派驻一名经验丰富的仪表工程师，结合各项目部承担的工艺包全程参与相关的仪表设计、施工，确保项目仪表设计工作有序推进。自控专业设计统一管理规定制定了统一的标准、起点，对仪表设计、选型具有非常重要指导意义，为后期各装置能够安全、稳定运行打下了坚实的基础。

2 油品装置控制系统设计特点有哪些?

答 油品装置是煤化工项目中的产品装置，装置的稳定运行决定着产品的质量和产量，随着煤化工朝着大型化发展，对设备的容量和稳定性要求也越来越高，为确保大型设备长期稳定高效运行，仪控系统的可靠性和先进性至关重要。随着装置规模的不断提升，为了适应这种特大型费托合成装置，整个仪控系统的配置也在发生重大的变化，不再是单一地作为费托合成装置的一个部分，而是通过立体化的配置方式，从安全、自动、智能三个方面去完成仪控系统和工艺的整体集成。对于特大型装置，日常的操作及维护工作量巨大，控制分散，各系统接口较多，设计前期需要通盘考虑，避免设计遗漏导致数据无法共享，操作界面多，无法全局监控整个装置。

油品装置在远程设置统一的中央控制室 CCR，油品合成装置设置一个域，设置一个主工程师站。油品加工装置设置一个域，配置一个主工程师站。控制系统主要由 CCS（机组控制系统）、SIS（安全仪表系统）、DCS（集散控制系统）三大部分组成。CCS、SIS 和 DCS 机柜安装于现场公用机柜间，各系统之间采用 MODBUSRTU 通信实现数据共享。

每套压缩机装置各配置一套独立的机组控制系统 CCS，作为保护汽轮机、压缩机专用的控制单元，采用了三重化冗余容错系统，该系统采用高可靠性和高可用率的 TMR 容错控制器，主处理器和 I/O 卡件完全三重化，单点故障不会造成系统失效。工艺系统的安全联锁采用单独的 SIS 系统，并在中控室设置远程 I/O 机柜，用于接收紧急停车辅操台的急停信号，再通过硬接线发送至 CCS 系统，实现紧急情况下的中控室一键停机。远程 I/O 的连接方式是完全三重化的光纤连接，通过内部 I/O BUS 直接通信，其数据传输速率和可靠性与系统各机架间的 I/O 完全相同，具有极高的数据传输性能和可靠性。CCS 系统还包括了 OPS（超速保护系统）、MMS（机械监视系统）和 ESD（紧急停车系统）。

OPS 采用完全独立于机组控制系统的三取二超速保护专用系统；MMS 采用主流状态监测机架对机组轴振动、轴位移和键相位进行在线监测，联锁停车信号由两块继电器卡分别硬接线输出至 ESD，通过二取一逻辑联锁停车，模拟量信号通过通信方式实现上位显示，此外配置 TDI 接口卡用于连接 MDS（机械诊断系统）；ESD 采用可编程控制系统实现汽轮机转速控制、机组性能控制和机组防喘振保护等关键控制功能。

油品装置的常规生产控制、安全保护、监视和操作均由 DCS 完成。DCS 所有 AO 信号、电磁阀控制信号、重要设备停车信号及参与控制的 AI 信号配置冗余 I/O 卡件，与 MCC（马达控制中心）来往的信号均采用继电器或隔离栅隔离，并在 DCS 机柜将所有来自现场智能仪表的 HART 信号分离后送入 AMS。

3 成套设备仪控配置及应用要求有哪些?

答 油品装置包含多套成套设备，如费托循环气压缩机、精制循环氢压缩机、裂化循环氢压缩机、原料气压缩机、渗透气压缩机、多套往复式压缩机及多套粉体输送装置等，它们的稳定运行在油品装置中扮演着重要角色，在设计前期往往只注重主设备机械技术参数，忽略或不重视仪控设备的选型，仪表及控制系统完全由设备厂家成套提供，这样会导致仪表的类型不统一、低配，若仪表选型不合理，会给后期设备稳定运行带来隐患。为了达到仪表供货的一致性及减少仪表后期维护问题，同时还需对成套设备集中监控，在成套设备仪表选型时需注意以下事项。

（1）与主装置控制系统兼容性。

成套装置的仪表测点应该尽可能接入 DCS 控制系统，不推荐采用成套设备自带就地 PLC 控制系统，更不建议成套商为技术封锁从而设置密码保护。若特殊情况下，无法避免使用成套设备控制系统，供应商提供成套 PLC 侧需要的所有硬件和软件，PLC 建议采用成熟的、可靠的容错冗余系统，CPU、电源、通信卡均应冗余配置，用于控制的卡件也应冗余配置，所带的控制系统务必支持 Modbus 通信协议，与主装置控制系统兼容，将监控测点通信至 DCS 显示监控，实现成套设备的集中监控与管理。集中化管理极大方便了仪表的维护及工艺操作，如油品装置往复式压缩机机所有仪表全部进入 DCS 控制系统，当仪表出现问题可以及时解除联锁处理，避免设备停车，设备厂家提供的输入资料一目了然，系统组态清晰。进入 DCS 系统的压缩机机工艺人员可以通过 CCR 中的操作员站来完成相关操作。

（2）现场仪表。

在成套设备中建议采用变送器且均带现场指示，不推荐采用压力开关、温度开关、流量开关、液位开关等。同时在可能的情况下，应尽量使用标准化的仪表，这样可以减少采购、安装和维护的仪表种类，每台仪表都要有相对应并独立的工艺接口。任何现场测量仪表，一旦故障将会造成设备停车的，都需要采用冗余或三重化设置，同时冗余 / 三重化信号应该分布在控制系统不同的 I/O 卡件上。

（3）阀门及气路附件。

成套设备中用于关键、重要工艺过程的电磁阀建议都要冗余配置（二取二逻辑），同时失电，电磁阀动作。仅用于顺控不用于紧急停车的电磁阀无需冗余配置，电磁阀要求采用低功耗电磁阀；对于用于振动剧烈的工况或环境，阀门定位器建议采用分体式定位器。过滤减压阀、电磁阀等气路附件建议选用低温型，以满足冬季低温环境使用需要。

防喘振阀门应动作可靠、可调比大，推荐采用 GLOBE 型；绝大多数情况下蝶阀应用于大口径、大流量、低压差的工况，随着工艺生产流程复杂程度逐步提高，在高温、高压、大口径、有切断功能的场合从经济可用性角度出发，建议采用三偏心硬密封蝶阀。

进口设备附属仪表设备选型设计时，由于设计理念不同，更倾向于从保护机械设备角度出发，无论测点是否为虚假指示或故障状态，第一时间必须联锁主设备停车，确认问题后再进行启动设备，而国内设计主要从生产经验及装置整体稳定运行角度出发，目前国内设备主流设计倾向于重点联锁仪表冗余化配置，避免由于仪表误报或故障导致核心设备非计划停车，经过对比，相对比增加仪表设备的冗余化成本投入远小于设备非计划停车造成的经济损失。

4 关键阀门选型注意事项有哪些？

答 关键阀门选型注意事项如下：

（1）在阀门形式的选择上：二氧化碳吸收塔大口径液位调节阀，选用笼式多级降压结构的调节阀，可有效克服高压差带来的高频振动和气蚀现象；用于加氢装置高温高压介质的调节阀，选用多级降压；费托反应器出蜡球阀采取阀体和阀内件全碳化钨喷涂，以达到耐磨效果；对于催化剂加料，选用陶瓷材质球阀，以应对铁基催化剂带来的高磨损。

（2）阀门附件的选型除考虑可靠性以外，还充分结合现场使用环境：所有阀门均配置防沙尘保护套，使阀门在年均 5 次以上沙尘暴的恶劣环境下能保证使用寿命；阀门限位开关选用独立于定位器的 NAMUR 接近式开关，输出 4～20mA 信号加载 HART 协议。

（3）用于振动较大的阀门定位器采用分体式安装，可减少定位器的故障率。

（4）阀门选型时充分考虑工艺操作及紧急状态下应急要求，建议没有旁路的调节阀均应佩带手轮装置。

（5）阀门设计选型时，不仅考虑正常工况，还需考虑停车状态下阀门全压差工况，阀门应该设计成承受全部上游压力，不考虑下游压力。防止阀门在非常正常工况无法动作或由于介质压差大损坏阀内件。

（6）大口径调节阀（如 GLOBE、蝶阀），由于阀杆直径大，为防止阀杆与轴套抱死及填料不规则磨损造成泄露，建议此类阀门宜垂直安装在水平管线上。

（7）对于特殊阀门应在技术协议中详细要求检验方法，并委托专业公司对阀门的材料检验、制造等重要节点进行全程监造，确保阀门质量可靠。

第二节　仪表基础知识

1 自动化装置可分为几类?

答 自动化装置可分为自动检测报警装置、自动保护装置、自动操纵装置和自动调节装置。

2 什么是定值控制系统?

答 定值就是恒定给定值的简称。定值控制系统是指设定值保持不变或变化很微小的反馈控制系统。这种系统在工业生产过程中得到广泛的应用，例如各种温度、压力、流量和液位的控制系统。比如轻质油加热器出口温度控制、循环换热分离器液位控制、压缩机转速控制等。

3 什么是随动控制系统?

答 随动控制系统也叫自动跟踪系统，这类系统视给定值不断变化，其目的是控制的工艺参数准确快速地跟随给定值变化而变化。比如还原单元氢碳比和氢气流量设定自动，随着净化气流量变化，氢气配比相应变化，维持系统进气氢碳比恒定。

4 什么是顺序控制？

答 顺序控制简称顺控，英文表示为 Sequence Control System。按照时间或逻辑的顺序依次完成各种操作的控制系统。还原单元的催化剂卸车、催化剂输送和加料步骤，蜡过滤单元助剂输送、加料均采用顺控系统。

5 什么是分程控制？

答 在某些生产过程中，一个调节器控制两个或以上的执行器，每个执行器在调节器部分信号范围内全行程动作，称为分程控制。分程控制主要用于带有逻辑关系的多种控制手段，而又具有同一控制目的的系统中，是为协调不同控制手段的动作逻辑而设计的。

6 自动调节系统的分类有哪些？

答 自动调节系统的分类如下：

（1）按工艺参数分，可分为温度调节（TC）、流量调节（FC）、液位调节（LC）、压力调节（PC）等。

（2）按调节规律分，可分为比例（P）调节、比例积分（PI）调节、比例积分微分（PID）调节等。

（3）按能源分，可分为电动调节、液动调节、气动调节三大部分。

（4）按结构分，可分为单回路（简单）调节、串级调节、前馈—反馈调节等[1]。

7 化工测量仪表的分类有哪些？

答 化工测量仪表的分类如下：

（1）按被测参数不同，可分为压力测量仪表、物位测量仪表、流量测量仪表、温度测量仪表和成分分析仪表。

（2）按显示方法不同，可分为指示式、指示记录式、累积式、数字式和屏幕式等。

（3）按用途不同，可分为标准仪表、实验室仪表和工业仪表。

（4）按数据采集要求不同，可分为就地安装仪表和远传仪表。

8 简单调节系统组成有哪些？

答 由一个调节对象、一个测量元件、一个变送器、一个调节器和一个调节阀组成的闭环调节系统，称为简单调节系统。例如各单元的分离器液位和调节阀组成的单回路控制就属于简单调节系统。

9 什么是串级调节？

答 串级调节系统就是利用主副两个调节器串联在一起来稳定一个主参数的系统，主参数就是串级调节系统中起主导作用的被调参数。

10 流量计分为几种形式？各具有什么特点？

答 流量计形式及其特点如下：

（1）容积式流量计。利用被测液体不断充满一定容积的测量室。由计算机构累计液体充满测量室的次数，而测得液体体积总量。

（2）速度式流量计。利用被测液体流过管道的速度，使流量计的叶轮转动，测得叶轮的转速计算流量。

（3）差压式流量计。流体流过节流装置时产生压力差，用差压计测出压力差计算流量。

（4）电磁流量计。利用电磁感应原理测量流量，被测流体必须具有导电性。

11 复杂控制系统概念和分类是什么？

答 凡是多参数，具有两个以上变送器、两个以上控制器或两个以上调节阀组成多回路的自动控制系统，称为复杂控制系统。常用的复杂控制回路有串级、均匀、比值、前馈—反馈、选择性、分程及三冲量等。

12 串级调节中的主副参数是什么？

答 主参数：化工生产过程中的重要工艺指标，是串级调节系统中起主导作用的被调参数；副参数：影响主参数的主要变量或为满足某种关系的需要而引入的辅助参数。

例如费托反应器进出口换热设备——循环换热分离器液位控制与流量调节阀组成串级，其中主调参数为循环换热分离器液位，副调参数为重质油流量。

13 什么是多冲量控制系统？

答 多冲量控制系统是指在控制系统中有多个参数信号，经过一定的运算后，共同控制调节阀，使每个被控的工艺参数有较高的控制质量，其中冲量也被称为参数。在本装置中多冲量控制系统应用在费托、还原汽包的液位控制，主要用于控制汽包液位的稳定。

14 汽包的单冲量液位控制系统是什么?

答 单冲量的汽包控制实际上是根据汽包液位的信号变化控制汽包上水量，属于简单控制系统。最明显的缺点是不能适应蒸汽负荷剧烈变化。如果汽包内蒸汽压力瞬间下降，汽包内的沸腾加剧，水中的气泡迅速增加，导致汽包液位上升的假象，此时单冲量的控制会关小汽包上水阀，导致汽包液位瞬间下降。

15 汽包的双冲量液位控制系统是什么?

答 双冲量是指汽包液位的信号和蒸汽流量信号。当蒸汽负荷的变化引起液位大幅度波动时，蒸汽流量信号的引入有超前控制的作用，可以在液位尚未出现波动时提前控制阀门动作，从而减小液位的波动，改善控制精度。缺点是：当供水系统出现压力波动或者流量下降，导致双冲量控制质量较差。

16 费托合成汽包液位三冲量控制原理是什么?

答 汽包水位除受给水量变化影响外，还受产汽量的影响。采用单参数水位调节并不理想，需要采用蒸汽和上水量差值的方法来控制进水，使汽包水位更加平稳。以汽包液位为主，给水量及产汽量为辅的三冲量控制，这种方法即为三冲量调节。

三冲量调节实际上是串级调节，汽包水位是被控变量，作为串级调节的给定值，蒸汽流量与给水量的差值作为串级调节的测量值（副参数），当测量值与给定值存在偏差时，串级调节器的输出信号去控制进水量的变化。

17 费托合成反应器汽包引入三冲量控制有哪些优点?

答 引入三冲量调节，避免了因为液位－上水单回路调节时液位虚高的情况。采用液位－上水－副产蒸汽量的双回路调节避免了除氧水压力波动时上水不及时，上水量不足的情况。通过将汽包液位设定为主控制参数，汽包上水量与产汽量差值作为副参数。当汽包上水量大于产汽量，汽包液位逐步上涨，通过三冲量自动运行降低汽包上水量达到稳定液位的目的，反之亦然。

18 靶式流量计投用的注意事项有哪些?

答 靶式流量计的靶片置于流体之中，直接受到流体的冲击。因此，在启动时要做到尽量减小流体流动时对靶的突然冲击，避免杠杆系统受到损伤。

（1）有旁路时，应该先打开旁路阀再缓慢开启流量计前后阀，最后关闭旁路阀，使仪表投入运行。

（2）没有旁路阀时，应该更缓慢地开启流量计前后阀。

（3）对于易凝介质，必须将管线伴热确认投用正常，防止因流体结块、凝结使靶柄弯曲造成流量计失真[2]。

19 离心机的防喘振控制采用什么方法？

答 一般为了防止离心式压缩机发生喘振而设置的控制方案称为防喘振控制方案。防喘振控制与一般的压缩机流量控制是不同的。它的基本出发点是要控制压缩机的入口流量不低于某一个极限数值。根据这个极限数值是恒定还是可变的不同要求，压缩机的防喘振控制方案分为固定极限流量法和可变极限流量法。费托循环气压缩机采用“三合一”压缩机，采用固定极限流量法实现防喘振的目的。

20 测量特殊介质的压力时应如何选用就地压力表？

答 测量特殊介质的压力时应选用就地压力表的方法如下：

（1）对炔、烯、氨及含氨介质的测量，应选用氨用压力表。

（2）对氧气的测量，应选用氧气压力表。

（3）对硫化氢及含硫介质的测量，应选用抗硫压力表。

（4）对剧烈脉动介质的测量，应选用耐震压力表。

（5）对黏性介质的测量，应选用膜片式压力表。

（6）对腐蚀性介质的测量，应选用防腐型膜片式压力表。

（7）对强腐蚀且高黏度、易结晶、含有固体颗粒状介质的测量，应选用防腐型膜片式压力表，或采用吹气、冲液法测量。

21 煤制油加氢裂化反应超温联锁设置有哪些？

答 煤制油加氢裂化防超温保护联锁，主要包括：① 温度采集点仪表；② 联锁动作调节阀、快开阀；③ 联锁逻辑图。

设置联锁对超温进行判断条件，杜绝人为判断，由于人的认知和能力的差异导致不能准确地进行超温判断，导致超温事故的发生；设置超温保护联锁，在即将超温前进行降温控制，防止反应器因超温导致催化剂损坏，或设备超温等事故；设置防超温保护后，可以有效地保护加氢催化剂，床层在 375℃时及可通过保护联锁进行降温保护，不会导致床层温度超高，超过催化剂最高承受温度 850℃，导致催化剂烧结和板结现象的发生，影响催化剂活性，造成企业损失。

22 费托合成反应器超温联锁设置的目的和逻辑是什么？

答 通过仪表 DCS 实现反应器温度超温警告、反应器超温时自动控制、超温后自动处理的方案，防止发生汽包压力突涨、操作条件大幅波动等原因导致的费托反应器超温现象。该超温联锁由系统警告—人工干预—系统恢复的传统操作转变为系统警告—自动降温操作—超温后自动保护—复位条件判定—恢复生产的防超温自控模式，实现了费托反应器温度超前控制的目标。

超温联锁逻辑包含：① 超温联锁触发的依据和条件；② 超温前报警参数值和自动控制方案；③ 费托反应器超温后联锁触发自保动作和结果；④ 超温联锁触发后工艺恢复的复位条件。

23 费托合成单元都采用哪些顺序控制？

答 费托合成单元采用的顺序控制如下：

（1）费托反应器内置过滤管顺控程序包含出蜡、反吹、浸泡等过程，实现蜡过滤管自动清洁、切换、投用的功能之外还能自动控制费托反应器液位。

（2）费托合成采用粉末状铁系催化剂，催化剂还原单元通过顺控系统完成催化剂卸车、催化剂输送、催化剂压料等工序。

（3）费托循环气压缩机空冷风机的转速可根据机组真空值高低进行自动调节。另外当冬季气温降低时，空冷启用防冻顺控防止空冷管束发生冻结事故。

24 什么是 ESD 系统？

答 ESD 是 Emergency Shutdown System 的简称，中文的意思是紧急停车系统。它用于监视装置或独立单元操作，如果生产过程超出安全操作范围，可以使其进入安全状态，确保装置或独立单元具有一定的安全度。

25 SIS 系统的定义和特点是什么？

答 SIS 系统（Safety Instrumented System，安全仪表系统）属于企业生产过程自动化范畴，用于保障安全生产的一套系统，安全等级高于 DCS 的自动化控制系统，当自动化生产系统出现异常时，SIS 会进行干预，降低事故发生的可能性。

（1）SIS 使用安全容错原理实施安全保障和紧急停车功能，为潜在的环境危害、人员伤害、设备损坏提供保护，并将工艺装置的运行转至安全状况。

（2）SIS 系统独立于 DCS 系统，其安全级别高于 DCS。在正常情况下，SIS 系统是处于静态的，不需要人为干预，实时在线监测装置的安全性。只有当生产装置出现紧急情况时，不需要经过 DCS 系统，而直接由 SIS 发出保护联锁信号，对现场设备进行安全保护，避免危险扩散造成巨大损失。

26 SIS 系统和 DCS 系统的联系是什么?

答（1）SIS 系统按照安全独立原则与 DCS 分开设置，降低了控制功能和安全功能同时失效的概率，当 DCS 发生故障时，SIS 系统自动地按照预先设定的安全功能规范进行保护，以防止危险事故的发生。

（2）对于大型装置或旋转机械设备而言，紧急停车系统响应速度越快越好。这有利于保护设备，避免事故扩大；而 DCS 处理大量过程监控、调节信息，因此其响应速度相对 SIS 系统较慢。

（3）利用 SIS 系统的高速处理能力，对于重大故障，通过事件顺序记录功能（SOE），可以实现事故原因的快速分辨和记录。

（4）DCS 系统是过程控制系统，是动态的，需要频繁的人工干预，这有可能引起人为误动作；而 SIS 是专用的联锁保护系统，是静态的，基本上不需要人为干预，设置 SIS 系统可以避免人为误动作。

27 什么是 GDS 系统?

答 GDS 是可燃气气体检测系统，在化工装置中存在各种易燃易爆、有毒有害气体，这些气体一旦泄漏或积聚在周围环境中，将可能引起火灾、爆炸或人身中毒事故。该检测系统能有效对可燃气和有毒有害气体浓度连续监控，确保人员和装置安全。

28 什么是透平压缩机集成控制系统?

答 透平压缩机集成控制系统又叫 ITCC，费托合成装置循环气压缩机采用透平压缩机组集成控制系统（以下简称 ITCC）实现对机组如汽轮机和压缩机组的控制。通过与 DCS 系统协调，ITCC 将与机械监控系统（MMS）、超速保护系统（OP）、其他设备（包括端子柜、安全栅柜、继电器柜等）及带 HART 协议的智能变送器和阀门一起实现对机组（汽轮机和压缩机组）的监测、控制和联锁保护工作。

29 什么是机械监测系统?

答 机械监测系统，简称 MMS，Machine Monitor System。脱碳贫液泵汽轮机和费托循环气压缩机组，均将采用机械监测系统。主要用于轴振动、轴位移、键相和轴瓦温度的信号采集。所有必要的信息都在 DCS 或 ITCC 人机界面显示。同时报警和跳车信号（如振动、轴位移、键相信号）硬线输入到 SIS 或 ITCC[3]。

30 费托合成循环气压缩机 ITCC 控制目标有哪些?

答 ITCC 的主要控制目标有：防喘振控制；调速控制；抽汽控制；负荷控制；三

取二超速保护；机组联锁保护；相关报警；其他工艺回路控制；机组状态监控；画面监控、操作和趋势记录；通过工程师 /SOE 站可对系统实现在线诊断和第一事故报警分析。

31 什么是 OTS 操作系统?

答 操作员模拟培训系统（以下简称 OTS）的主要目标是为工艺、设备、仪表技术人员、操作员提供针对工厂早期培训的高保真度模拟器。OTS 模拟系统和 DCS 系统的操作界面保持一致，控制系统硬件采用和 DCS 硬件一致的操作员站，采用模拟控制软件模拟工艺流程，DCS 每一处改变都可以体现于 OTS。通过 OTS 的开发、指导工厂开车、强化知识转移，从而提高人员技能水平。

第三节　仪表生产问题分析处理

1 油品装置部分阀门 CV 值存在什么问题? 如何优化改造?

答 在费托装置油水分离单元工艺阀门设计阶段，若未考虑到会出现大量分离液，导致设计阀门 CV 偏小，阀门调节能力较差，分液罐排液速度慢，装置运行期间出现多次循环气压缩机或释放气压缩机跳车，严重影响装置安稳长满优运行。

（1）问题分析：

由于费托合成单元循环气压缩机入口分液罐液位调节阀及油水分离器油侧液位调节阀的 CV 值过小，导致压缩机入口分液罐排液速度过缓。当工况出现波动时，油水分离器排液速度较慢时，导致油水分离器液位长时间处于 100%，同时压缩机入口分液罐液位达到高报且排液速度较慢，将会导致分液罐液位高高联锁压缩机跳车及装置停车。

以油水分离器油侧液位调节阀为例详细说明：当工况波动时，在油水分离器油侧液位调节阀全开并且两台轻质油泵同时运行时，油水分离器液位依然无法迅速排液，此罐液位过高会导致轻质油分离器、循环气压缩机分液罐液位迅速上涨，致使压缩机入口分液罐液位高高，导致循环气压缩机联锁停机。油水分离器液位高高还会使液相从顶部进入释放气压缩机入口分液罐，使释放气压缩机入口分液罐液位迅速升高，从而导致释放气压缩机跳车。

（2）阀门优化 CV 改造：

在了解原有阀门流通特性及工艺最新的工况条件后，通过测算阀门最新 CV 值，对循环气压缩机入口分液罐液位调节阀阀内件进行加工，使流通能力变大；油水分离器油侧液位调节阀根据工艺条件，重新核算设计采购新阀，使阀门具有快速开关的调节特性，能及时对费托装置分液罐的液位排放，解决工况不稳定时的液位排液不畅，造成压缩机跳车及装置停车问题。

2 油品合成蜡过滤阀门卡涩是什么原因？如何分析处理？

答 蜡过滤机原理为稳定蜡及渣蜡在一定温度和压力下通过过滤器中预涂合格的助剂涂层，利用助剂涂层的吸附功能，脱除稳定蜡及渣蜡中多余的铁离子，同时利用助剂涂层的拦截功能脱除稳定蜡及渣蜡中的固体颗粒，从而满足油品加工单元对过滤合格蜡的铁含量指标的要求。

（1）问题分析：

蜡过滤运行过程中开关球阀出现卡涩现象，影响蜡过滤正常运行，对整个油品合成装置造成严重后果，直接导致费脱单元负荷降低，甚至装置停车。

如阀杆与上阀盖间隙太小，间隙 6 道（0.06mm）左右，在正常工况运行时，由于热膨胀导致阀杆与上阀杆摩擦拉伤（见图 8–1），阀门卡涩不能正常开关。

图 8–1 阀杆与上阀杆摩擦拉伤图

（2）解决措施问题：

将拉伤阀杆车细，阀体与阀杆间隙控制在 0.5mm 以内。

3 油品催化剂输送圆顶阀阀门密封气存在什么问题？

答 油品合成装置每条生产线的催化剂还原单元包括如下三个部分：还原反应部分、重柴加料部分、催化剂加料部分。催化剂还原单元所需原料催化剂由催化剂罐车输送至本单元，经 0.8MPa（G）低压氮气气力输送至催化剂储仓后由密相泵密相输送至催化剂加料，催化剂加料罐充压至与还原反应器内压力平衡后将催化剂送至还原反应器。输送催化剂的管线均使用的是气动圆顶阀，其组成部分包括阀体、阀盖、充气密封圈、气缸、传动轴等，当圆顶阀从开启状态运行到关闭状态时，气源从气缸进气口 A 通入，气缸杆推动时气缸运行到位将机械阀打开给充气密封圈充气时充气密封圈与原定紧密结合，并保持有一定的压力，这时圆顶阀就处于完全关闭状态，反之，气源从气缸另一进气口 B 通入，密封圈快速泄压，阀门全开。

现场催化剂输送所有圆顶阀密封气气源为仪表风。工厂风中含有氧气，阀门输送介质为催化剂，催化剂颗粒物较大，长时间运行存在气囊磨损严重，气囊破损的风险，若圆顶阀气囊破损，阀门故障，会将氧气带入还原系统中，可能导致爆炸，其后果不堪设想。需将现场圆顶阀的气源由工厂风改为氮气。同时将氮气管线刷黄漆警示，并在现场悬挂了仪表设备禁动牌，防止现场人员动作管线，导致氮气泄漏，发生人员窒息事故。

4 蜡过滤装置排渣阀气路存在什么问题？怎么处理？

答 蜡过滤装置的作用是将费托装置含杂质的稳定蜡经过过滤器过滤成为合格蜡，过滤所剩的滤渣从排渣阀排出。蜡过滤排渣阀排放介质为 170℃高温渣蜡，排渣阀气源管如使用塑料软管，气源软管长期暴露在高温环境下，容易老化，变脆。排渣时高温渣蜡容易溅射到气源管上，造成气源管被高温熔断，如图 8-2 所示。

图 8-2　被烫伤的气源管

气源管断裂后，排渣阀将会失去控制，导致工艺无法正常排渣，影响蜡过滤装置的稳定运行。

需将塑料气源管更换为金属气源管。考虑到排渣阀的执行机构在排渣作业时是有一定摆动幅度的，因此接入执行机构的气源管不能全部改造为硬连接的金属气源管，在与执行机构连接处使用金属软管，如图 8-3 所示。

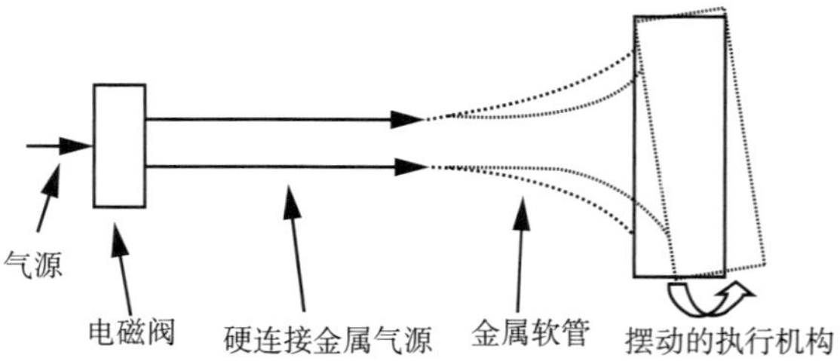

图 8-3　金属气源软管示意图

这样既不影响排渣阀执行机构动作，又能很好地保护气源管不受到损坏，如图 8-4 所示。

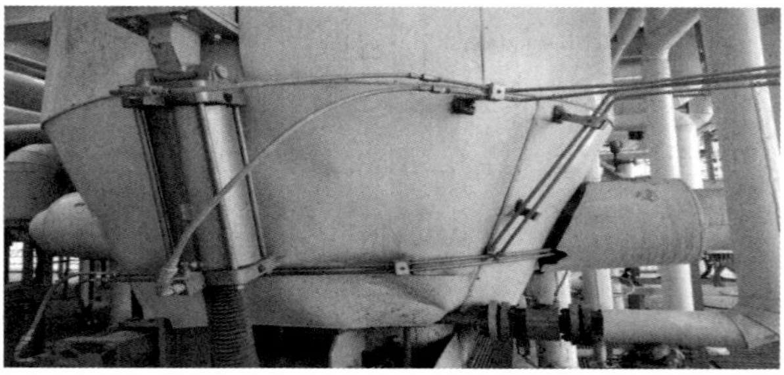

图 8-4　金属气源管的排渣阀

5 三偏心蝶阀冲蚀及卡涩问题是如何分析处理的？

答 油品合成装置尾气脱碳单元传输冷贫液和热贫液及半贫液的管道上分别装有

三偏心蝶阀，阀门容易出现气蚀，如图 8-5 所示。

图 8-5　三偏心蝶阀气蚀图

形成阀门气蚀最主要的原因是阀门前后压差过大，导致气体形成气泡，附着于阀体，造成阀门发生气蚀。需在阀后增加降噪板，其原理是根据节流孔板的原理，使流体在管道中流动时，由于孔板的局部阻力，使得流体的压力降低，减少前后压差，避免阀门气蚀。由于现场采用的阀门为三偏心蝶阀，将降噪板制造为凹槽型。

6　PSA 装置阀门维护中存在哪些问题？如何优化处理？

答　因 PSA 装置阀门采用顺控运行，每台阀门动作频繁，为保证阀门运行稳定，选型时必须选择适用于高频动作使用的执行机构，阀门气路附件也需要选择高频的，耐低温型。经过气路附件的仪表风要干燥洁净。PSA 阀门故障问题及分析：

（1）三偏心蝶阀阀板固定螺栓脱落，造成内漏，阀门卡涩。

其解决措施为：将三偏心阀阀板上固定螺栓全部焊接固定，保证三偏心蝶阀内部无可直接拆卸部件。

（2）阀门动作较为频繁，20min 阀门就要开关一次，因此阀门执行机构订货要求为高频执行机构，使用过程中发现齿轮齿条容易磨损，尤其齿条的第一级和第二级齿条易断裂，部分执行机构的开限位螺栓松动。

其解决措施为：三偏心蝶阀流量特性，阀门开到 95% 时，流量已经达到最大值，因此将阀门全开位置设置限位在 95%，降低关阀时齿条受力不在第一齿槽上，防止齿条损坏。针对限位松动，制订定期巡检计划，在限位螺栓上制作正常位置标记，巡检以标记确定执行机构限位是否松动。

（3）电磁阀阀芯有结冰现象，阀门附件电磁阀动作延迟，电磁阀阀芯有明显磨损。

其解决措施为：冬季电磁阀阀体气温较低，仪表风长时间经过易聚集冷凝水，造成电磁阀阀芯结冰，需在进 PSA 单元入口处增加气动三联件进行解决，保证仪表风经过电磁阀后不结冰。电磁阀阀芯内润滑脂不适用低温环境，采买低温电磁阀专用润滑脂进行重新涂抹。电磁阀阀芯磨损有划痕，进行打磨处理后涂抹，保证阀芯动作灵敏。

7 二氧化碳吸收塔液位调节阀阀杆转动存在的问题是什么？如何处理？

答 半贫液泵液力透平富液进口跨线阀前后压差较大，导致气体形成气泡，附着于阀体，造成阀门发生气蚀，气蚀形成气泡对阀芯冲刷造成了高频振动使其执行机构上的键销脱落，导致阀杆磨损变形。

其处理措施为：① 阀杆、阀芯、阀座材质换成高硬度材质；② 增加三级减振效果，减弱对阀芯的气蚀和冲刷，降低阀门的振动，避免阀杆断裂；③ 在阀门的执行机构上增加防转动块，防止阀杆转动和断裂。

8 油品合成防喘振阀定位器频繁故障如何改造？

答 防喘振保护是机组重要的安全保护措施，喘振是离心压缩机的固有特性，为避免机组喘振，防喘振保护器和防喘振控制阀应可靠。防喘振阀应具有快开慢关特性，以便当机组接近喘振时能快速响应。机组在停车时或达至喘振极限线时，电磁阀应失电，防喘阀瞬间全开，防喘阀的完好是机组防喘调节器正常运行的关键。

管道剧烈振动引起阀门定位器反馈滑动变阻器长时间在一个点上摩擦，导致定位器反馈故障。定位器反馈故障会引起定位器本体故障，从而引起防喘振阀波动，造成压缩机停车。

其解决措施如下：

（1）定位器选型为抗振性较好的 SAMSON 分体式定位器 3730-3，在墙体上制作安装支架固定定位器。

（2）分体式定位器的反馈传感器抗振性能理论上在 10～2000Hz 范围最大 10G，将其安装在阀杆连接处，保证定位器与反馈模块分开安装，减少定位器本体振动。

（3）气源硬管采用塑料气源软管。

9 费托合成反应器液位测量问题如何处理？

答 费托合成反应的反应器主要有固定床反应器、流化床反应器和浆态床反应器，浆态床反应器是指反应器内包含固、液、气三相，反应过程中产生的热通过液相介质传热至反应器内的换热器移出。在生产过程中，准确测量反应器液位显得至关重要，选择恰当的液位测量方法对费托反应器液位进行准确测量，对装置安全生产运行显得非常重要，一般采用双法兰测量液位的方法，不但解决了测量精度的问题，而且达到免维护的效果。

在反应器液位测量仪表可选用以下三种远传液位仪表，浮筒液位计、引压式高静压差压变送器、耐高温耐氢渗双法兰差压变送器，三种液位计的优劣对比和分析如下：

（1）浮筒液位计：浮筒最长可制造 7 m，因此需要 7～8 台大型浮筒液位计才可满足大型反应器全量程的测量，加工和制造及安装难度较大，并且还需采用夹套伴热，供应商选择范围较小，投资较高。

（2）引压式高静压差压变送器：工艺介质经仪表引压管引至差压变送器，由于并且由于介质中携带催化剂粉末等固体杂质，为了防止引压管堵塞，需要设置高压冲洗油系统对引压管路进行冲洗，高压冲洗设备成本较高，日常运行和维护所需的液压油成本也很大。

（3）耐高温双法兰差压变送器：最新宽范围既能耐高温又能满足低温环境下可使用的硅油温度可满足 –40 ~ 315℃，按照中温费托合成反应条件完全可以采用此类型硅油的双法兰差压变送器进行测量，为了保证取压口不被介质中携带催化剂粉末等固体杂质堵塞，还可选用一定插深的插入式法兰结构；为了安装方便，可选用 10m 毛细管，每台反应器分为段测量，由于介质临氢，需选用镀金形式防止氢渗透造成膜片鼓包，导致液位测量不准。

通过对以上三种液位测量方式的分析比较可以看出，如果采用耐高温双法兰差压变送器测量反应器液位，在使用效果、节省投资和后期运行维护等方面，均有较大优势。

因反应器内部结构复杂，介质为浆态床，合成气从反应器底部进入，反应器各段介质密度不尽相同，无法使用将整个反应器压差求和的方法来计算反应器的真实液位。对于这个问题，可以采用从下往上计算，如果某段差压值为零，则可以判定液位在该段以下，然后可以利用液位相邻两段的密度相近的特点，通过下段测量出的差压值利用公式：$\Delta P = pgH$，计算出该段的密度作为相邻上段密度来计算出上段液位高度，最后便可得出此时的反应器液位，如图 8–6 所示，如若反应器液位 B 段位置，此时 A 段差压值应为零，可以利用 C 段差压值来算出 C 段的密度值，因为 B 段与 C 段相邻，使用 C 段算出的密度值来得到 B 段此时的液位高度，最后加上 C、D、E 段的总高可得出此时反应器的液位。

在实际运行过程中会出现不同程度的变送器零飘现象，利用 DCS 组态软件，在程序中加入判断若某段差压值小于 1kPa 时忽略此段差压值，此时利用此段下方的差压值来计算反应器的液位。

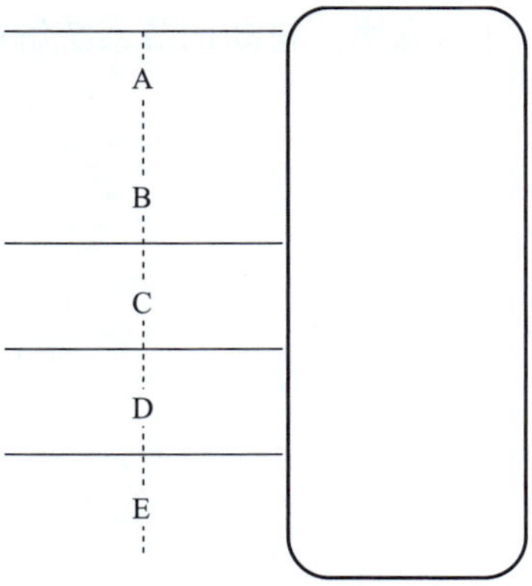

图 8–6　反应器液位简图

10 冬季保温对费托液位变送器测量有什么影响？如何处理？

答 费托合成反应器液位测量变送器在冬季使用过程中，会出现夜间变送器测量会出现波动，夜间 3 ~ 6

时波动尤为剧烈，导致费托液位指示虚假，严重影响工艺调整工况。

问题分析：

（1）现场检查分析：费托框架位置较高，温度过低导致变送器毛细管硅油黏度变大，响应慢。

（2）高温型的硅油在低温环境中压力传递性能会受到影响，在冬天天气温度零下时，高温型的毛细管裸露在大气中，硅油出现凝聚的现象，硅油黏度大，响应很慢，硅油特性变差。如果没有良好的保温伴热措施，毛细管硅油受低温的影响会造成测量失真，所以要做好保温伴热工作，但要防止毛细管和伴热源直接接触。

解决措施：

（1）仪表人员对测量出现波动的变送器毛细管进行保温包裹，给毛细管缠上保温层及纤维棉。

（2）核实变送器硅油选型要同时兼顾高温和低温，一方面考虑被测介质的直接温度，另一方面还要考虑环境温度。

（3）考虑对变送器毛细管增加伴热，且要注意伴热方式，采用轻伴热，电伴热效果优于蒸汽伴热；采用蒸汽伴热需要注意不能引起毛细管内的硅油气化，注意硅油的最高使用温度限制。

（4）考虑选用电子液位差计，即两个压力表用专用电缆连接做差压，使用专用电缆替换中间毛细管传递信号，避免环境温度对液位测量的影响。

参考文献

[1] 解怀仁．石油化工仪表控制系统选用手册 [M]．北京：化学工业出版社，2010.
[2] 庄绍君．仪表维修工技术问答 [M]．北京：化学工业出版社，2008.
[3] 白志刚．自动调节系统解析与 PID 整定 [M]．北京：化学工业出版社，2012.